国家自然科学基金项目(42002282)资助
山东省自然科学基金重点项目(ZR2020KE023)资助
山东省自然科学基金项目(ZR2021MD057)资助

金矿深部开采涌(突)水理论与实践

王　颖　施龙青　翟代廷　于小鸽
邱　梅　翟培合　韩　进　牛会功　著

中国矿业大学出版社
·徐州·

内容简介

本书针对“焦家式”金矿随着开采深度的增加涌(突)水量激增的问题，以焦家金矿区为研究背景，开展焦家金矿区涌(突)水理论研究与工程实践。本书在充分收集焦家金矿区钻探资料、物探资料、水文地质资料及开采资料的基础上，采用理论分析、野外试验、数值模拟分析及工程实践相结合的方法，对焦家金矿区深部开采的充水因素以及矿井水的演化机理和动态变化规律进行深入研究，分析了金矿区深部渗流机制、采动围岩运移规律及力学响应机制、矿井涌(突)水水源、水化学特征及海水入侵现状等，定量评价了金矿开采涌(突)水强度并开展了工程实践验证。

本书可供从事金矿开采及防治水工作的工程技术人员、管理人员、科研人员及相关专业师生参考。

图书在版编目(CIP)数据

金矿深部开采涌(突)水理论与实践/王颖等著
.—徐州：中国矿业大学出版社，2024.9
ISBN 978-7-5646-6225-7

Ⅰ.①金… Ⅱ.①王… Ⅲ.①金矿床—矿井涌水—水源—识别②金矿床—矿井涌水量—评价 Ⅳ.①P618.51②TD742

中国国家版本馆 CIP 数据核字(2024)第 079359 号

书　　名 金矿深部开采涌(突)水理论与实践
著　　者 王　颖　施龙青　翟代廷　于小鸽　邱　梅　翟培合　韩　进　牛会功
责任编辑 黄本斌
出版发行 中国矿业大学出版社有限责任公司
（江苏省徐州市解放南路　邮编 221008）
营销热线 (0516)83885370　83884103
出版服务 (0516)83995789　83884920
网　　址 http://www.cumtp.com　**E-mail**:cumtpvip@cumtp.com
印　　刷 苏州市古得堡数码印刷有限公司
开　　本 787 mm×1092 mm　1/16　**印张** 11.25　**字数** 288 千字
版次印次 2024 年 9 月第 1 版　2024 年 9 月第 1 次印刷
定　　价 48.00 元
（图书出现印装质量问题，本社负责调换）

前　言

中国黄金的储量位居世界第五位，开采量位居世界第一位。黄金在国家经济社会的发展中占据着举足轻重的地位。多年来金矿资源的开发利用，导致金矿开采重点由浅部矿体转变为深部矿体，涌水量激增，围岩应力不断加大，水文地质问题不断显现，加之金矿多为爆破开采，导致采场顶板应力场极不稳定，顶板涌（突）水事故频发，对金矿的安全、高效开采产生极大影响。山东省平邑县归来庄金矿床自开采以来发生大中型突水数十次，其中最大突水点水量高达2 000 m^3/h，突水量大，突水频繁，造成重大经济损失。2021年1月10日，山东五彩龙投资有限公司栖霞市笏山金矿发生爆炸事故，引发矿井涌（突）水，造成22人被困。经全力救援，11人获救，10人死亡，1人失踪，直接经济损失6 847.33万元。因此，开展金矿深部开采涌（突）水机理及涌（突）水强度的预测研究，能够为金矿深部防治水理论与技术研究提供一定的理论依据。

长期以来，金矿浅部或露天开采由于涌（突）水量较小，水文地质条件简单，围岩应力较小，没有发生突水事故的典型案例，因此对金矿浅部及露天开采的矿井突水问题研究较少。而有关矿山深部开采突水机理的研究大多集中于华北型煤田的奥灰底板突水问题，针对金矿深部开采涌（突）水问题的研究甚少，没有形成系统的理论体系。然而，随着开采深度的增加，“焦家式”金矿岩体内节理裂隙不断延伸扩展并与主断裂面导通，形成新的渗流通道，导致矿井涌（突）水量迅速增加，威胁矿井安全开采。目前，金矿开采大多进入深部开采阶段，其涌（突）水机理、断层导渗机制及涌（突）水强度有待进一步研究。

焦家金矿区为破碎带蚀变岩型金矿，发育于区域性主干断裂带内，构造岩基本对称分带，为典型的“焦家式”金矿，是中国较为重要的金矿集中区。本书以焦家金矿区为研究对象，采用理论分析、野外试验、数值模拟分析及工程实践相结合的方法，开展矿井涌（突）水水源、地下水渗流特征规律、采动围岩运移规律及力学响应、水化学时空变化规律及涌（突）水强度预测评价等研究，不仅能够为金矿深部防治水理论与技术研究提供一定的理论依据,而且能够为矿井的安全开采提供实际应用价值的成果。

感谢王敏、卫文学、刘久潭等老师的大力帮助,以及山东省第六地质矿产勘查院给予的支持。同时,感谢国家自然科学基金项目(42002282)、山东省自然科学基金重点项目(ZR2020KE023)及山东省自然科学基金项目(ZR2021MD057)对本著作的资助。

由于著者水平有限,书中疏漏之处在所难免,敬请广大读者批评指正。

著 者

2023年5月

目　录

1　绪论 …… 1
1.1　研究背景及意义 …… 1
1.2　国内外研究现状 …… 2
1.3　胶东地区金矿开采面临的水文地质研究方面的问题 …… 6
1.4　研究内容和研究方法 …… 7

2　研究区概况 …… 10
2.1　交通位置 …… 10
2.2　自然地理 …… 11

3　地质与水文地质条件 …… 13
3.1　地质概况 …… 13
3.2　水文地质概况 …… 22
3.3　充水因素 …… 26
3.4　本章小结 …… 27

4　涌(突)水水源识别与验证 …… 28
4.1　同位素示踪分析 …… 28
4.2　连通试验 …… 33
4.3　水化学特征示踪分析 …… 40
4.4　PCA-EWM-HCA 判别模型 …… 64
4.5　本章小结 …… 76

5　地下水流场特征、涌水量预测及溶质运移规律 …… 77
5.1　模型理论 …… 77
5.2　水文地质概念模型 …… 80
5.3　数值模型建立 …… 84
5.4　模型检验与涌水量预测 …… 92
5.5　溶质运移 …… 99
5.6　本章小结 …… 106

6 采动围岩运动力学响应机制 …… 107
6.1 模型理论 …… 107
6.2 力学建模 …… 109
6.3 三维模型建立 …… 114
6.4 结果分析讨论 …… 123
6.5 力学参数敏感性分析 …… 148
6.6 本章小结 …… 151

7 涌(突)水强度综合评价 …… 152
7.1 影响因子 …… 152
7.2 涌(突)水强度分区评价 …… 159
7.3 本章小结 …… 163

8 结论 …… 164

参考文献 …… 166

1 绪 论

1.1 研究背景及意义

随着经济和社会的发展，人类对矿产资源的需求越来越大，矿产资源是人类生产活动的重要物质基础。多年来矿产资源的开发利用，导致金属矿山开采方向转变为深部矿体、破碎软矿体、高寒地区矿体、低品位矿体等复杂难熔矿体，随着开采强度和开采深度的增加，矿山开采难度越来越大，地质条件更加复杂。

中华民族是发现、生产和使用黄金最早的民族之一，在世界上没有任何一种金属能像黄金这样源源不断地介入人类的经济生活，并对人类社会产生如此重大的影响。中国黄金的储量位居世界第五位，开采量位居世界第一位[1]。同时，中国黄金消耗量逐年攀升，2017 年首次突破千吨，达 1 089.07 t[2]，2021 年达 1 120.90 t，比 2020 年同期同比增长 36.53%。我国金矿类型繁多，主要有破碎带蚀变岩型、石英脉型及火山-次火山热液型，三者的储量约占金矿总储量的 94%。我国金矿资源主要分为岩金、砂金和伴生金三类，其中岩金是目前金矿开发的主要对象。已探明的金矿储量相对集中于我国的东部和中部地区，其中山东省岩金储量接近岩金总储量的 1/4，位居全国第一位。

胶东(指中国山东省境内胶莱河以东地区，包括烟台、威海全部和青岛的东部，是山东半岛的主要部分)是我国最重要的原生金矿产地，广泛分布“焦家式”金矿。“焦家式”金矿是指发育于区域性主干断裂带系统内的破碎带蚀变岩型金矿，具有矿体规模大、形态简单、延伸较稳定、品位变化较均匀、含矿程度高、勘探成本低、易采易选等突出特点。20 世纪 60—70 年代，山东省地矿局第六地质大队在胶东地区发现了“破碎带蚀变岩型”金矿，于 1977 年全国金矿地质工作会议上被正式命名“焦家式”金矿。该类矿床主要发育于花岗岩岩体与围岩接触带及其边缘，部分位于岩体内部，受区域性断裂构造控制，矿体主要赋存于主断裂面的下盘构造蚀变岩带中。

郯庐断裂带是形成于中元古代时期，东亚大陆上一系列北东向巨型断裂系中的一条主干断裂带[3]，位于中国的东部，是地壳断块差异运动的接合带，深源岩浆活动带，规模宏伟，结构复杂，矿产丰富。中国较有名的金矿区是山东的胶东金矿区，金矿 90%以上集中分布在招远—莱州地区。其中胶东西北地区以 0.033%的国土面积拥有中国约 20%的黄金储量和产量，是中国最重要的金矿集中区[4]，并以焦家破碎带蚀变岩型、玲珑石英脉型等金矿享誉全球。该地区经历了中生代复杂成岩成矿演化过程，形成了以三(山岛)—仓(上)、龙(口)—莱(州)、招(远)—平(度)三条断裂带为格架的金矿控矿构造体系，沿控矿构造带分布有多处大型、特大型金矿田及上百个金矿(点)。黄金开采、加工及辅助行业是区内重要的支柱产业,在国民经济中占重要地位。

焦家金矿区是龙(口)—莱(州)断裂带中焦家断裂控制的成矿带,包括焦家金矿、新城金矿、寺庄金矿、望儿山金矿等矿山。该矿区在浅部开采时矿井的涌水量很小,因此对矿井涌水水源及涌水量预测方面的研究极少。但是随着矿井向深部开采,矿井涌水量明显逐年增大。例如,焦家金矿涌水量由 2009 年的 4 591.1 m^3/d 达到 2021 年的 10 483 m^3/d。矿井涌(突)水通常由三个因素决定:水源、隔水层和突水通道[5]。那么,焦家金矿区深部开采涌(突)水量逐年增加的原因及机制是什么,是矿井深部开采亟待解决的问题。因此,在金矿深部新的开采阶段中查明矿井水来源,做好矿井水害的预测与防治成为保证矿井安全开采的重点,不仅能够为金矿深部防治水理论与技术研究提供一定的理论依据,而且能够为矿井的安全开采提供具有实际应用价值的成果。

1.2 国内外研究现状

1.2.1 采动覆岩结构研究现状

目前,对金矿的采动覆岩结构研究甚少,还没有形成完整的理论体系。采动覆岩结构的研究多为煤矿顶板覆岩结构理论及假说。大体上有悬臂梁(悬板)假说、传递岩梁理论、砌体梁理论、双支梁假说、压力拱假说、预成裂隙假说、铰接岩块假说、台阶下沉假说、松散介质假说、楔形假说、弹性基础梁假说、板结构假说、关键层理论等。最初矿压理论的建立是以经验为基础,较多地偏重矿山压力的显现方面,由于测试手段不完善、技术滞后,所以假说具有片面性和局限性。之后德国学者施托克提出了悬臂梁(悬板)假说[6],认为地下岩体是一种层状的连续弹性介质,采掘后采空区上方悬露的顶板在初次垮落后可以看成是一端悬伸而另一端固定在工作面前方的悬臂梁。1928 年德国学者哈克和吉利策尔对压力拱假说[6]做了较为全面的阐述。1930 年荷兰学者伊尔切松和佐利登拉特提出了松散介质假说[7],即把岩体看作松散体并用松散静力学方法研究。1951 年比利时学者拉巴斯提出了预成裂隙假说[6],认为工作面实质上就是一条不断做横向移动的具有与工作面本身平行的巷道,在它周围存在应力降低区、应力升高区和采动影响区三个区域。1955 年苏联学者鲁宾涅伊特提出了楔形假说[8],即采场顶板岩层可分为完全破坏区、半破坏区和未破坏区三个区域。1954 年苏联学者库兹涅佐夫提出了铰接岩块假说[8]。1958 年钱鸣高在铰接岩块假说的基础上,提出了砌体梁理论[6],认为随着采掘进行岩梁将会折断,但断裂后岩块由于排列整齐,加之岩块间的水平力及相互间摩擦力的作用,在一定条件下能形成外表似梁实则为半拱的结构,形如砌体。1964 年刘世康等[9]提出了弹性基础梁的新计算方法。1978 年宋振骐提出了传递岩梁理论[8],与众不同地建立了直接顶与基本顶的概念,并将初次来压根据支承压力及其显现分为三个阶段。1979 年史元伟等[10]按岩梁长度与厚度比将砌体梁分为长砌体梁和短砌体梁。梁的理论及假说是近代采动覆岩结构理论及假说的显著特点,其中以传递岩梁理论为基础提出的采场来压预报对于采场顶板管理有重要指导意义,可以解释许多矿压现象。

20 世纪 80 年代,苏联学者列萨列夫首次提出用板理论代替梁理论对顶板进行建模分析。钱鸣高等[11]在对板结构研究的基础上,将长壁工作面基本顶岩层视为支撑于温克勒弹性基础之上的基尔霍夫板,得出了开采过程中基本顶破断开始、发展和结束的过程中断裂线轨迹。贾喜荣等[12]基于弹性理论，将原岩应力作为平面问题进行求解，给出了构造应力场的解析解、主应力迹线、岩体破裂方向和破坏条件。

20 世纪 90 年代中后期，钱鸣高等[13]提出了岩层控制的关键层理论，即在直接顶上方有一层至数层厚硬岩石层在上覆岩层活动中起主要控制作用，并提出了关键层位置判别方法，研究了关键层的几何特征、岩体特征、变形特征和破断特征等。

此外，吴静[14]用数值模拟方法研究了金属矿山“三带”高度发育规律并分析得出了裂隙带发育高度回归方程。王志强等[15]提出了错层位内错式采场“三带”高度确定方法。郭延辉[16]以狮子山铜矿为研究对象，对高应力区陡倾斜金属矿体崩落法开采的岩体运移规律、破坏机理和变形预测问题进行了探讨。李永政[17]以崔家寨煤矿为研究对象，对近距离煤层“三带”判别和开采可行性进行了分析。孙欢[18]以西部矿区急倾斜煤层开采为研究背景，依据实测与相似模拟实验，揭示了急倾斜煤层综放采动煤岩应力-裂隙-渗流耦合致灾机理，提出了具有马尔可夫性质的煤岩动力灾害预测模型。张建民等[19]根据矿区原岩差异性等确定了深部开采实际深部临界深度与参考深部临界深度比较模型，并基于“压力拱”现象构建了深部采动水平最大主应力和最小主应力的平均值与垂直应力之比计算方法。刘一扬等[20]根据西部地区采场顶板厚硬且常常形成大块度关键块的情形，并基于砌体梁理论建立了运动力学分析模型，分析了块体回转过程中受力情况、失稳条件和抗回转能力，并给出了易失稳状态下支架工作阻力计算公式。王猛等[21]采用现场实测和理论分析的方法，建立了考虑矸石压缩效应的砌体梁结构模型，揭示了推进速度对围岩结构稳定性与回转失稳的影响规律。

1.2.2　矿井涌(突)水水源研究进展

长期以来，国内外专家学者通过各种途径对矿井涌(突)水水源进行了研究。而早期的矿井涌(突)水水源判别大多是根据经验或简单的数学方法。孙鸿銮[22]通过研究矿井突水通道的形成和出水量的大小判断了矿井突水水源。洪新建[23]利用简单水质类型特征对比判断了矿井涌水水源。为预测预报突水，一些研究者通过捕捉矿井突水预兆期内的水化学信息，利用简单水质类型对比、标型组分识别、多元统计分析等多种方法识别了矿井涌水水源。季叔康等[24]利用“两类费歇准则”的判别分析法区分了矿井涌水水源。胡友彪等[25]借助水化学及同位素资料，运用灰色关联分析判别了矿井涌水水源。胡伏生等[26]结合恒源煤矿六八采区实例，采用因子分析方法研究了矿井涌水水源。徐斌等[27]以矿井涌水水源判别中常用的灰色关联分析和逐步判别分析为基础，设计了灰色关联分析-逐步判别分析耦合式水源判别模型。M. Chen 等[28]以龙门峡南部煤矿为研究对象，利用水质类型对比、多元统计分析和示踪实验判别了矿井突水水源。刘国伟等[29]以三山岛金矿为研究对象，利用因子分析、系统聚类等方法建立了矿区水源的贝叶斯线性识别模型。颜丙乾等[30]选取了 Mg^{2+}、$Na^{+}+K^{+}$、Ca^{2+}、SO_4^{2-}、Cl^{-} 和 HCO_3^{-} 等离子作为判别因子，利用主成分分析法、贝叶斯算法构建了贝叶斯判别分析模型，进行了矿井突水水源识别。

自 20 世纪 80 年代以后，水化学方法迅速兴起，利用地下水中常量元素、微量元素以及同位素的浓度特征判别矿井涌(突)水水源的理论与方法日趋完善。目前，该方法较为基本且有效，实际应用非常广泛。季叔康等[31]采用数学分析法并根据水质类型特征建立了矿井涌水水源判别函数。李燕等[32]结合模糊聚类法、Piper 三线图法，首次采用水化学离子成分守恒分析对矿井涌水构成进行了定量分析。S. Chidambaram 等[33]以印度泰米尔纳德邦内韦里褐煤矿区为研究对象,利用水质特征识别和水化学方法判别了矿井涌水水源。P. H. Huang 等[34]在基于同位素示踪理论的多含水层系统地下水混合机理的基础上研究了矿井涌水水源。P. H. Huang 等[35]还结合 Piper 三线图、费歇判别理论和主成分分析法,建立了矿井突水水源的 Piper 三线图-主成分分析-费歇判别理论识别模型。J. Z. Qian 等[36]采用水化学分析和贝叶斯描述法识别了淮南潘一煤矿多含水层地下水来源。刘文明等[37]介绍了矿井突水水源的水质、水位、水温判别数学模型,开发了潘谢矿区矿井突水水源的水质、水位、水温判别系统。D. D. Wang 等[38]利用地球化学技术、水岩相互作用过程揭示了地下水的赋存状况,运用统计分析、层次聚类分析和主成分分析确定了 4 种类型的水源并识别了矿井突水水源。刘猛[39]采用 Piper 三线图、箱型图和聚类分析对矿井水样进行了筛选,运用特征指标、灰色关联度、费歇判别理论、BP 神经网络、模糊数学等多种方法建立了综合水源判别模型。潘婧[40]借助 MATLAB 软件数值计算和仿真分析的强大功能,以淮南潘三煤矿直接充水含水层地下水系统为研究对象,研究了井田内不同含水层的水位变化动态、水化学类型、特征离子、水化学场分析以及矿井突水水源快速判别模型(包括不同层位突水水源判别和煤系组内突水水源判别)。

随着计算机科学与技术的发展,矿井涌(突)水水源判别技术不断完善,近年来,一些学者把人工神经网络技术等引入矿井涌(突)水水源的识别上。王欣等[41]提出了一种基于遗传算法优化 BP 神经网络的矿井突水水源识别方法,仿真结果表明该方法收敛速度较快,识别精度较高。陈文飞等[42]采用主成分分析法消除变量中的重复信息后利用 BP 神经网络算法对样本进行训练,实现了对矿井涌水水源的判别。魏永强等[43]以峰峰矿区梧桐庄矿为例,应用神经网络的方法,对矿井突水水源进行了系统研究。钱家忠等[44]以谢一煤矿为例,利用 Elman 神经网络与 BP 神经网络,针对地下水化学特征分别建立了矿井突水水源判别模型。顾鸿宇等[45]基于多期次水化学监测数据,提出了利用主成分分析和残差分析来识别矿井涌水的水源数量和水源类型。Y. Wang 等[46]通过建立主成分分析-熵权-聚类分析模型判别了矿井涌水水源。黄平华等[47]以焦作矿区含水层涌水水样的水化学分析结果,建立了预测涌水水源的费歇判别分析模型。

此外,李双利[48]针对望儿山金矿矿床典型的涌水特征,将水温度场分析作为突破点,再叠加压力场、流场和水化学场等进行综合分析,判别了金矿矿床涌水水源。张瑞钢[49]以潘一煤矿为研究对象,使用可拓识别方法建立了矿井突水水源识别模型。闫鹏程[50]采用激光诱导荧光技术获取了淮南新集一煤矿不同含水层水源的荧光光谱信息,建立了矿井突水水源的光谱数据库。Q. Wu 等[51]以北杨庄煤矿为例,通过分析充水含水层中地下水的动力响应规律和建立地层埋藏深度与地温的方程来确定矿井涌水水源。Y. W. Zhao 等[52]介绍了一种利用矿井突水扩散过程确定突水水源和水量的识别方法。

1.2.3 矿山涌(突)水机理及预测研究进展

国内外矿山涌(突)水主要以煤矿底板奥灰岩溶突水研究为主,而对金矿的涌(突)水机理研究甚少,还没有形成完整的理论体系,只对金矿的涌(突)水原因、来源等有基本的认识。

张寿全等[53]通过研究三山岛金矿 F_3 断裂带的构造、岩性和水动力学特征等,探讨了矿坑开挖中的突水成因。刘志君等[54]以三山岛金矿为例,详细论述了地下水对矿山生产造成的各种危害。刘健[55]以金牙金矿区为研究对象,对采矿过程中可能诱发或加剧的矿坑突水等地质灾害做了简单预测。黄炳仁[56]探究了望儿山金矿南风井突水淹井特征,研究了地下水动态变化规律。周彦章[57]以夏甸金矿矿床为研究对象，讨论了矿井涌水机理的构造控制模式。丁德民等[58]以三山岛金矿新立矿区为研究对象，分析了海底矿体开挖下的断裂带突水效应。李文光等[59]以三山岛金矿为研究对象，采用微震监测技术对矿山存在的断层突水危险性进行了判别。冯小波等[60]以贵州水银洞金矿为研究对象，采用集中参数法预测了矿坑涌水量。李鹏飞[61]以贵州水银洞金矿为研究对象，结合有限元渗流场和应力场耦合建立了巷道开挖稳定性分析模型，研究了巷道采动过程、承压水渗流场和岩体裂隙对巷道稳定性的影响规律。董山等[62]以望儿山金矿为研究对象，模拟了井巷系统突水漫延过程，分析了巷道突水灾害发生时水流的深度、速度、压力等相关参数。李晓军等[63]以宁强县铜厂湾金矿为研究对象，分析了突水原因，揭示了岩溶发育特征以及对矿井涌水量突增的影响。冯超臣[64]以归来庄金矿矿床为研究对象，通过收集以往水文地质资料、连通试验成果等分析了充水因素。

21世纪之前，矿山涌（突）水机理及预测研究以现场经验和简单数学方法分析为主。王梦玉[65]以冀鲁豫石炭～二叠纪煤田为研究对象，综合含水层、隔水层及断层（或裂隙）、矿压、地下水水压等多种因素进行了突水机理分析，并利用二级判别分析法进行了突水预测。徐卫国等[66]针对岩溶矿床的突水问题进行了探讨，并利用苏式鲁基扬诺夫水力模拟计算装置分析了矿井突水成因机理。I. Bogardi等[67]基于事件的随机预测方法，对岩溶水灾害条件下地下工程突水进行了模拟，并将随机模型用于匈牙利跨多瑙河岩溶地区矿井水控制设施的设计和运行。王树元[68]将模糊集合论与移动平均数预测法相结合，提出了矿井突水事件的模糊数学预测方法。刘正林[69]运用灰色系统分析方法建立了突水数据的模拟曲线与数学公式，并以此进行了突水定量化预测。杨善安[70]提出了当倾向采场中平行其边缘的底板断层面同底板岩层中的最大膨胀线相吻合时，最容易发生突水事故。张文泉等[71]应用蒙特卡罗法模拟生成了裂隙网络，并结合线性规划原理和巴顿节理面强度公式建立了矿井底板突水路径搜索方法。施龙青等[72]介绍了突水概率指数法，并以肥城煤田为例，阐述了该方法的实际应用。

目前常用的矿井突水等级预测方法可以归纳为经验公式法、GIS（地理信息系统）技术分析方法、数学分析方法、非线性数学分析方法和模拟实验方法。谭志祥[73]分析了煤层底板突水和断层突水的力学机制，建立了其是否突水的判别公式。施龙青等[74]运用地层力学原理，阐述了矿井底板断层突水的机理，以及从含水层向工作面突水的路径，并以肥城煤田为例，阐述了突水是否通过断层发生的判据。王连国等[75]通过建立煤层底板突水的尖点突变模型来对突水机理进行分析。王希良等[76]利用地震和地质雷达技术实现了软弱结构面的准确空间定位和岩体结构的精细探测，并在GIS的支持下建立了煤层底板突水预测模型。姜谙男等[77]将突水量预测看成是非线性、高维数、有限样本的模式识别问题，并将最小二乘支持向量机法应用到突水量预测中。赵苏启等[78]通过实地调查、测量以及地球物理勘探分析了大兴煤矿“8・7”突水事故的突水机理。Y. F. Zeng等[79]以王家岭煤矿为例，采用“三图双预测法”，利用GIS的重叠功能，绘制了含水层富水性等分区图，建立了地下水流动系统的三维数值模型，预测了工作面涌水量。

随着计算机技术的发展，越来越多的研究者开始研究矿井突水机理，并开发利用计算机技术的矿井底板突水预测系统。周耀东等[80]利用改进的戴克斯特拉迭代算法对巷道的突水过程进行了数值仿真模拟，并以时间序列的方式通过三维可视化技术实现了巷道突水过程的可视化显示。李波等[81]基于模糊数学隶属度及隶属函数对11个因素进行了初步处理,构建了基于神经网络的顶板涌水量预测模型。Z. P. Zhao等[82]为满足矿井突水的实时性要求,综合考虑主成分分析筛选出的矿井突水主要影响因素,结合矿井突水预测模型,提出了一种基于ELM(极值学习机)的具有单隐层前馈网络特点的矿井突水预测模型。L. P. Li等[83]将属性数学理论与层次分析法相结合,建立了煤矿底板涌(突)水强度评价的属性综合评价体系。施龙青等[84]提出了基于模糊数学、主成分分析、粒子群算法以及支持向量机分类的底板突水危险性评价模型。W. Q. Zhang等[85]结合层次分析法,采用模糊综合评判法将模糊理论与物元理论相结合,建立了矿井顶板突水的物元模型。

随着大数据、云计算和非线性算法研究的发展,矿井突水危险性预测模型将形成多学科协同发展的开发趋势,更多地与计算机技术结合,预测方法也将向多理论方向发展,可以避免各种理论的不足,发挥各种理论的不同特点和优势。孙明贵等[86]将分离变量法应用到层状岩体福希海默型非达西渗流系统的稳定性分析中,并根据非线性动力学系统结构失稳的原理进行了煤矿突水机理分析。H. Li等[87]用量化的方法理论将定量处理定性变量应用于新河煤矿突水风险的计算评价中。Q. Wu等[88]以门克庆煤矿为例,对煤层上覆含水层突水脆弱性进行了评价,建立了上覆含水层富水性指数模型,并将其叠加在一张显示上覆含水层潜在断裂带的地图上,形成了一幅全面的涌水脆弱性指数分区图。D. K. Zhao等[89]以潘家窑煤矿为研究对象,基于随机森林法生成了底板突水风险评估模型,并采用概率神经网络模型进行了风险评估对比。Z. E. Ruan等[90]在综合分析矿井突水风险因素的基础上,采用改进的层析分析法和D-S证据理论,提出了突水、临界条件和无突水的判别框架,建立了突水综合决策模型。J. Sun等[91]建立了承压含水层上采动断层突水的力学模型和力学准则,并通过正交试验分析了采场底板岩层承受极限水压的敏感性。K. F. Fan等[92]结合温克勒地基梁模型,建立了导水裂隙带上方离层水水害的力学模型,推导了第一周期离层突水的理论判别式。

此外,孟磊等[93]从感知矿山理念与物联网三层架构出发,构建了多物理场网络化分布式监测系统,实现了矿井突水多源异构信息的高效存取与三维复合分析,提出了一种多模型组合的矿井突水预警方法。W. B. Sun等[94]利用COMSOL数值模拟软件,对某深埋断层矿井底板突水通道的形成与演化进行了分析。L. M. Yin等[95]对“下三带”分析方法进行了改进,建立了突水机理与风险评价的概念模型,明确了不同突水方式下的突水条件和准则。W. P. Mu等[96]以北杨庄煤矿为研究对象,建立了考虑矿井涌水引起的软化效应以及平均主应力和孔隙水压力对断裂带渗透率的动态影响的流固耦合数值模型,同时通过比较受扰动和不受扰动的断裂带的变形、破坏和渗流特征,揭示了受扰动地区断裂带突水的机理。K. Bian等[97]将激光诱导荧光技术与人工智能算法相结合,实现了矿井突水水源类型的快速准确识别。Z. G. Yan等[98]应用物联网技术构建了矿井突水水源监测网络,克服了矿井监测中的复杂性和不确定性。

1.3 胶东地区金矿开采面临的水文地质研究方面的问题

目前我国胶东地区金矿开采水文地质研究方面面临的主要问题总结如下:

(1) 金矿深部开采充水水源识别困难

由于胶东地区金矿的分布受到郯庐断裂带的控制,在不同级别的断裂构造影响下,充水水源变得十分复杂，这给矿山防治水工作带来了极大的困难。

(2) 金矿深部开采缺乏有效的涌(突)水量预计方法

胶东地区金矿深部开采普遍存在涌(突)水量显著增加的特点。传统的涌(突)水量预计方法所得结果与实际情况往往相差甚远[99-106]。因此，需要探索有效的涌(突)水量预计方法。

(3) 金矿深部开采缺少地下水流场分布特征系统描述

胶东地区矿山深部由于水文地质条件复杂，金矿深部开采应力场时空分布复杂，同时对于深部矿床地下水动态变化和运移规律有一定影响。因此，较为系统地研究该区域地下水流场分布特征对指导矿井安全生产具有重要意义。

(4) 金矿深部开采突水机理有待深入研究

国内外在煤矿开采方面的突水机理研究比较深入，但对于金矿的突水机理，特别是金矿深部开采突水机理研究甚少，还没有形成较为完整的理论体系。

(5) 金矿深部开采涌(突)水强度评价方法有待进一步提高

多数矿井涌(突)水强度评价成果展示方式为二维平面图或某一位置涌(突)水概率的分析判断[107-108]，无法对垂直方向上涌(突)水强度的差别做有效的评价。因此，如何有效地评价金矿深部开采涌(突)水强度也是值得研究的课题。

针对以上存在的主要问题，本书以胶东地区焦家金矿区为研究对象，在实测数据统计及数值模拟分析的基础上，分析采动围岩运移规律及动力响应机制，研究充水水源、充水通道及充水强度的变化特征，结合矿井涌(突)水水源，矿井涌水量不同时段、不同开采深度预测结果，确定含水层富水性的参数指标，建立含水层富水性评价模型；结合构造裂隙发育程度、断层导水性等建立构造复杂程度评价模型；结合金矿深部开采的地下水环境、断层导水性、各含水层水化学特征、水岩作用特征等，建立地下水动力条件评价模型。同时以此为基础实现金矿区深部开采涌(突)水强度的定量评价。

1.4 研究内容和研究方法

1.4.1 研究内容

在对焦家金矿区深部开采的矿井充水因素、充水来源以及矿井水的演化机理和动态变化规律研究的基础上，分析金矿区深部充水因素、采动围岩运移规律及力学响应机制、矿井涌(突)水水源、地质构造发育特征规律、水化学特征、海水入侵现状等，定量评价金矿开采涌(突)水强度。本书主要研究内容如下：

(1) 研究区水文地质结构和充水因素

① 基于实际钻探、测井等资料，对研究区的围岩岩性及其分布规律进行研究。

② 通过绘制水文地质剖面了解研究区含、隔水层垂向分布特征。

③ 通过抽(注)水试验、同位素示踪、水化学特征示踪和矿井涌水动态变化特征分析，研究充水因素。

(2) 深部采动围岩运移规律及力学响应机制

① 在分析钻孔资料和剖面图等资料的基础上，根据岩性特征建立三维地质模型。

② 基于本构模型，模拟上向水平分层回采充填采矿过程，分析不同开采深度下采场的

应力场时空分布、位移变化规律等,研究围岩破坏变形规律发育特征。

③ 研究多水平充填开采采场间应力扰动模式,分析充填后不同水平开采的应力演化模式。

(3) 焦家断裂构造带地下水数值模拟分析

① 建立地下水数值模型,用于预测不同地质条件、开采条件下的地下水演化趋势,预测不同时段、不同开采深度的矿井涌水量,研究多个矿山干扰疏干排水情况下各矿山地下水的相互作用,获得区域地下水对多矿山干扰疏干排水的动态响应机制。

② 基于地下水数值模拟分析等进行涌(突)水水源判别,查明涌(突)水来源,为涌(突)水强度评价打下理论基础。

③ 基于地下水数值模拟溶质运移模型,预测在未来开采水平不断加深的条件下,主要水质指标浓度的变化趋势,结合水化学分析,判断海水入侵程度及其发展趋势等。

(4) 涌(突)水强度综合分析

① 结合断层上、下盘含水层富水性影响指标,建立含水层富水性评价模型,对含水层富水性进行定性及定量评价。

② 结合构造裂隙发育程度等建立构造复杂程度评价模型。

③ 结合断层上、下盘构造裂隙含水层渗透系数影响指标,建立含水层渗透性评价模型,对含水层渗透性进行定性及定量评价。

④ 结合金矿深部开采的地下水环境、断层导水性、各含水层水化学特征与水岩作用特征,建立地下水动力条件评价模型。

⑤ 结合断层上、下盘构造裂隙含水层厚度影响指标,建立含水层厚度评价模型,对含水层厚度进行定性及定量评价。

⑥ 结合断层下盘构造裂隙含水层水压影响指标,建立含水层水压评价模型,对含水层水压进行定性及定量评价。

在上述研究的基础上,结合采动围岩破坏变形特征、采动应力场的时空分布特征及地下水模型模拟结果等,对金矿深部开采涌(突)水强度进行综合定量评价。

1.4.2 研究方法

本书采用理论分析、野外试验、数值模拟分析及工程实践相结合的方法,对相关内容开展研究,具体研究方法如下:

(1) 在分析钻孔资料和剖面图等资料的基础上,利用 Surfer 17 软件、Rhino 6 软件、Griddle 插件和 FLAC3D 软件建立了三维地质模型。

(2) 基于力学本构模型,模拟采动过程。

(3) 利用 GMS 软件的 MODFLOW 模块构建三维地下水模型,研究地下水渗流、水均衡特征,利用 MT3D 模块建立地下水数值模拟溶质运移模型,判断海水入侵程度及其发展趋势。

(4) 结合富水性、构造复杂程度、渗透性、地下水动力条件、含水层厚度和水压影响因子,运用多源信息融合技术,绘制涌(突)水强度等值线图对金矿深部开采涌(突)水强度进行综合定量分区评价。

本书技术路线如图 1-1 所示(图中 PCA 指主成分分析法,EWM 指熵权法,HCA 指聚类分析法)。

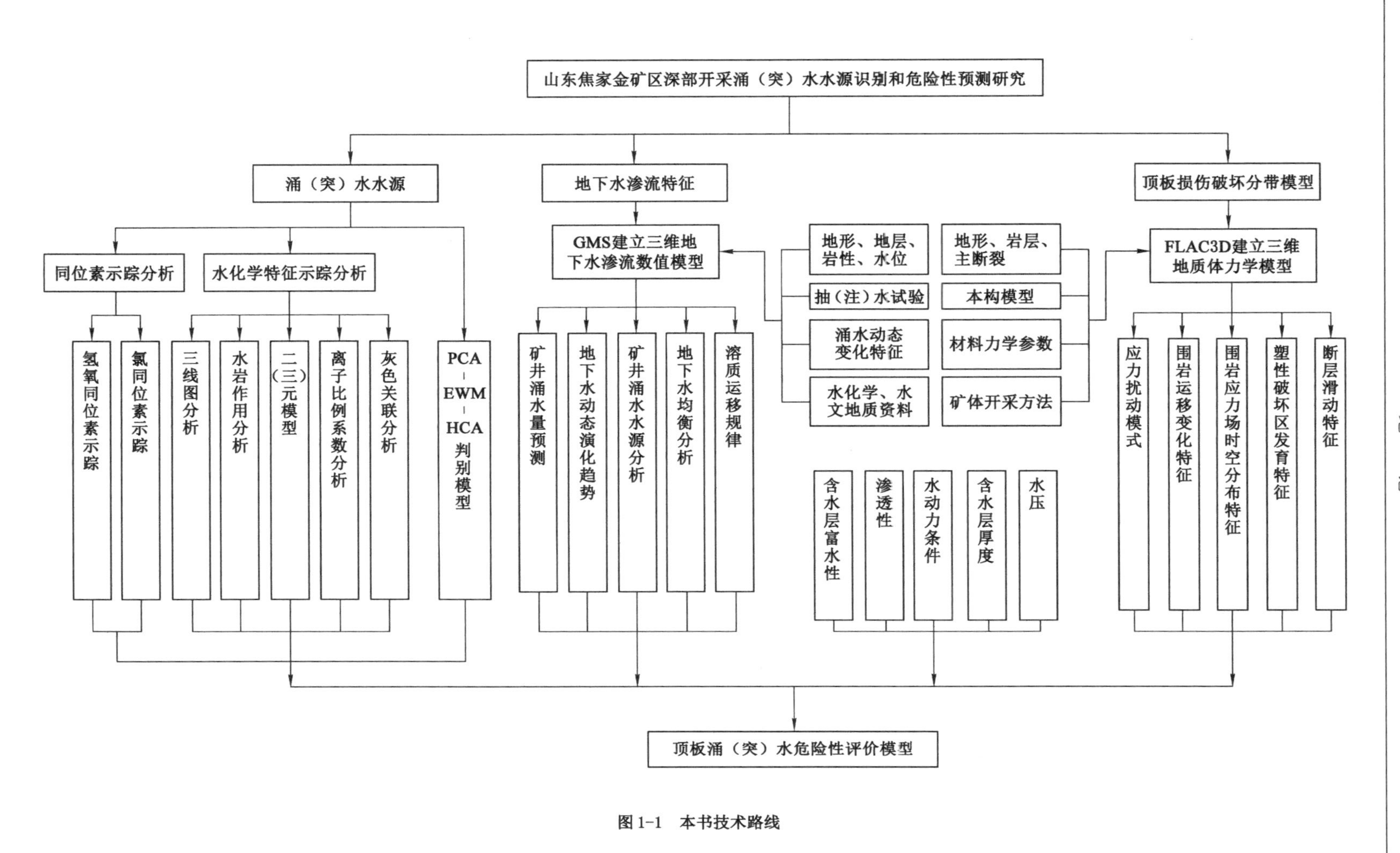
山东焦家金矿区深部开采涌（突）水水源识别和危险性预测研究
涌（突）水水源
地下水渗流特征
顶板损伤破坏分带模型
同位素示踪分析
水化学特征示踪分析
GMS建立三维地下水渗流数值模型
地形、地层、岩性、水位
抽（注）水试验
涌水动态变化特征
水化学、水文地质资料
地形、岩层、主断裂
本构模型
材料力学参数
矿体开采方法
FLAC3D建立三维地质体力学模型
氢氧同位素示踪
氯同位素示踪
三线图分析
水岩作用分析
二(三)元模型
离子比例系数分析
灰色关联分析
PCA-EWM-HCA判别模型
矿井涌水量预测
地下水动态演化趋势
矿井涌水水源分析
地下水均衡分析
溶质运移规律
含水层富水性
渗透性
水动力条件
含水层厚度
水压
应力扰动模式
围岩运移变化特征
围岩应力场时空分布特征
塑性破坏区发育特征
断层滑动特征
顶板涌（突）水危险性评价模型

图 1-1 本书技术路线

2　研究区概况

2.1　交通位置

焦家金矿区位于山东省烟台市西北角，在莱州市境内，主要涉及烟台市所辖的莱州、招远两个县级市，南邻青岛，东接威海。矿区南到莱州市区 32 km，北距龙口市区 36 km，东离招远市区 25 km。荣(成)—乌(海)高速公路自东向西穿过矿区，同(江)—三(亚)高速公路从矿区东部通过，荣(成)—潍(坊)高速公路从矿区南部通过，国道、省道以及县级、乡级公路密布，龙(口)—大(家洼)铁路从区内通过，龙口、烟台港分别位于矿区北部、东部，交通极为便利(图 2-1)。

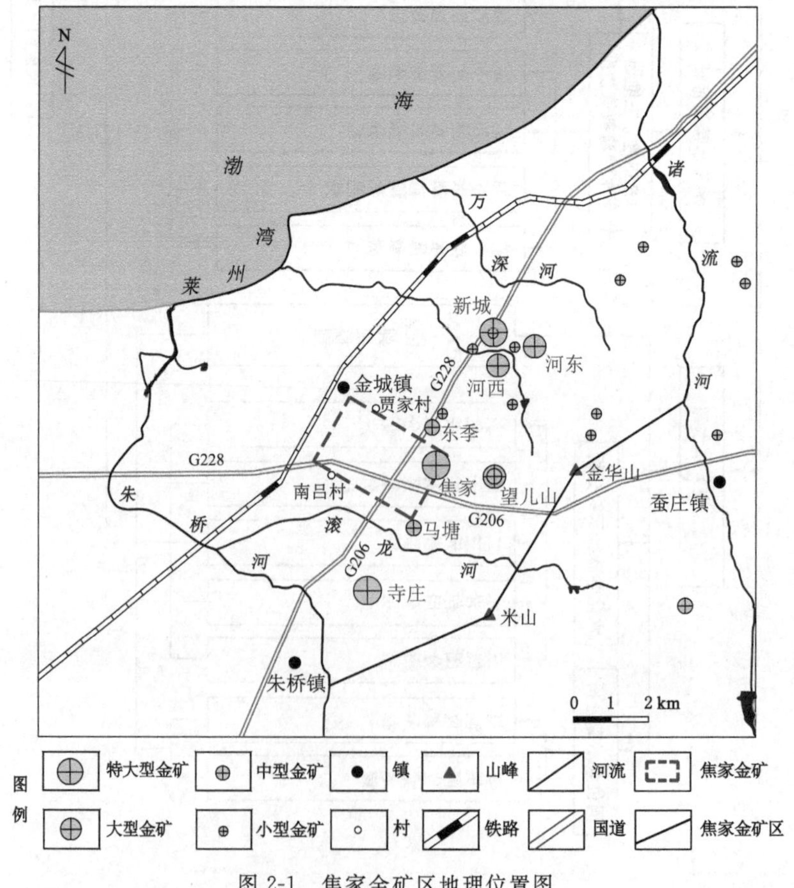

图 2-1　焦家金矿区地理位置图

焦家金矿是山东黄金矿业股份有限公司的下属核心矿井，1980 年建成投产，位于莱州市城北 32 km 处金城镇焦家村西北侧。焦家金矿西毗邻三山岛码头，大(家洼)—莱(州)—龙(口)铁路从焦家金矿的西侧通过，文(登)—三(山岛)公路(G228)和烟(台)—潍(坊)公路(G206)穿过焦家金矿，水陆交通极为便利[109]。

2.2　自然地理

2.2.1　地形地貌

焦家金矿区地处胶东半岛西北部，地势总体为东高西低、南高北低，地形较平缓，地面标高一般 15～100 m，最高点为望儿山，标高 177.39 m。地貌类型以焦家村—寺庄村为界，其东、东南部为以剥蚀作用为主的丘陵区，切割强烈，冲沟发育，基岩裸露，坡降一般 1.0%～2.0%，西、北部为倾向莱州湾的沿海平原，地形平缓，高差小。

焦家金矿位于丘陵和平原的接合部位，其东部是以剥蚀作用为主的丘陵区，标高一般为 40～60 m，地形坡度大，沟谷发育，基岩裸露，西部为山前冲洪积平原，地面标高 22～35 m，地势平缓，向西北倾斜，坡降约 0.6%。

2.2.2　气象

焦家金矿区所属莱州地区为暖温带季风区大陆性气候，昼夜温差较小，四季分明，春夏多东南风，秋冬多西北风。据莱州市气象站气象资料：区域的历年平均气温 12.5 ℃，极端最高气温 38.9 ℃，极端最低气温 −17 ℃；雨季多集中在 7—9 月，年平均降水量 727 mm，年最大降水量 1 204.8 mm(1964 年)，年最小降水量 313.8 mm(1977 年)，最长连续降水 4 d(降水量 208.8 mm)，年最大蒸发量 2 379.0 mm，年最小蒸发量 1 779.2 mm，年平均相对湿度 63.87%；最大积雪深度 200 mm，最大冻土深度 68 cm；年平均日照 2 583.2 h，年平均无霜期 201 d。

2.2.3　水文

焦家金矿区内及周边发育的河流有朱桥河和滚龙河，大的地表水体为北部的渤海(图 2-2)。

(1) 朱桥河

朱桥河是区内的第一大河，发源于寺庄东南部的丘陵区，全长 24 km，流域面积 180 km^2。河水由东南流向西北，经焦家金矿区的西部，于石虎咀附近注入渤海，流经区域的长度约 7 km。该河近几年只在 7、8 月份的汛期有短暂流水，其他季节干涸。河水与附近第四系地下水有密切的水力联系，对寺庄金矿区域地下水有一定影响。

(2) 滚龙河

滚龙河发源于焦家金矿区东部的灵山，全长 11.5 km，流域面积 33 km^2，由东南流向西北，在大官庄附近汇入朱桥河。该河从焦家金矿区的南部通过，河水与两侧的第四系孔隙水发生明显的水力联系，对浅层地下水有一定的影响，近几年常年干涸。

(3) 诸流河

诸流河发源于路格庄以南的群山北麓，汇集门楼山东西山涧之水，向北流经蚕庄镇、辛庄镇，最终注入渤海。诸流河河床平均宽度 40 m，全长 22 km，流域面积 91.4 km^2。该河从焦家金矿区的东部通过，河水与附近第四系地下水有密切的水力联系，对浅层地下水有一定

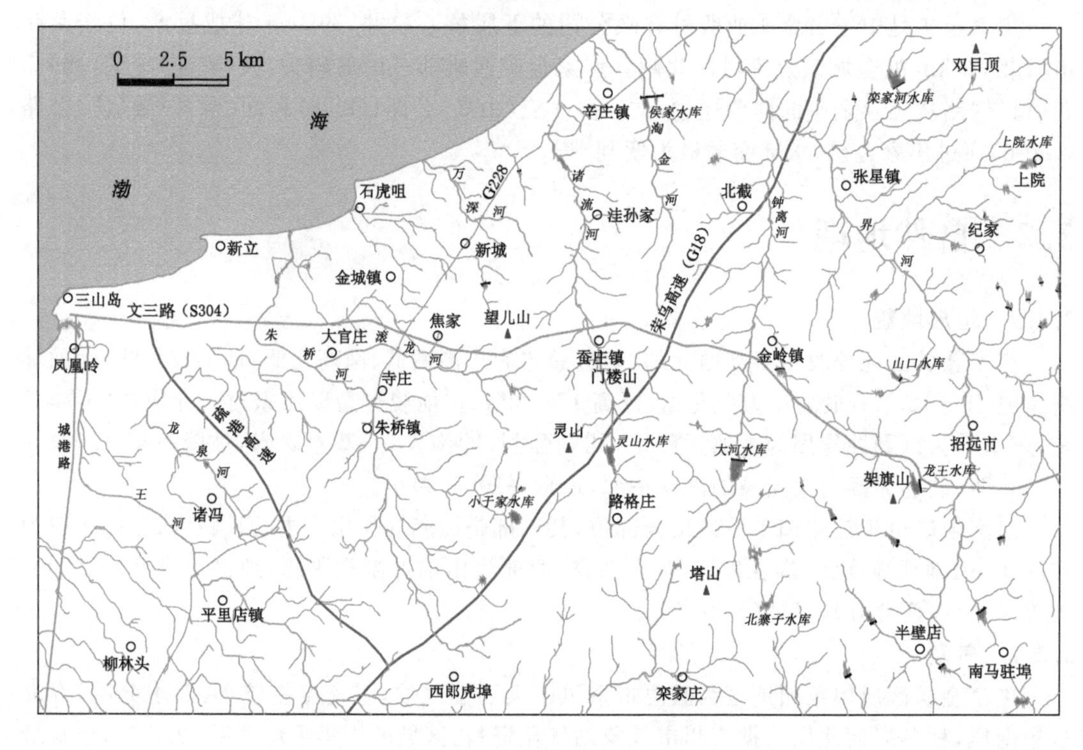

图 2-2　焦家金矿区水系图

的影响，近几年常年干涸。

（4）渤海

位于焦家金矿区北部，是区域的主要地表水体，距焦家金矿区最近距离约 5.5 km。根据龙口海潮站观测资料：区域沿海属正规半日潮，渤海最高潮位的标高 2.53 m，最低潮位的标高－2.10 m，平均海平面标高 0.04 m。受第四系含水层厚度薄、透水性差、深部基岩透水性微弱等条件的控制，海水与焦家金矿区地下水不发生水力联系。

2.2.4　地震及灾害

焦家金矿区地质环境比较稳定，属胶东隆起的西缘，构造活动不甚强烈。从有记载以来的地震资料看，区域内未发生过强烈的地震，只在附近地区发生过几次破坏性较小或有感地震，震中多在区域东北部的龙口、蓬莱、庙岛群岛附近。1963 年、1969 年渤海发生的地震（震级分别为 5.0～5.9、7.4）及 1046 年、1848 年蓬莱附近发生的地震（震级分别为 4.0～4.9、6.0～6.9），区域均有震感，部分建筑物受到了一定破坏。区域位于 6～8 度地震烈度区。

3 地质与水文地质条件

3.1 地质概况

3.1.1 地层及岩浆岩特征

3.1.1.1 地层

焦家金矿区属华北地层大区晋冀鲁豫地层区鲁东地层分区胶北地层小区，区内地层主要为新生界第四系，分布面积较大。东部丘陵区的第四系由残坡积形成的灰褐色含砾粉质黏土、粉土组成，厚度2～5 m，最大约10 m；西部平原区及东部河流沿岸的第四系由冲洪积形成的含砾中粗砂、粉土和少量黏性土组成，厚度5～20 m，最厚处可达40 m。

如图3-1所示，焦家金矿区位于华北板块胶辽地块的胶北隆起西北部，沂沭断裂带东侧[110]。地表多为裸露的基岩区，部分由第四系覆盖，地层比较简单[111-112]。新生界第四系为一套松散堆积物，主要由砂质黏土岩、含砾砂质黏土岩、砂及砾石组成，多分布于矿区西北部。新生界新近系少量分布于纪家村西侧，以砂岩为主。

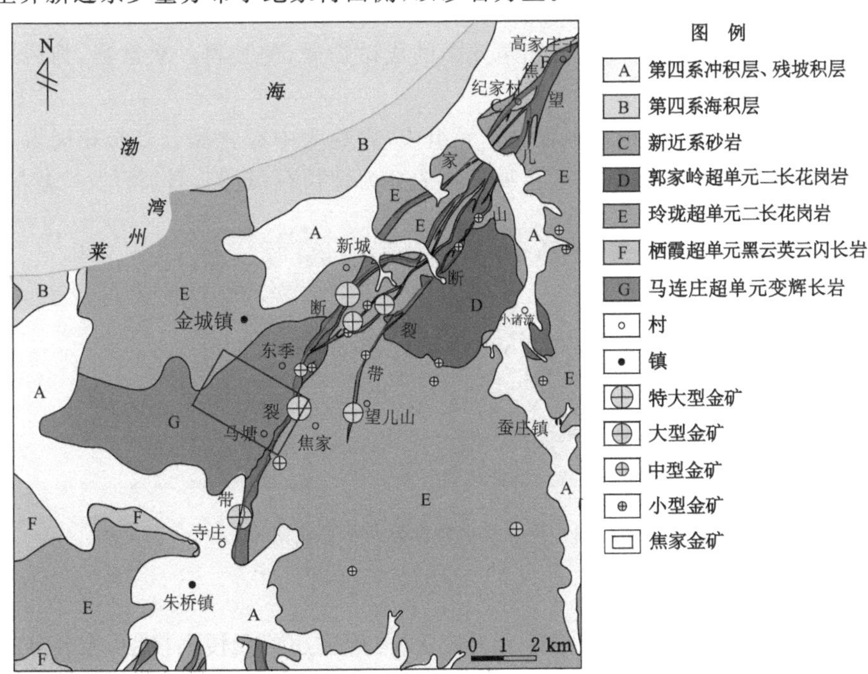

图3-1 焦家金矿区地质图

3.1.1.2　*岩浆岩*

区内岩浆岩广泛分布，以新元古代震旦期玲珑超单元为主；焦家断裂带以西为新太古代五台～阜平期马连庄超单元[111]；中生代燕山早期郭家岭超单元侵入玲珑超单元内，且派生脉岩不甚发育。

(1) 马连庄超单元

马连庄超单元呈岩基状产出，主要分布在焦家断裂带上盘，在焦家金矿矿床内揭露深度为0～475 m，主要岩性为中细粒变辉长岩，主要由基体和脉体两部分组成，基体为中细粒变辉长岩，脉体为长英质，岩石呈绿到深绿色，鳞片粒状变晶结构，条纹条带状构造(图3-2)或片麻状构造[113-115]。

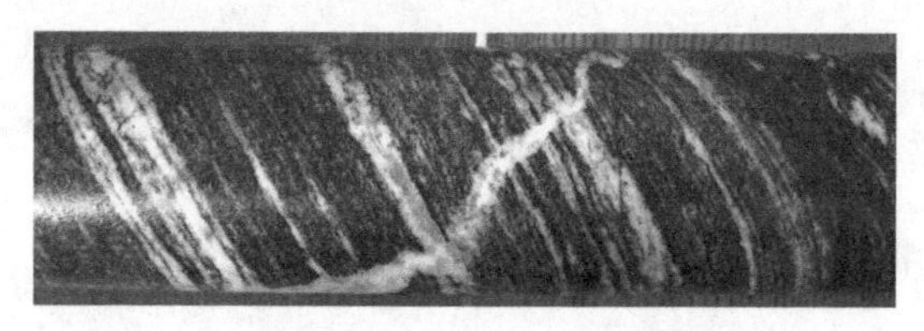

图3-2　条纹条带状中细粒变辉长岩

(2) 栖霞超单元

栖霞超单元呈岩基状产出，主要分布在南部的寺庄以西和北部的高家庄子以西，均位于焦家断裂带上盘，为一套中基性变质深成侵入岩系，遭受多期次变质变形，在焦家金矿内无分布。

(3) 玲珑超单元

玲珑超单元呈岩基状展布于焦家断裂带以东，主要与断层上盘马连庄超单元、栖霞超单元呈断层接触，其他地段与郭家岭超单元和马连庄超单元侵入接触。玲珑超单元与马连庄超单元、胶东岩群以及栖霞超单元高度混合岩化及重熔作用有关，在形成过程中继承性地捕获了马连庄超单元、胶东岩群和栖霞超单元中的成矿物质，使其再一次富集，为后期的成矿富集奠定了物质基础。

焦家金矿矿床内玲珑超单元由崔召单元组成，岩性为中粒含黑云二长花岗岩，灰白色，片麻状构造(图3-3)，中粒花岗结构，主要矿物成分为钾长石、石英、斜长石及少量黑云母。

图3-3　片麻状中粒含黑云二长花岗岩

(4) 郭家岭超单元

郭家岭超单元呈岩基状展布，局部为岩株状，与玲珑超单元侵入接触，主要分布于焦家断裂带以东。在其演化侵入过程中，形成该超单元的岩浆将一部分幔源成矿物质带入地壳，同时大量捕获了玲珑超单元和马连庄超单元中已相对富集的金矿成矿物质，并混合于同一岩浆系统中，随后地壳发生强烈的断裂构造活动，含矿热液沿着断裂带的空隙上侵充填，在化学、物理环境适宜的部位沉淀定位，形成金矿。

焦家金矿矿床内郭家岭超单元由上庄单元组成，在152ZK666钻孔孔深1 300余米处揭露到该单元，岩性为中粒含角闪二长花岗岩，似斑状结构（图3-4），块状构造，岩石呈灰色，基质为半自形粒状结构，斑晶为钾长石，基质为石英、斜长石、角闪石、钾长石和黑云母，副矿物为褐帘石、榍石和磷灰石等。

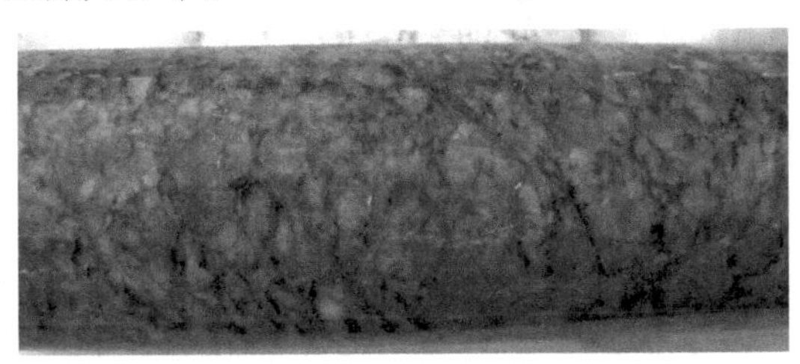

图3-4 似斑状中粒含角闪二长花岗岩

（5）脉岩

区内脉岩主要分布于玲珑超单元内，主要有闪长玢岩、辉绿玢岩、伟晶岩、石英闪长玢岩和煌斑岩脉等。

3.1.2 地质构造

3.1.2.1 *焦家金矿区地质构造*

区内以断裂构造发育为突出特点，以脆性断裂构造发育为特征，主要断裂构造为北北东—北东向的焦家断裂带及次级的望儿山断裂带。按断裂构造展布方向的差异可以将其大致分为北东向和近南北向两组，其中北东向断裂构造最为发育，也是最重要的控矿构造。

（1）北东向断裂构造

该组构造在区内最为发育，也是区内最重要的金矿控矿构造。按其与金矿关系和发育规模，焦家断裂带为区内Ⅰ级控矿构造，灵北断裂带和望儿山断裂带为区内Ⅱ级控矿构造，其余次级断裂带为区内的Ⅲ级控矿构造（图3-5）。

① 焦家断裂带

焦家断裂带纵贯全区，区内断裂带宽80～500 m，垂向延伸大于1 000 m，平面或剖面上均呈舒缓波状。区内断裂带出露长20 km，钻孔控制最大垂深1 130 m，近地表区域较陡[116]。断裂带主要沿马连庄超单元变辉长岩与玲珑超单元二长花岗岩接触带展布。

焦家断裂带在寺庄金矿南部发育于玲珑超单元二长花岗岩岩体中。其膨胀夹缩、分支复合特征极为明显，沿走向及倾向均呈舒缓波状展布，在中部新城—大塚坡地段沿新元古代震旦期玲珑超单元和新太古代五台～阜平期马连庄超单元呈接触带状展布，在大塚坡以南及新城以北地段主要展布于玲珑超单元内[117-118]。

断裂带下盘、主裂面附近及沿走向、倾向转弯部位或“人”字形构造交会部位都是成矿的有利地段。此外，伴生裂隙构造对金矿的富集也起着重要作用。焦家断裂带控制了新城、焦家、寺庄等特大型金矿和马塘、东季等中型金矿。

② 望儿山断裂带

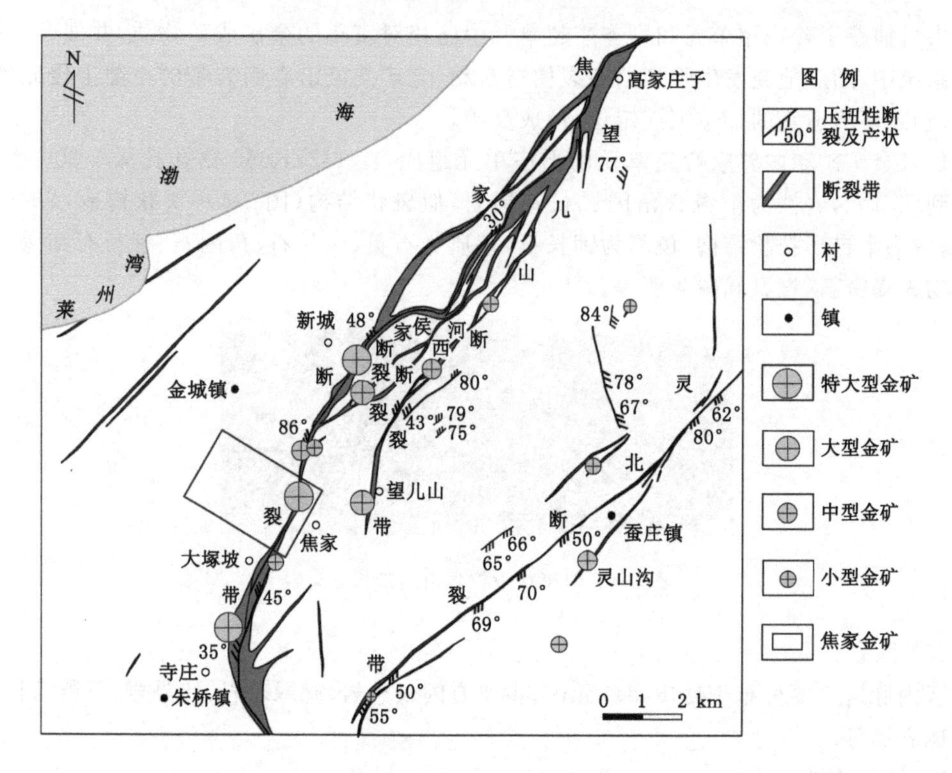

图 3-5 区域地质构造特征

望儿山断裂带是焦家断裂带的次级构造断裂,长 12 km,宽 30～100 m,与主干断裂带复合构成"人"字形构造,沿玲珑超单元与郭家岭超单元接触带展布或发育于玲珑超单元内,是焦家断裂带的下盘分支断裂带。破碎带宽 60～120 m,断面呈舒缓波状,膨缩现象明显。断裂带两侧破碎蚀变带发育,以主裂面为界,由内向外其蚀变、破碎和矿化程度逐渐减弱,其中倾角由陡变缓和走向拐弯部位是矿体形成的有利部位。该断裂带控制了河东、望儿山大型金矿和上庄中型金矿以及多个小型金矿。

③ 灵北断裂带

灵北断裂带发育于玲珑超单元内,区内出露长约 13 km,宽 20～100 m,倾向南东,走向 50°,倾角 55°～70°。断裂带两侧破碎带发育,断层泥薄而不连续,破碎带沿倾向、走向膨缩显著。在断裂带倾角变化、走向拐弯及分支复合部位易产生金矿体。

除上述几条主要北东向断裂构造外,区域内尚有数目众多的规模相对较小的北东向断裂构造,控制了众多的小型金矿和矿点。

(2) 近南北向断裂构造

近南北向断裂构造展布于焦家断裂带下盘的玲珑超单元内,不甚发育,规模较小,多数被后期脉岩充填,少数形成矿化蚀变带。

3.1.2.2 焦家金矿地质构造

焦家金矿位于焦家断裂带的西南段,其构造以脆性断裂构造发育为特征,走向北北东—北东向,主要是控制矿体的主体构造及少数的成矿后期构造。以主裂面为界,东侧为中生代燕山早期郭家岭花岗闪长岩和新元古代震旦期玲珑二长花岗岩,西侧北段为新太古代变质岩系，西侧南段为玲珑二长花岗岩。焦家断裂带纵贯全区，主要沿马连庄超单元变辉长岩与玲珑超单元二长花岗岩接触带展布，并发育有连续稳定的裂面，矿体主要赋存于断裂带下盘蚀变程度较高的蚀变岩中。

焦家断裂带在焦家金矿矿床内长约 1 800 m，宽 100～600 m，走向 10°～30°，倾向北西，倾角较缓，一般 16°～45°，浅部较陡，近 60°～70°，平面或剖面上呈舒缓波状延伸。断裂带在 −400 m 标高以上沿玲珑超单元二长花岗岩接触带和马连庄超单元变辉长岩展布，在 −400 m 标高以下地段多发育于玲珑超单元二长花岗岩中。断裂带中心发育有连续稳定的主裂面，以灰黑色断层泥为标志。按断裂带破碎程度，由里向外，可将构造蚀变岩划分为三个岩带(图 3-6)，即碎裂岩带和糜棱岩、绢英岩化变辉长岩质和花岗质碎裂岩带、绢英岩化变辉长岩和花岗岩带，各岩带之间呈渐变关系[118]。

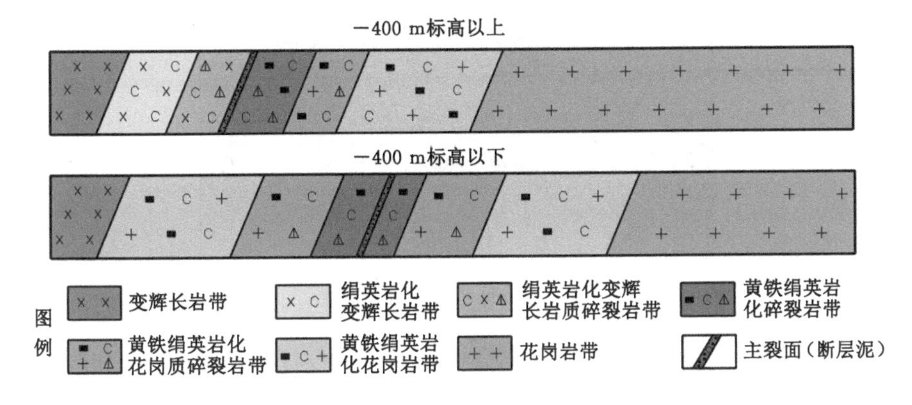

图 3-6 构造蚀变岩分带示意图

① 黄铁绢英岩化碎裂岩(图 3-7)

图 3-7 黄铁绢英岩化碎裂岩

岩石多为黄铁绢英岩，呈灰绿～灰黑色，受应力作用发生破碎，再经受后期蚀变矿化作用，形成碎斑结构、碎裂结构，伴以填隙、包含结构，以稠密浸染状、细粒浸染状构造为主。

② 黄铁绢英岩化花岗质碎裂岩(图 3-8)

岩石为斑杂状构造、变余碎裂结构，呈灰色、灰白色、淡肉红色，黄铁矿呈细粒浸染状分布，硅化石英呈脉状、细脉状分布，两者构成脉状、细脉浸染状构造。脉石矿物以长石、石英、绢云母为主，少量为方解石。

③ 黄铁绢英岩化花岗岩(图 3-9)

岩石为变余花岗结构，呈灰白色、淡肉红色，黄铁矿与灰色硅化石英呈细脉、脉状、网脉状分布，多为细脉、脉状、网脉状构造。

图 3-8　黄铁绢英岩化花岗质碎裂岩

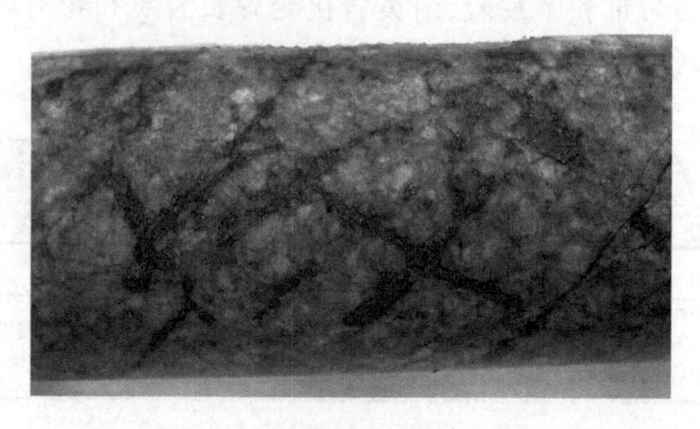

图 3-9　黄铁绢英岩化花岗岩

3.1.3　矿体分布特征

焦家金矿地质勘探工作共圈定 4 个矿体(Ⅰ、Ⅱ、Ⅳ、Ⅴ),其中将紧靠主裂面之下的黄铁绢英岩化碎裂岩带和黄铁绢英岩化花岗质碎裂岩带内控制的矿体划为Ⅰ号矿体,将Ⅰ号矿体之下的黄铁绢英岩化花岗质碎裂岩带内控制的矿体划为Ⅱ号矿体。Ⅰ、Ⅱ号矿体资源储量占总储量的 96.33%,为焦家金矿主采矿体。钻孔揭露矿体空间展布图及分布图如图 3-10 和图 3-11 所示。

图 3-10　钻孔揭露矿体空间展布图

Ⅰ号矿体资源储量占总储量的 89.77%,是区内主矿体。矿体最大走向长度 1 160 m,平均 855 m(表 3-1);最大倾斜总长度 2 470 m,平均 1 591 m(表 3-2)。矿体最大控制垂深 1 120 m[119],最低见矿工程标高−1 080 m。矿体呈似层状、大脉状,具分枝复合、膨胀夹缩和

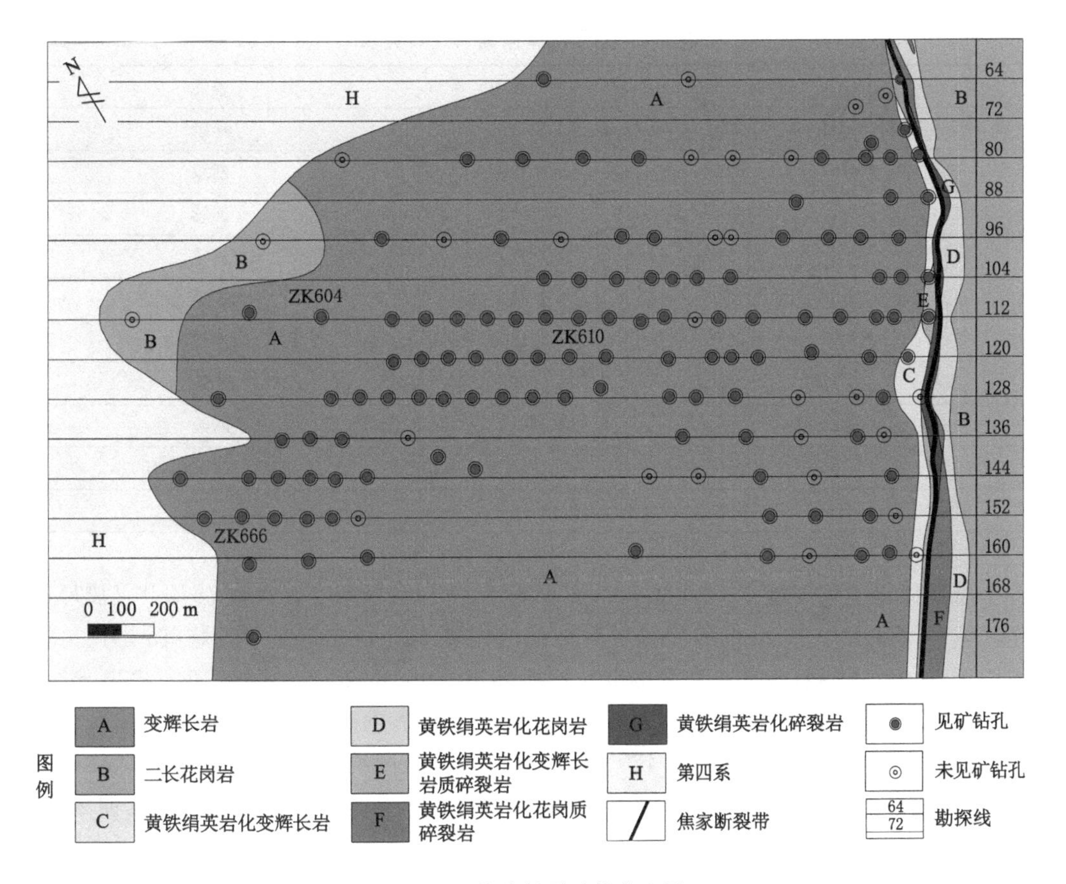

图 3-11 钻孔揭露矿体分布图

无矿天窗等特点，产状与主裂面产状基本一致，走向 30°，倾向北西，倾角在 15°～30°间变化。矿体在－850 m 标高以下倾角逐渐变缓，由 30°左右变至缓处(112ZK604 钻孔的－960 m 处)的 16°，矿体厚大部位位于由陡变缓的转折点下部，即倾角较缓部位(144、152 勘探线)。

表 3-1 Ⅰ号矿体走向长度统计表

标高/m	长度/m	备注
0	1 100	断续
－100	980	连续
－200	860	连续
－300	1 160	连续
－400	800	连续
－500	580	连续
－600	960	连续
－700	840	断续
－800	720	断续
－900	600	连续
－1 000	800	连续
平均	855	—

表 3-2 Ⅰ号矿体倾斜长度统计表

勘探线	工作区内长度/m	总长度/m	备注
80	780	1 440	连续
96	720	1 300	断续
104	1 090	2 190	连续
112	1 370	2 470	连续
120	1 260	2 360	连续
128	1 270	1 750	连续
136	360	790	断续
144	590	1 110	断续
152	550	910	断续(深部未封闭)
平均	888	1 591	—

Ⅰ号矿体单工程厚度 0.91～35.82 m,平均 10.95 m,厚度变化系数 78%[116],属厚度稳定型矿体。厚度大于 10 m 的等值线所圈定的范围基本可划分为两个区域(图 3-12),第一区域位于 104～128 线(走向长度约 360 m)、地表至－900 m 标高(倾斜长度 1 970 m)范围内,走向长度与倾斜长度之比为 1∶5.47,从形态上看略有向南倾伏的趋势。第二区域位于第一区域右侧下方,其走向长度约 420 m,已控制倾斜长度约 510 m,处在－890 m 标高以下,向下延伸出勘查范围,从其形态特征看,第二区域的矿体向深部将有很大的延伸区间,其倾斜长度在 1 000 m 以上(图 3-13)。

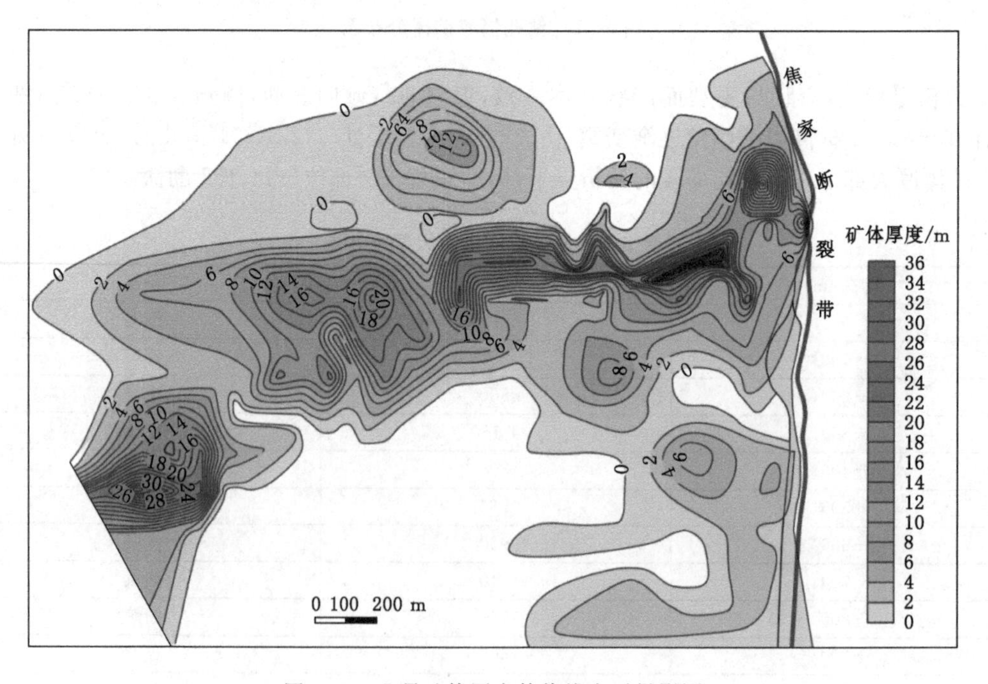

图 3-12 Ⅰ号矿体厚度等值线水平投影图

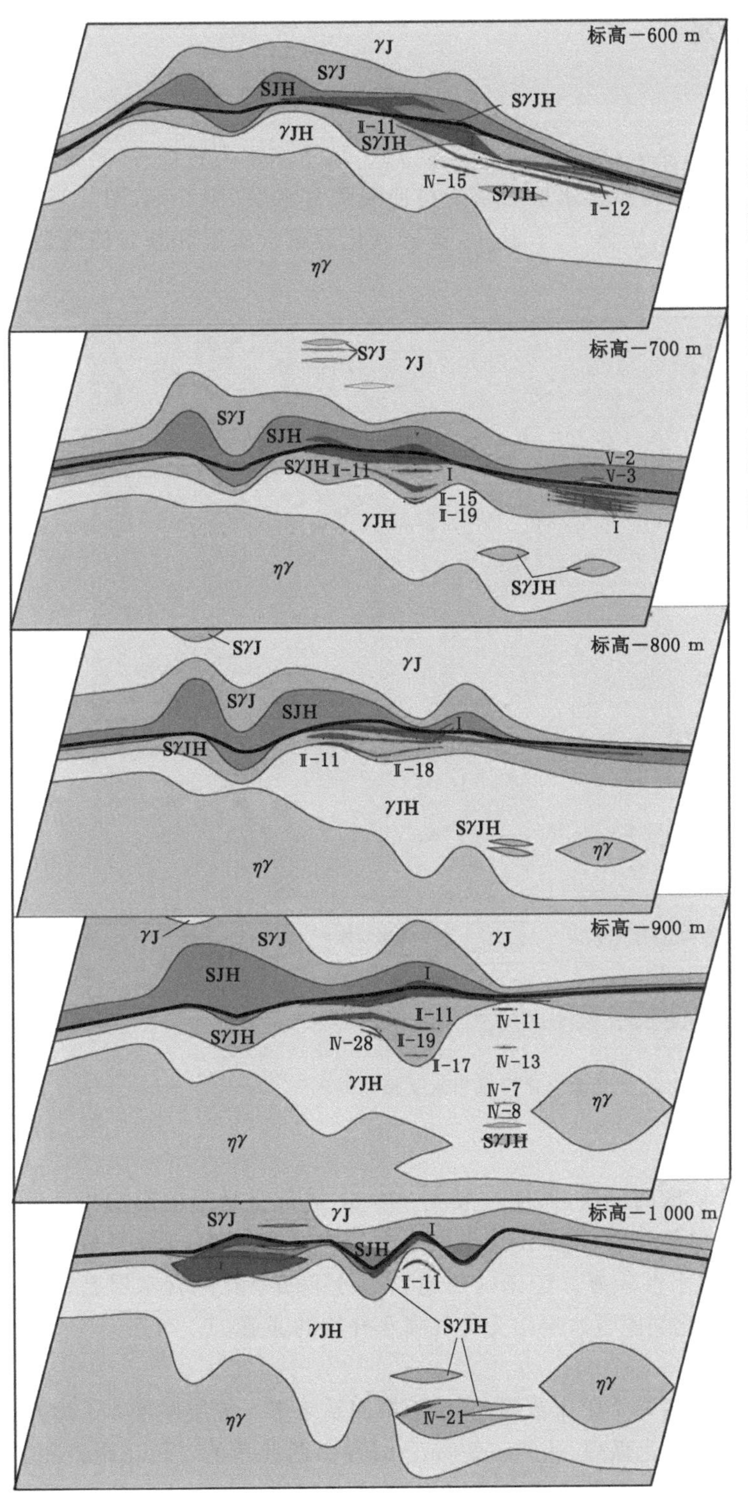

图 3-13 焦家金矿深部矿体分布图

3.2 水文地质概况

3.2.1 含水层与隔水层

焦家金矿区内的岩性比较复杂，根据岩层的储水方式、地下水水力特征等，将含水层分为第四系孔隙含水层、基岩风化裂隙含水层和基岩构造裂隙含水层(图 3-14、图 3-15)。隔水层分为中间隔水带和底板隔水岩体[120]。其中，基岩风化裂隙含水层和基岩构造裂隙含水层总称为基岩裂隙含水层。

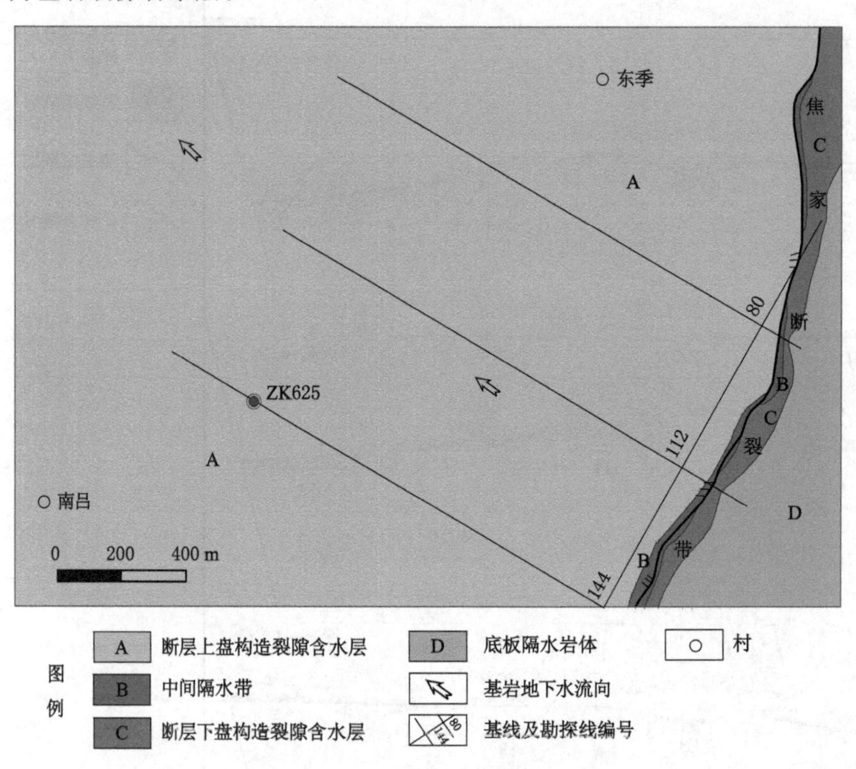

图 3-14 焦家金矿区基岩水文地质略图

(1) 第四系孔隙含水层

第四系孔隙含水层位于矿床的浅层，厚度一般 4～28 m，局部受地形的影响相对较厚，由含砾亚黏土、亚黏土、砂砾层等组成，主要由坡洪积形成，岩性变化较大，透水性较差，而底部 0.5～1.0 m 的砂砾层的透水性较好。矿床内的绝大部分第四系孔隙含水层已被疏干，成为无水岩层，是下伏基岩风化裂隙含水层接受大气降水补给的通道。

(2) 基岩风化裂隙含水层

基岩风化裂隙含水层分布在整个矿床范围内，位于第四系之下。盖层厚度 4～28 m，含水层厚度一般 20～45 m，局部风化强烈，达 70～80 m。岩性由西北角的二长花岗岩和控矿主断裂上盘的变辉长岩组成。岩性及构造发育特征不同，含水层富水性水力特征、水质等也有一定的差异，岩石以裂隙方式储水(图 3-16)。

位于控矿主断裂内的矿化蚀变岩带的风化带含水层及控矿主断裂上盘的变辉长岩风化

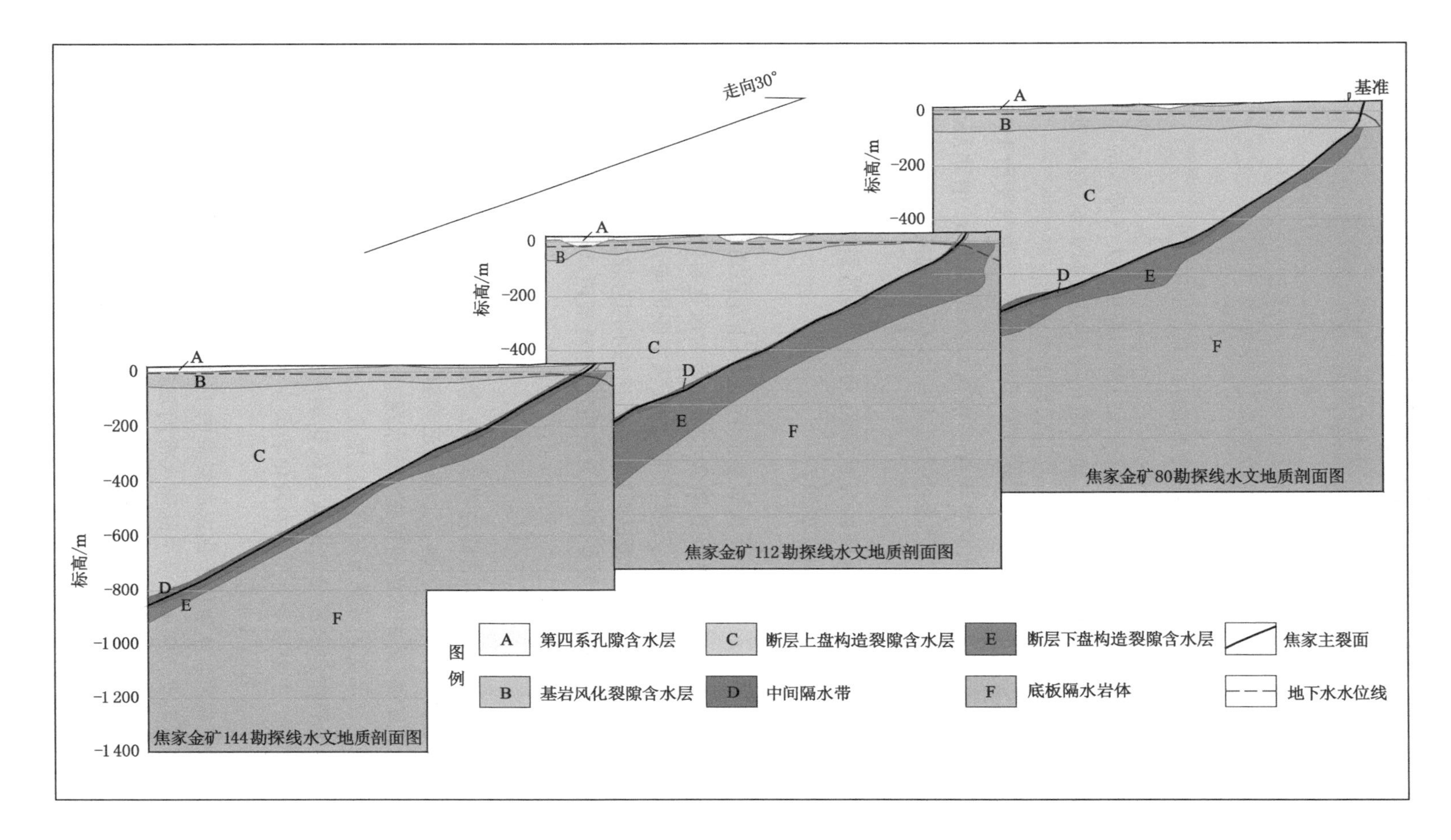

图 3-15 焦家金矿区联合水文地质剖面图

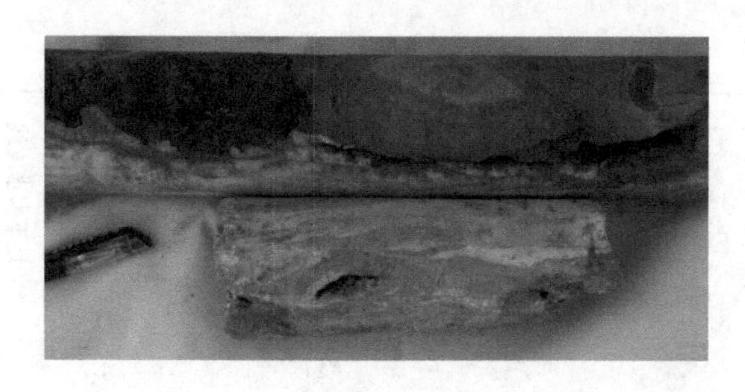

图 3-16　基岩风化裂隙含水层岩芯(144ZK625 钻孔)

带的含水层,接受上覆第四系孔隙水的补给,或通过第四系接受大气降水的补给。地下水水位埋深一般 18～25 m。含水层受构造运动及风化作用的共同影响,裂隙发育,渗透系数 0.1～1.0 m/d,单位涌水量 0.1～0.5 L/(s・m),属中等富水含水层[121]。

位于西北部的二长花岗岩含水层绝大部分直接出露地表,含脉状裂隙水,接受大气降水补给,厚度一般 20～30 m。地下水水位埋深一般 9.98～21.50 m。含水层中裂隙发育较差,渗透系数 0.1～3.0 m/d,单位涌水量小于 0.1 L/(s・m),属弱富水含水层。

(3) 基岩构造裂隙含水层

根据所处位置以及对矿床开采的影响等因素,将基岩构造裂隙含水层分为断层上盘构造裂隙含水层和断层下盘构造裂隙含水层。

① 断层上盘构造裂隙含水层

断层上盘构造裂隙含水层位于焦家断裂带的上盘,由花岗质碎裂岩、变辉长岩、变辉长岩质碎裂岩等组成。含水层被第四系孔隙含水层和基岩风化裂隙含水层覆盖,覆盖层厚度 40～50 m。断层上盘构造裂隙含水层厚度变化大,从主裂面向西厚度逐渐增加,主要为构造裂隙水。富水性、透水性不均匀,根据裂隙发育程度的不同有较大的变化。岩层经历了多次构造变动,地质年代久远,裂隙较发育,但多为压扭性、扭性裂隙,导水性较差。含水层的总体富水性、透水性弱,渗透系数 0.001～0.100 m/d,单位涌水量 0.004～0.098 L/(s・m),属弱富水含水层[117-118]。

断层上盘构造裂隙含水层的底部边界是以主裂面为代表的中间隔水带,由于矿体主要赋存于主裂面的下盘,自然情况下断层上盘构造裂隙含水层与下伏岩层不发生水力联系,地下水不能直接进入矿井,是矿床的间接充水含水层。只有在采矿工程破坏了中间隔水带时,断层上盘构造裂隙含水层才转变为矿床的直接充水含水层。

断层上盘构造裂隙含水层与上覆基岩风化裂隙含水层呈过渡关系,地下水水位埋深 18～25 m,属于潜水,主要接受上覆基岩风化裂隙含水层的补给。

② 断层下盘构造裂隙含水层

断层下盘构造裂隙含水层位于焦家断裂带的下盘,由黄铁绢英岩化花岗质碎裂岩、黄铁绢英岩化花岗岩等组成。含水层沿中间隔水带的黄铁绢英岩化碎裂岩底部分布,厚度一般 22.28～305.05 m,平均 118.77 m,厚度变化较大,产状与焦家主裂面产状基本一致。含水层距主裂面较近,构造裂隙发育,但多为扭性及压扭性结构面,导水性和富水性较差,渗透系数 0.002～0.750 m/d,单位涌水量 0.001～0.100 L/(s・m),属弱富水含水层。

含水层具有明显的承压特征,原始状态下承压水头与上盘地下水水位基本一致或略高,富水性极不均匀，含水层上覆为中间隔水带，下伏为底板隔水岩体，只有近地表的岩石才与第四系无水岩层接触，补给水量较小，补给途径局限，加之自身的透水性较弱，接受补给的能力较差。

Ⅰ号矿体位于该含水层之中，采矿巷道系统也主要分布在该带中。含水层裂隙水是矿床的直接充水水源。

（4）中间隔水带

中间隔水带的岩性主要由黄铁绢英岩化碎裂岩和深灰色、黑色断层泥组成，隔水带分布连续，具有良好的隔水性。隔水带位于焦家断裂带的中间部位，走向 12°，倾角 25°～45°，倾向北西，延伸大于 1 000 m，呈北北东向的条带状分布。隔水带之上为断层上盘构造裂隙含水层，之下为断层下盘构造裂隙含水层，隔水带隔断了断层上、下盘之间的水力联系，使其成为各自独立的含水层。

（5）底板隔水岩体

底板隔水岩体位于断层下盘构造裂隙含水层之下，主要由二长花岗岩构成，在主断裂附近被断层下盘构造裂隙含水层覆盖，东侧多被第四系孔隙含水层及基岩风化裂隙含水层覆盖，盖层厚度变化大，东部地区多在 40 m 左右。隔水岩体的厚度大，揭露深度大于 1 000 m。隔水岩体形成的年代较晚，距离焦家断裂带较远，裂隙不发育，富水性、透水性均较差，属于无水岩体。该岩体截断了断层下盘构造裂隙含水层接受侧向补给的途径。

3.2.2　地下水补给、径流和排泄条件

区域地下水主要接受大气降水、含水层间越流补给和海水入渗补给。裸露地表的第四系孔隙含水层及基岩风化裂隙含水层，直接接受大气降水的补给。基岩风化裂隙含水层和断层上盘构造裂隙含水层通过上覆第四系孔隙含水层接受部分的大气降水补给。断层下盘构造裂隙含水层在自然条件下，不接受上覆岩层的补给，只有在采动工程破坏了以断层泥为标志的中间隔水带时才能接受断层上盘构造裂隙含水层的补给。区域地下水的总体径流、排泄条件较差，地下水径流方向自东南向西北，与地表水流向一致，最后注入渤海。受矿山排水的影响，地下水的径流、排泄条件发生了明显改变，形成了以望儿山、焦家、寺庄等金矿区域为中心的漏斗。

3.2.3　含水层间水力联系

（1）第四系孔隙含水层与基岩风化裂隙含水层，断层上、下盘构造裂隙含水层间的水力联系

第四系孔隙含水层分布上只与基岩风化裂隙含水层和断层上盘构造裂隙含水层接触，不与断层下盘构造裂隙含水层发生水力联系。第四系孔隙含水层与断层上盘构造裂隙含水层通过两者之间的基岩风化带中等富水含水层发生水力联系，水力联系程度密切。但由于两者都不是矿床的直接充水含水层，对矿床开采没有明显的影响。

（2）断层上、下盘构造裂隙含水层间的水力联系

断层上、下盘构造裂隙含水层间分布着中间隔水带，使两者不发生水力联系，只有当采矿工程破坏了中间隔水带时才会发生明显水力联系。

另外，底板隔水岩体顶部的基岩风化裂隙含水层在靠近断层下盘构造裂隙含水层的边缘处发生一定程度的水力联系。但由于其厚度较小，富水性弱，影响的范围也很小，对矿床开采没有明显影响。

(3) 地下水与地表水间的水力联系

矿区所属朱桥河水文地质单元,区域主要发育有滚龙河和朱桥河两条河流,分别从矿区的南部和区域的西南角通过,其中滚龙河在区域内的规模较大,是区域的主要河流。目前由于两条河流常年干涸,无法补给地下水,地下水的水位埋藏较深,也无法补给河水,所以地下水与地表水间无水力联系。

3.3 充水因素

3.3.1 充水水源

焦家金矿区充水水源包括基岩风化裂隙水、断层上盘构造裂隙水和断层下盘构造裂隙水。浅层的第四系孔隙含水层是下伏基岩风化裂隙含水层接受大气降水补给的通道,但由于离矿床较远且为无水岩层所以对矿床充水的影响不大。基岩风化裂隙含水层和断层上盘构造裂隙含水层,受其中间隔水带的阻隔不能使水直接进入矿井,是矿区的间接充水含水层,断层上盘构造裂隙含水层接受上覆基岩风化裂隙含水层的补给。如果中间隔水带遭受破坏,断层上盘构造裂隙水则成为矿区充水水源之一,根据矿区的实际开采情况分析,金矿开采工程可能会使中间隔水带被破坏,使得两含水层的水变为矿区的直接充水水源。Ⅰ号矿体位于断层下盘构造裂隙含水层之中,采矿巷道系统也主要分布在该含水层中,该含水层的水是矿区的直接充水水源。此外,大范围分布的断裂带有可能使得海水与构造蚀变带含水层发生水力联系,通过导水通道流入矿床。

3.3.2 充水通道

焦家金矿区主要充水通道有断层、裂隙和矿压破碎带。焦家断裂带是焦家金矿区的主断裂,分布于整个矿区范围内,岩层的地质年代久远,经历了多次构造变动,沿主裂面两端分布有大小不一的断层和裂隙,裂隙比较发育,但多为扭性、压扭性裂隙,连通性较差,而金矿开采工程有可能使得断层裂隙张开,成为矿区的充水通道。金矿开采后,顶板岩层产生运动,矿压破碎带为顶底板受围压作用而破裂的区域,部分破碎带延伸至中间断层泥,使得中间隔水带遭到破坏,导致断层上、下盘构造裂隙含水层发生水力联系,成为矿区的充水通道。由于金矿开采以上向水平分层充填采矿法为主,加之开采深度较大,下分层开采后形成的矿压破碎带对上分层的开采造成影响,可能成为其充水通道。

3.3.3 充水强度

焦家金矿目前开采−600 m 水平,涌水量约 10 500 m^3/d,各中段巷道的岩体密度较高,出水主要以线状为主,见多条张性出水裂隙,倾角较陡,产状与主断裂产状相近。−210 m、−270 m 标高中段已被下部中段疏干,巷道多呈潮湿和弱滴水,仅局部有少量强滴水。−330 m、−390 m 标高中段石门巷道开拓长度短,巷道多呈弱滴水和中等滴水,局部潮湿,断裂的次级小构造较发育,但多为压扭性,地下水仅以强滴水的形式出现,只有当两组构造交会时,地下水才以淋水或无压涌水的形式出现,形成出水点,流量一般 3~10 m^3/h,最大 30 m^3/h。现在矿井水多集中于−450 m 标高中段,巷道施工刚揭露到含水裂隙时的静水压力很大,水量较大,最大超过 20 L/s,随时间推移逐渐减小。

将焦家金矿 2009—2021 年矿井涌水量进行了简要分析,发现最大涌水量出现在 2021 年 12 月,达到 10 483.0 m^3/d,最小涌水量出现在 2009 年 3 月,为 3 411.1 m^3/d。随着开采深度的增加，矿井开采充水强度变大，裂隙水可能通过活化的断层进入矿井，断层上盘构造裂隙含水层和断层下盘构造裂隙含水层的富水性极不均一，在富水性强的局部地段易发生突水。基岩风化裂隙含水层含脉状裂隙水，富水性极不均一，是矿床的间接充水含水层，但由于距离矿床较远，一般不会对金矿开采造成影响。

3.4 本章小结

本章主要论述了焦家金矿区的地质和水文地质条件，系统介绍了地层、岩浆岩分布情况，结合构造演化和矿产圈定，分析了主要含水层和隔水层、含水层间水力联系及区域地下水补给、径流、排泄条件，总结了充水水源、充水通道和充水强度。

4 涌(突)水水源识别与验证

上一章已介绍了焦家金矿区的地质与水文地质条件，简要分析了充水水源、充水通道、充水强度等。为更加深入地探讨矿井的涌(突)水水源，本章在利用同位素示踪识别涌(突)水水源的基础上，深入研究地下水化学特征及其演化趋势，分析主要水岩作用、各个含水层间水力联系，并研究各个充水含水层水与海水的关系及海水入侵对矿井开采的影响，为矿井水演化机理和动态变化规律的研究奠定基础。

4.1 同位素示踪分析

不同环境下补给水源中的同位素组成由于受到大气过程的改变会产生特定的同位素信号，使其可以成为地下水来源的自然示踪[122]。本节应用稳定同位素(^{18}O、D和^{37}Cl)来判断地下水的来源。其中$\delta^{37}Cl$值由热电离质谱仪完成测试，δD、$\delta^{18}O$值采用波长扫描-光腔衰荡光谱法测定，由同位素分析仪完成测试[123]，具体计算公式如下：

$$\delta = [(R_{样品} - R_{标准})/R_{标准}] \times 1\ 000‰ \tag{4-1}$$

式中 δ——同位素千分偏差值；

$R_{样品}$——样品的同位素比值；

$R_{标准}$——标准样品的同位素比值。

^{18}O和D的标准样品采用国际原子能机构(IAEA)所制定的“维也纳标准平均海水(VSMOW)”；$\delta^{37}Cl$标准样品采用ISL-354，参考标准物质测定值为0.319 013±0.000 014。

本次研究在焦家金矿区及周边共设置了5个采样点，所有水样采集时，用待取水样洗涤容器3次后再装样，以确保水样不受人为污染。本次共采集同位素测试水样8个，其中5个水样用于分析氢氧稳定同位素，3个水样用于分析氯稳定同位素。

焦家金矿区所有水样稳定同位素的测试结果如表4-1所列。由测试结果可以看出，所有水样稳定同位素千分偏差值均为负值，说明水样相对于标准样品而言，富集轻同位素。焦家金矿区所有矿井水水样的氢氧稳定同位素组成基本相同，δD值的变化范围为$-66‰\sim-60‰$，$\delta^{18}O$值的变化范围为$-9.0‰\sim-8.2‰$，各矿井水水样的氢氧稳定同位素组成变化不大。同一矿井不同深度的水样的氢氧稳定同位素组成反映出深度越大，重同位素的亏损程度越高的特点。区内基岩构造裂隙水与矿井水水样的氢氧稳定同位素组成相近，但重同位素的亏损程度略低。海水水样相对于标准海水样品亏损重同位素。焦家金矿区地下水水样中$\delta^{37}Cl$值总体变化不大，三个水样的$\delta^{37}Cl$值变化范围在$-0.68‰\sim-0.42‰$之间。但不同水样仍具有一定差异，海水水样具有最小的$\delta^{37}Cl$值，贫化现象尤为明显。

表 4-1 不同水样稳定同位素测试结果

序号	采样点	水样类型	δD/‰	$\delta^{18}O$/‰	d/‰	$\delta^{37}Cl$/‰
1	望儿山金矿−550 m处	矿井水	−60	−8.2	5.6	—
2	望儿山金矿−630 m处	矿井水	−66	−9.0	6.0	—
3	焦家金矿突水点	矿井水	−62	−8.2	3.6	−0.54±0.12
4	盖店于家水井	地下水	−59	−8.1	5.8	−0.42±0.23
5	石虎咀	海水	−8	−0.4	−4.8	−0.68±0.07

注:d代表氘盈余。

由于不同来源的水有着不同的氢氧稳定同位素,因此,用同位素这种差异和联系可以识别地下水与地表水的水力联系。

4.1.1 矿井充水的氢氧稳定同位素示踪分析

(1) 大气降水直线方程

氢氧稳定同位素^{18}O和D是构成天然水分子的主要部分,水分子以雨水或雪水的形式每年降落在区域内,是理想的水示踪剂[124-125]。1961年,H. Craig在研究全球范围内降水水样中的氢氧稳定同位素组成时,考虑诸种因素之后将大气降水中的D和^{18}O之间的关系归纳为如下表达式[126]:

$$\delta D=8\delta^{18}O+10 \tag{4-2}$$

上式即H. Craig降水直线方程。如果测出某地的地表水或地下水中的δD和$\delta^{18}O$关系值是处于H. Craig降水直线附近,就意味着被测水的主要来源是当地大气降水[127]。根据烟台气象监测站逐月降水中氢氧稳定同位素监测结果统计可得,烟台地区大气降水中δD平均值为−6.79‰,$\delta^{18}O$平均值为−46.32‰,大气降水直线方程为:

$$\delta D=6.288\delta^{18}O-3.361 \tag{4-3}$$

(2) 大气降水与水样氢氧稳定同位素组成对比分析

把各水样的δD、$\delta^{18}O$值绘制在以δD为纵坐标,以$\delta^{18}O$为横坐标的图上,同时附以H. Craig降水直线和烟台地区大气降水中δD、$\delta^{18}O$平均值及降水直线为参考,可以分析地下水补给来源(图4-1)。

将地下水水样与大气降水进行比较可以发现,本次研究所测试的地下水水样均位于当地大气降水直线下方,说明大气降水是当地地下水的主要补给来源,但地下水在接受降水的补给时,已经受到不同程度的蒸发作用。

地下水水样与海水水样在关系图中位置差异很大,但所有地下水水样在关系图中位置相近,说明地下水补给来源较为一致。同时也可以看出望儿山金矿水样中不同深度水样表现出一定规律,即伴随着采样深度增大,采样点在关系图中往左下方偏移,与大气降水的距离更远,说明其径流途径与其他地下水有一定差异,补给来源更为复杂,且由于径流途径增长,受到了一定水岩交换作用影响而发生改变。

氘盈余d表示水汽蒸发过程中因同位素的动力分馏过程而偏离平衡分馏的程度,但是由于水汽源地的不同、降水形成过程等的变化造成不同地区d在时空分布上有较大的变化。d作为研究地下水补给来源的一个重要指标,能有效指示地下水环境特征。其定义式为:

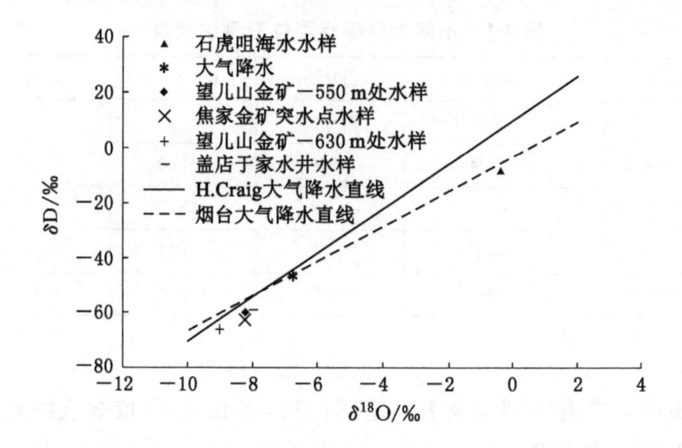

图 4-1　焦家金矿区不同水样 δD 与 δ^{18}O 关系图

$$d = \delta D - 8\delta^{18}O \tag{4-4}$$

由不同采样点水样的氘盈余计算结果(表 4-1)可以看出,不同采样点水样氘盈余计算结果不同。望儿山金矿－550 m 处水样和盖店于家水井水样的 δD、δ^{18}O 与 d 值相近,望儿山金矿－630 m 处水样的 δD、δ^{18}O 与 d 值大于－550 m 处水样的,说明即使同一个金矿的水样,不同深度 δD、δ^{18}O 与 d 值也有差异,且深度越大,差异越大,动力分馏差异也越大,地下水越容易富集。

(3) 水样氢氧稳定同位素组成与水化学特征对比分析

为对比分析地下水的来源,将不同采样点水样氢氧稳定同位素组成与水化学特征进行对比分析。其中引用附近水质监测点的数据进行比较,具体数据如表 4-2 所列。

表 4-2　氢氧稳定同位素组成与水化学特征对比

序号	δD/‰	δ^{18}O/‰	水化学类型	TDS/(mg/L)	氯离子浓度/(mg/L)	采样点
1	－66	－9.0	Cl-Na	2 674.30	1 480.64	望儿山金矿－630 m 处
2	－62	－8.2	Cl-Ca・Na	8 737.00	4 945.98	焦家金矿突水点
3	－59	－8.1	Cl・HCO_3-Ca・Na	973.41	187.56	盖店于家水井

注:TDS 代表溶解性总固体。

对比水样氢氧稳定同位素组成与水化学特征,可知 δD、δ^{18}O 值与水化学类型有一定的对应关系。

4.1.2　矿井充水的氯稳定同位素示踪分析

氯元素有两个天然稳定同位素^{37}Cl 和^{35}Cl,在自然界中的丰度分别为 24.23% 和 75.77%。自然界中氯稳定同位素的组成变化很小,变化范围约为 15‰(－8.0‰～＋7.5‰)。自然界氯稳定同位素分馏效应的发现,为各种地质过程的研究提供了又一有效的地球化学指标。研究发现[128-130],除了对流迁移作用和盐分的原地溶解作用之外,扩散作用、离子渗透作用、对流混合作用均可引起氯稳定同位素的分馏,而且形成各不相同的同位素分布特征。研究表明,沉积物间隙水中造成氯稳定同位素分馏的原因主要有三个:矿物在海水中沉淀时优先富集^{37}Cl；^{35}Cl的扩散速度大于^{37}Cl的扩散速度，弥散出来的氯稳定同位素相对于储存库中贫^{37}Cl；离子渗透作用过程中氯稳定同位素的分馏由^{37}Cl和^{35}Cl的活动性差异和渗透膜上负离子对Cl^-的排斥作用共同引起。当流体通过黏土矿物时，^{35}Cl迁移速度较快，由于沉积物表层负电荷的排斥，^{35}Cl受到的排斥作用大于^{37}Cl受到的排斥作用，因此流体中会富集^{37}Cl。

本次研究所取的水样有三个，$\delta^{37}Cl$均为负值，相对于标准样品来说出现重同位素的亏损。地下水水样与海水水样的氯稳定同位素组成出现较大差异，相对于海水而言，地下水相对富集^{37}Cl，表明地下水在形成过程中产生明显的分馏，说明当地地下水有外来降水或地表河流补给，矿井水和海水有一定的联系。

$\delta^{37}Cl$值与水化学指标及采样深度具有一定的相关性：总体来说，TDS值越大，氯离子浓度越大，$\delta^{37}Cl$值越小(图4-2、图4-3)；从取样深度来看，深度越大，$\delta^{37}Cl$值越小，地下水氯稳定同位素组成相对亏损^{37}Cl。

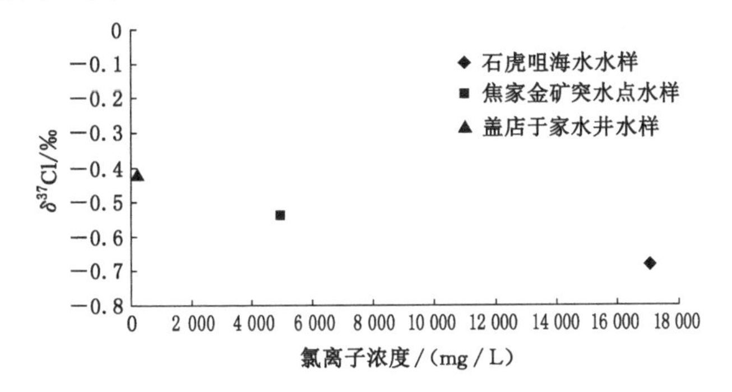

图4-2 焦家金矿区不同水样$\delta^{37}Cl$与氯离子浓度关系图

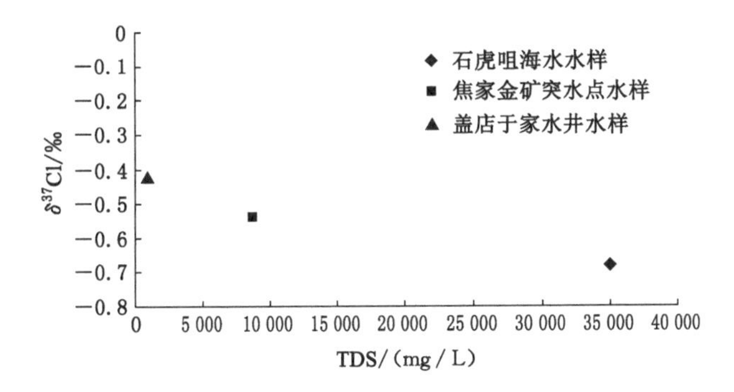

图4-3 焦家金矿区不同水样$\delta^{37}Cl$与TDS关系图

由$\delta^{37}Cl$值与δD、$\delta^{18}O$值的关系图(图4-4、图4-5)可以看出，两者之间没有明显的相关性。造成这种现象的原因可能是氯稳定同位素与氢氧稳定同位素的分馏机理不同，当氯稳定同位素产生分馏的过程中，氢氧稳定同位素的组成不会受到影响。

4.1.3 结果分析

对比分析本次研究中焦家金矿区深部矿井水及周边浅部的风化裂隙水、大气降水、海水等水样的氢氧、氯稳定同位素组成，可以初步推断焦家金矿区矿井水与其他水体之间的联系。

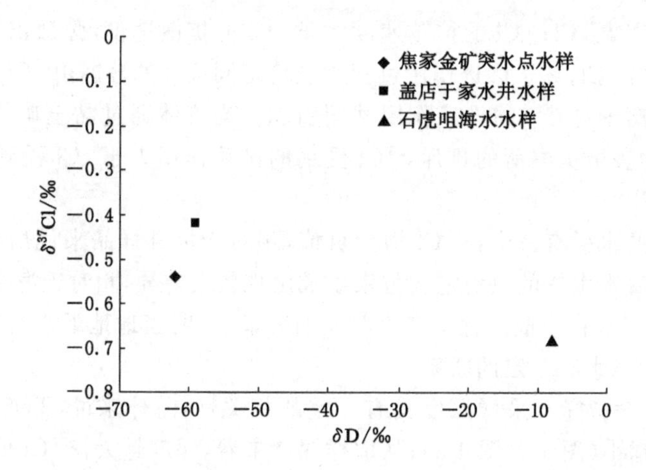

图 4-4　焦家金矿区不同水样 δ^{37}Cl 与 δD 关系图

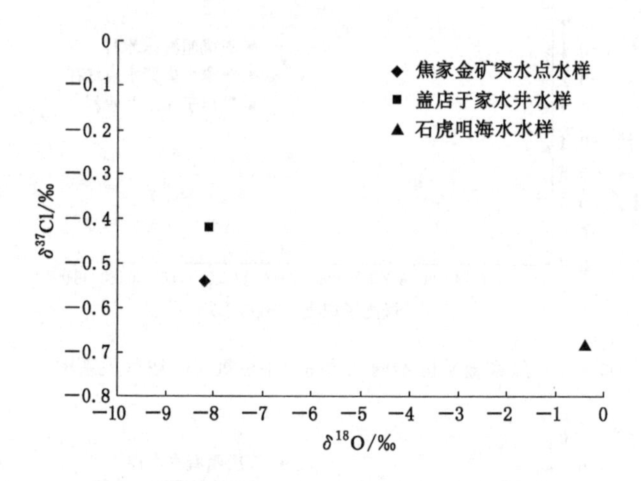

图 4-5　焦家金矿区不同水样 δ^{37}Cl 与 δ^{18}O 关系图

从氢氧稳定同位素组成上看：风化裂隙水、矿井水与当地海水的氢氧稳定同位素组成存在差别；盖店于家水井风化裂隙水水样与焦家金矿矿井水水样、望儿山金矿－550 m 中段矿井水水样在氢氧稳定同位素组成上非常相近，且都位于烟台大气降水直线附近；望儿山金矿－630 m 中段矿井水水样的氢氧稳定同位素组成与上述三个水样的氢氧稳定同位素组成有一定差别，同位素分馏现象更为明显。

从氯稳定同位素组成上看：盖店于家水井风化裂隙水、焦家金矿矿井水、当地海水三者之间存在差别，且采样深度越大，同位素分馏现象越明显，表明矿井水和海水或深循环水有一定的联系。矿井水水样属于矿床附近的构造裂隙水，其氯离子浓度均超过 1 000 mg/L，特别是焦家金矿矿井水水样的氯离子浓度达到了 4 945.98 mg/L，明显高于盖店于家水井风化裂隙水水样的氯离子浓度。故此推断，矿井直接充水水源为深部构造裂隙水，但大气降水、风化裂隙水通过下渗作用可以补给矿井水，是深部矿井水的间接补给来源，且开采水平越深，深部构造裂隙水的贡献率越高。

本次水样的氯稳定同位素分析结果表明，矿井水与海水有一定的联系。但水样的氢氧稳定同位素分析结果反映两者关系不明显，有可能是由于海水水体庞大，同位素分布不均匀,加之水样数量有限,未能完全代表所有井下涌水导致的。因此,为分析海水对金矿开采的影响,将对海水与矿井水的关系做进一步的分析研究。

4.2　连通试验

4.2.1　试验过程

为查明新城金矿矿井水的来源,新城金矿连通试验选用海盐作为示踪剂。示踪剂的接收采用化学法和视电阻率法,即用化学方法测定水中氯离子浓度,同时采用电导仪测定电导率。电导仪由仪器、探头及导线组成,在井下由蓄电池供电。

本次试验投源点及监测点均设置在巷道内,分别位于新城金矿−580 m、−630 m中段(图4-6)。

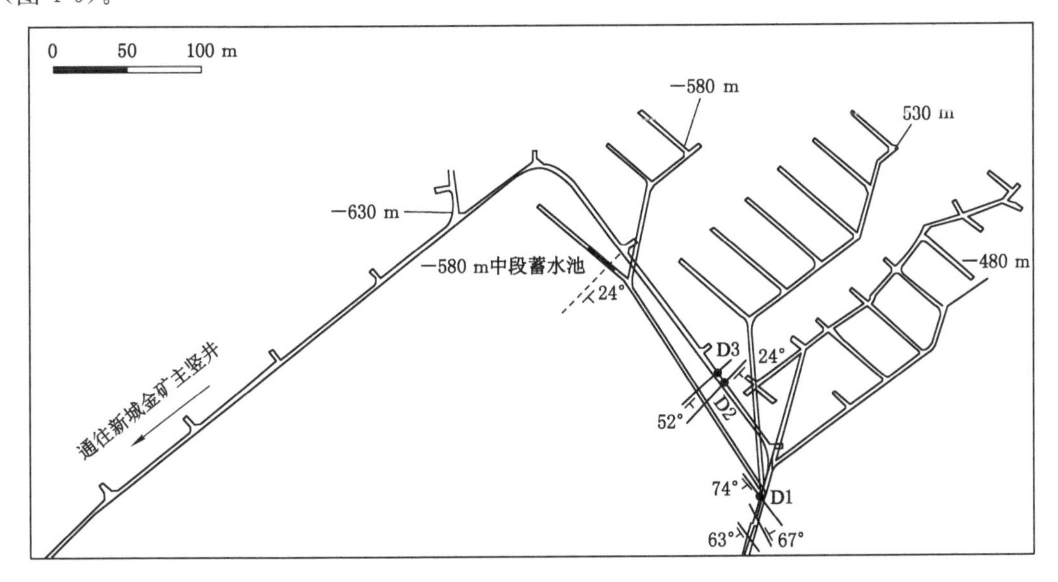

图4-6　新城金矿连通试验布设图

投源点设置在−580 m中段蓄水池。在投源点深度以下的中段,即−630 m中段,沿着水流方向分散设置三个监测点,分别为D1、D2、D3。同时试验进行阶段,分别在投源点深度以上不同中段,以及投源点所处中段不同位置布设采样点。

连通试验开始时间为2016年10月23日11时,结束时间为2016年10月30日8时,共历时165 h。

投盐时间开始于2016年10月24日10时,投盐前测定各监测点及水仓的基础参数(表4-3)。投源点设在−580 m中段巷道内,人工围筑小水池:选择一段巷道,两端用水泥浇筑墙,池内蓄水0.8 m左右,并确认筑墙不渗漏,然后将200 kg海盐投入迅速搅拌至白色海盐颗粒全部溶解,开始计时,同时测试盐水浓度,其他各监测点进入连续测试状态。为了能够及时了解水中试剂浓度的变化情况,将临时实验室建到矿山,取出的水样当日在实验室进行氯离子浓度测试,测试方法采用化学滴定法。投盐阶段同步测试D1、D2、D3三个监测点的地下水氯离子浓度和电导率,并且每天测试一次水仓氯离子浓度。

表 4-3 连通试验投盐前各监测点及水仓的基础参数

测点	D1	D2	D3	水仓
氯离子浓度/(mg/L)	1 144.15	2 039.37	1 505.53	4 108.73
电导率/(μS/cm)	3 935	5 440	4 595	—

撒盐水时间为 2016 年 10 月 29 日 15 时，撒盐水后继续测试 D1、D2、D3 三个监测点的数据，直至水样中两项指标趋于稳定，结束时间为 2016 年 10 月 30 日 8 时。

4.2.2 试验结果与分析

(1) －630 m 中段电导率测试结果分析

本次连通试验投盐开始时间是 2016 年 10 月 24 日 10 时，即累计时间(距连通试验开始)23 h；撒盐水时间是 2016 年 10 月 29 日 15 时，即累计时间 148 h。由－630 m 中段三个监测点的电导率测试结果可以看出，三个监测点电导率的变化都经历多次先上升再下降的过程，各监测点电导率变化幅度差别较大(图 4-7)。

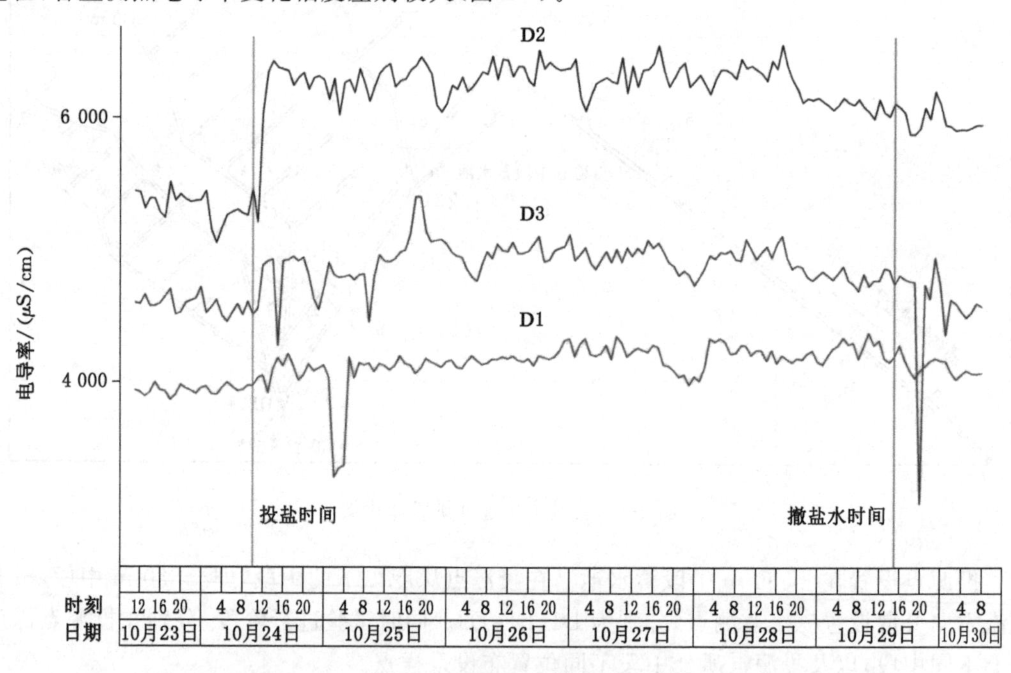

图 4-7 新城金矿－630 m 中段不同监测点电导率历时曲线

① D1 监测点电导率测试值变化规律

D1 监测点距离－580 m 中段蓄水池距离最远，该监测点的电导率最初测试值为 3 935 μS/cm。D1 监测点电导率测试值变化的节点有：在累计 31 h 时上升至 4 212 μS/cm；在累计 40 h 时突然下降至 3 277 μS/cm，随后迅速回升并在 4 100 μS/cm 上下波动；在累计 95 h 时到达上升峰值 4 344 μS/cm；在累计 109 h 时到达下降谷值 3 977 μS/cm，并在累计 113 h 时到达快速上升峰值 4 326 μS/cm；在累计 135 h 时到达下降谷值 4 130 μS/cm；在累计 144 h 时到达最后一次峰值 4 370 μS/cm，之后逐渐下降。

② D2 监测点电导率测试值变化规律

D2 监测点距离 −580 m 中段蓄水池距离稍近，该监测点的电导率最初测试值为 5 440 μS/cm。D2 监测点电导率测试值变化的节点有：在累计 17 h 时突然下降至 5 049 μS/cm，并迅速回升至 5 302 μS/cm；在累计 28 h 时到达上升峰值 6 424 μS/cm；在累计 62 h 时到达下降谷值 6 041 μS/cm；在累计 80 h 时到达快速上升峰值 6 509 μS/cm；在累计 89 h 时到达下降谷值 6 049 μS/cm；在累计 103 h 时到达快速上升峰值 6 545 μS/cm；在累计 113 h 时到达下降谷值 6 176 μS/cm；在累计 127 h 时到达最后一次峰值 6 549 μS/cm，之后整体逐渐下降。

③ D3 监测点电导率测试值变化规律

D3 监测点距离 −580 m 中段蓄水池最近，该监测点的电导率最初测试值为 4 595 μS/cm。D3 监测点电导率测试值与其他两个监测点电导率测试值明显的差别在于其波峰及波谷突变，而后在某一测试值附近波动较长时间。最为明显的是在累计 154 h 时，其测试值迅速从 4 754 μS/cm 下降至 3 078 μS/cm，降幅达 1 676 μS/cm，1 h 后测试值又恢复至 4 737 μS/cm。

排除掉几个突变点后，D3 监测点电导率测试值变化的节点有：在累计 28 h 时到达上升峰值 4 926 μS/cm，随后有所波动；在累计 33 h 时到达上升峰值 4 947 μS/cm；在累计 37 h 时到达下降谷值 4 543 μS/cm；在累计 39 h 时到达上升峰值 4 901 μS/cm；在累计 47 h 时到达下降谷值 4 448 μS/cm；在累计 56 h 时到达快速上升峰值 5 401 μS/cm；在累计 68 h 时到达下降谷值 4 762 μS/cm；在累计 86 h 时到达上升峰值 5 144 μS/cm；在累计 110 h 时到达下降谷值 4 730 μS/cm；在累计 127 h 时到达最后一次峰值 5 104 μS/cm，之后逐渐下降。

④ 不同监测点电导率测试值对比

为对比分析试验效果，仅将电导率测试值最初上升阶段和最后上升阶段的相关数据进行对比(表 4-4)。对比三个位置测试值高点出现的时间可以发现：巷道内与投源点之间距离越近，出现峰值的时间越早，结束时间也越早；反之，距离越远，峰值出现时间越晚，结束时间也越晚。在投盐后：距离蓄水池最近的 D3 监测点，5 h 时后最早观测到电导率上升峰值，上升幅度为 331 μS/cm；D2 与 D3 监测点距离很近，5 h 时后也观测到上升峰值，上升幅度为 984 μS/cm；距离较远的 D1 监测点，8 h 时观测到上升峰值，上升幅度为 277 μS/cm。

表 4-4　−630 m 中段不同监测点电导率峰值对比

监测点编号	初始测试值/(μS/cm)	最初峰值		最末峰值	
		累计时间/h	测试值/(μS/cm)	累计时间/h	测试值/(μS/cm)
D1	3 935	31	4 212	144	4 370
D2	5 440	28	6 424	127	6 549
D3	4 595	28	4 926	127	5 104

(2) −630 m 中段氯离子浓度测试结果分析

−630 m 中段三个监测点处氯离子浓度的变化规律与电导率的变化规律相似，都经历了一个整体缓慢上升的过程(图 4-8)，但氯离子浓度波动幅度小，未出现明显峰值，且未观测到明显的浓度下降。D1 监测点与 D2 监测点的氯离子浓度变化基本相似，D3 监测点的变化有所差别，出现峰值波动，但持续时间较短。

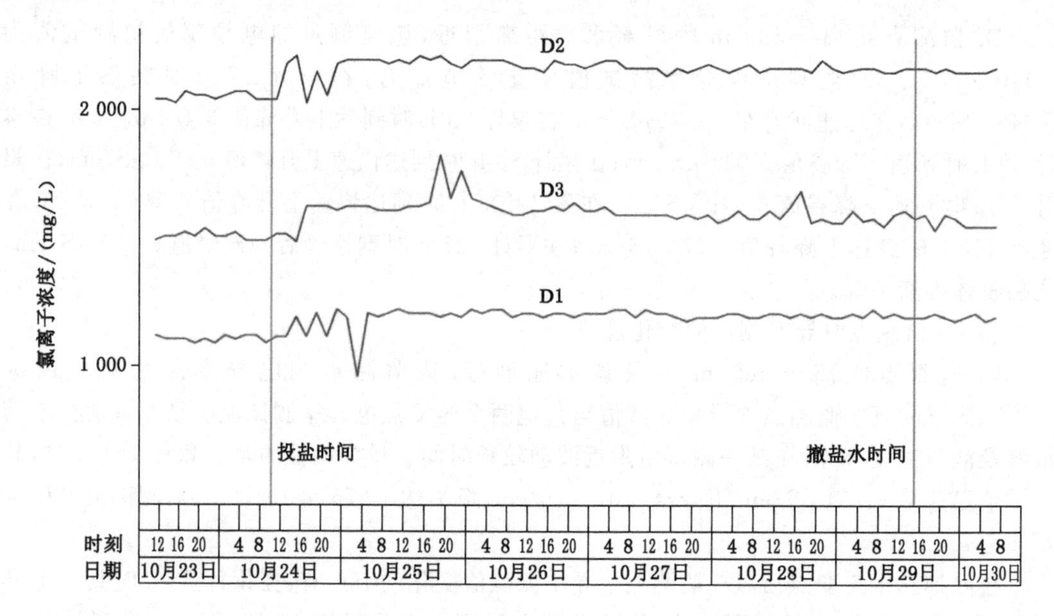

图 4-8 新城金矿−630 m 中段不同监测点氯离子浓度历时曲线

D1 监测点投盐前氯离子浓度为 1 144.15 mg/L。在累计 26 h 时，氯离子浓度开始出现上升，随后在 1 219 mg/L 上下波动，其中浓度最高值为 1 244.61 mg/L。观测结束时，该监测点氯离子浓度为 1 214.62 mg/L。观测阶段出现了氯离子浓度突降：在累计 41 h 时，氯离子浓度突降，降至 898.69 mg/L，并在 2 h 内恢复至 1 229.62 mg/L。

D2 监测点投盐前氯离子浓度为 2 039.37 mg/L。在累计 24 h 时，氯离子浓度开始出现上升，随后在 2 112 mg/L 上下波动，其中浓度最高值为 2 204.32 mg/L。在累计 93 h 时，氯离子浓度开始有所下降，随后在 2 155 mg/L 上下波动。在累计 157 h 时，氯离子浓度降至 2 144.34 mg/L。观测结束时，该监测点氯离子浓度为 2 159.33 mg/L。观测阶段出现了氯离子浓度突降：在累计 31 h 时，氯离子浓度突降，降至 2 024.37 mg/L，并在 2 h 内恢复至 2 144.34 mg/L；在累计 35 h 时，氯离子浓度突降，降至 2 054.36 mg/L，并在 2 h 时内恢复至 2 174.33 mg/L。

D3 监测点投盐前氯离子浓度为 1 505.53 mg/L。在累计 29 h 时，氯离子浓度开始出现迅速上升，随后在 1 634 mg/L 上下波动。在累计 37 h 时，氯离子浓度开始有所下降，随后在 1 619.5 mg/L 上下波动。在累计 57 h 时，氯离子浓度突然升至 1 829.43 mg/L，经过起伏后在 1 604 mg/L 上下波动，随后开始逐渐下降。在累计 153 h 时，氯离子浓度降至 1 544.52 mg/L。观测结束时，该监测点氯离子浓度为 1 559.52 mg/L。与 D1、D2 监测点不同，D3 监测点氯离子浓度表现为突然上升波动。观测阶段出现了氯离子浓度突升：在累计 57 h 时，氯离子浓度由 1 649.49 mg/L 上升至 1 829.43 mg/L。

虽然本次试验投放的是海盐(NaCl)，但是各监测点氯离子浓度峰值不明显，且投盐结束后未观测到明显的浓度下降。这说明含水层中或在含水层的某些地段存在对氯离子迁移有选择性吸附作用的物质。一般认为，氯离子具有很强的可被金属离子吸附的能力，且主要为专性吸附和电性吸附。地下水 pH 值对氯离子的吸附也有很大影响。

(3) 电导率与氯离子浓度相关性分析

水的电导率是衡量水质的一个很重要的指标,它能反映出水中存在的电解质的浓度。水溶液中电解质的浓度不同,溶液导电的程度也不同。大量研究表明,水溶液的电导率直接和 TDS 成正比,TDS 越高,电导率越大。在一定浓度范围内,TDS 与电导率的关系可近似表示为 2 μS/cm=1 mg/L(μS/cm 为电导率的单位,mg/L 为 TDS 的单位)。由该式可得电导率数值约是 TDS 数值的 2 倍。本次试验由于仅测试了氯离子浓度,未测试 TDS,故利用电导率数值与 TDS 数值的线性关系式,分析各监测点氯离子浓度与电导率的关系,进而判断氯离子浓度与 TDS 的关系,从而探讨不同监测点的差异。图 4-9 至图 4-11 为三个监测点氯离子浓度与电导率散点图。

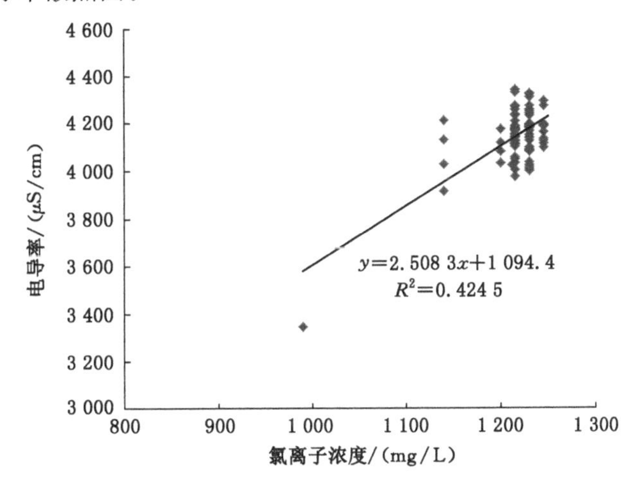

图 4-9 D1 监测点氯离子浓度与电导率散点图

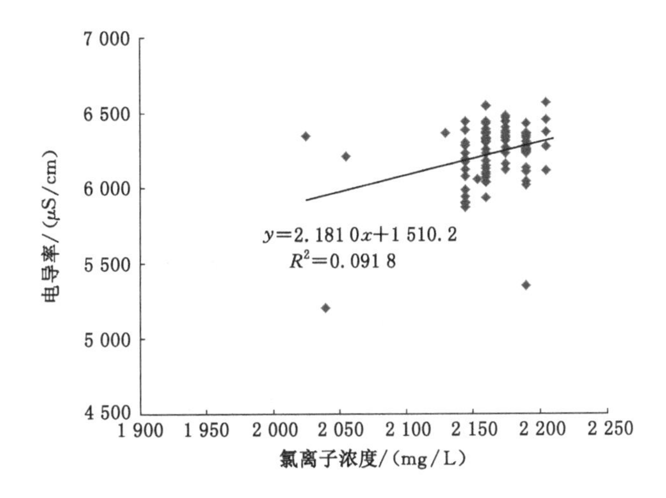

图 4-10 D2 监测点氯离子浓度与电导率散点图

相关性分析结果显示,D1 监测点氯离子浓度与电导率之间相关系数 R^2 为 0.424 5,D2 监测点氯离子浓度与电导率之间相关系数 R^2 为 0.091 8,D3 监测点氯离子浓度与电导率之间相关系数 R^2 为 0.409 8。总体而言,氯离子浓度越高,其与电导率之间的线性关系越不显著。

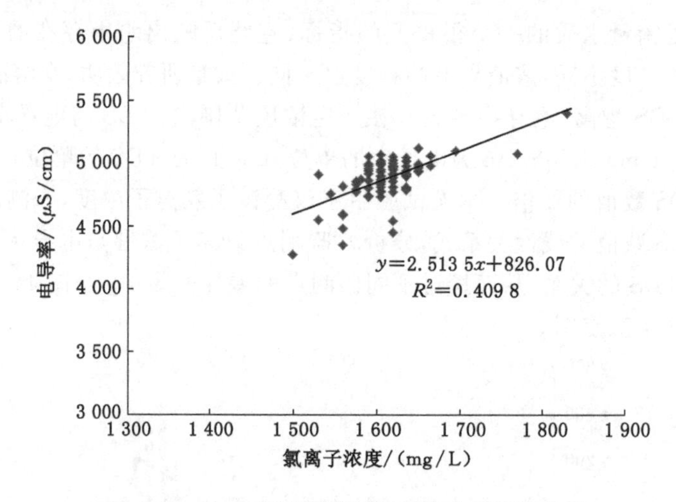

图 4-11　D3 监测点氯离子浓度与电导率散点图

4.2.3　小结

(1) 充水通道

－580 m 中段投盐后，－630 m 中段 D1、D2、D3 监测点均接收到了电导率及氯离子浓度的上升变化。距离投源点越近，示踪剂到达时间越早，浓度上升幅度越大。无论距离投源点远近，在投盐后 D1、D2、D3 监测点电导率及氯离子浓度即开始出现上升，由此说明投源点和 D1、D2、D3 监测点是相互连通的。对 D1、D2、D3 监测点处导水裂隙产状进行了现场测量，其中 D1 监测点处裂隙产状为 216°∠74°，水流量约为 1.8 L/s，D2、D3 监测点处为裂隙密集发育带，裂隙产状大致分别为 136°∠24°、139°∠52°，水流量均约为 0.2 L/s(图 4-12、图 4-13)。观察巷道内的导水裂隙可以发现，主要以走向北西、北东两组裂隙为主，北西向裂隙较北东向裂隙导水性好，由此可以推断地下水沿这两组裂隙进入矿井，而且这些裂隙具有良好的相互连通性。另外有一组大致呈近东西向的透水裂隙，裂隙产状为 193°∠76°，水流量约为 0.6 L/s，透水性较北东向裂隙透水性略好。

图 4-12　D1 监测点处导水裂隙发育特征

图 4-13 D2 监测点处导水裂隙发育特征

综上所述,新城金矿井下充(涌)水主要受北西向、北东向或近东西向构造裂隙的控制影响,构造破碎带以及发育于构造破碎带内的次一级裂隙或裂隙密集发育带为矿床充水的赋存和导水提供了通道和空间,起主要的赋水和导水作用,是矿床地下水的运移空间及径流通道。

(2) 地下水运移速度

根据不同监测点距离投源点的距离,以及监测点处示踪剂到达的观测时间可以大致推算地下水的运移速度。

由于本次示踪试验采用了示踪剂瞬时注入的方式,故为描述示踪剂浓度穿透曲线的形态,分别计算最初峰值到达时的速度和最高峰值到达时的速度。由计算结果(表 4-5)可以看出,地下水最快运移速度为 31.94 m/h。

表 4-5 −630 m 中段不同监测点地下水运移速度对比

监测点	距投源点直线距离/m	电导率测试数据				氯离子浓度测试数据			
		最初峰值		最高峰值		最初峰值		最高峰值	
		到达时间/h	速度/(m/h)	到达时间/h	速度/(m/h)	到达时间/h	速度/(m/h)	到达时间/h	速度/(m/h)
D1	191.64	8.0	23.96	121.0	1.58	6.0	31.94	14.0	13.69
D2	123.57	5.0	24.71	104.0	1.19	6.0	20.60	6.0	20.60
D3	113.60	5.0	22.72	33.0	3.44	8.0	14.20	34.0	3.34

(3) 充水水源

对比同一中段不同位置采样点的氯离子浓度可以发现,−580 m 中段不同位置采样点的氯离子浓度差别较大,在 974.00 mg/L 到 2 249.00 mg/L 范围波动,且浓度大小与采样点的位置关系不明显(表 4-6)。

表 4-6　−580 m 中段不同位置采样点氯离子浓度

序号	采样点	位置	氯离子浓度/(mg/L)
1	A5	巷道内距离竖井 5 m 处	2 249.00
2	B15	巷道内距离竖井 15 m 处	974.00
3	C30	巷道内距离竖井 30 m 处	1 094.66
4	D3′	巷道内距离竖井 170 m 处	1 505.53
5	D2′	巷道内距离竖井 180 m 处	2 039.37
6	D1′	巷道内距离竖井 260 m 处	1 144.15

对比不同中段采样点的氯离子浓度可以发现，不同中段采样点的氯离子浓度总体而言呈现随深度增加而逐渐增大的趋势，但−480 m 中段采样点的氯离子浓度小于−380 m 中段采样点的氯离子浓度(表 4-7)。

表 4-7　不同中段采样点氯离子浓度

序号	中段	位置	氯离子浓度/(mg/L)
1	−380 m	−380 m 巷道约 70 m 处	539.83
2	−480 m	−480 m 巷道人行井处	464.86
3	−530 m	−530 m 巷道 10 m 处	2 324.28
4	−630 m	−630 m 巷道人行井处	4 257.00

由此推断，深部脉状构造裂隙水是矿床充水的直接水源。脉状构造裂隙发育、分布的不均匀性，补给条件有限，以及脉状构造裂隙含水带与孔隙含水层及风化裂隙含水层间水力联系较差，使得矿井涌水的水化学特征存在差异。

此外，大气降水是地下水的主要补给源，尤其是对浅部孔隙潜水含水层，因此几乎所有矿床充水都直接或间接与大气降水存在一定的联系。在连通试验期间，无论是电导率还是氯离子浓度，在观测初期都出现了几次低值突变。考虑到浅部地下水中氯离子浓度较小，因此推断大气降水、基岩风化裂隙水也对深部矿井涌水产生间接影响。

4.3　水化学特征示踪分析

4.3.1　地下水主要阴阳离子浓度特征

在焦家金矿区共采集和测试 1968 年 1 月—2016 年 12 月开采期间的 345 个水样(图 4-14)，其中第四系孔隙水水样 69 个，基岩风化裂隙水水样 146 个，断层上盘构造裂隙水水样 63 个，断层下盘构造裂隙水水样 37 个，矿井水水样 30 个(包括焦家金矿巷道 2013 年突水点水样两个，分别是 J2013-330 和 J2013-630)。常规离子及指标主要包括 Na^{+}(由于 K^{+} 的浓度极小且与 Na^{+} 的化学性质相似，故忽略不计，下同)、Ca^{2+}、Mg^{2+}、Cl^{-}、SO_4^{2-}、$HCO_3^{-}+CO_3^{2-}$ 及 TDS。

4.3.1.1　Piper 和 Durov 三线图分析

Aq·QA 软件是水利数据分析软件，具有良好的图像显示和强大的数据分析功能，主

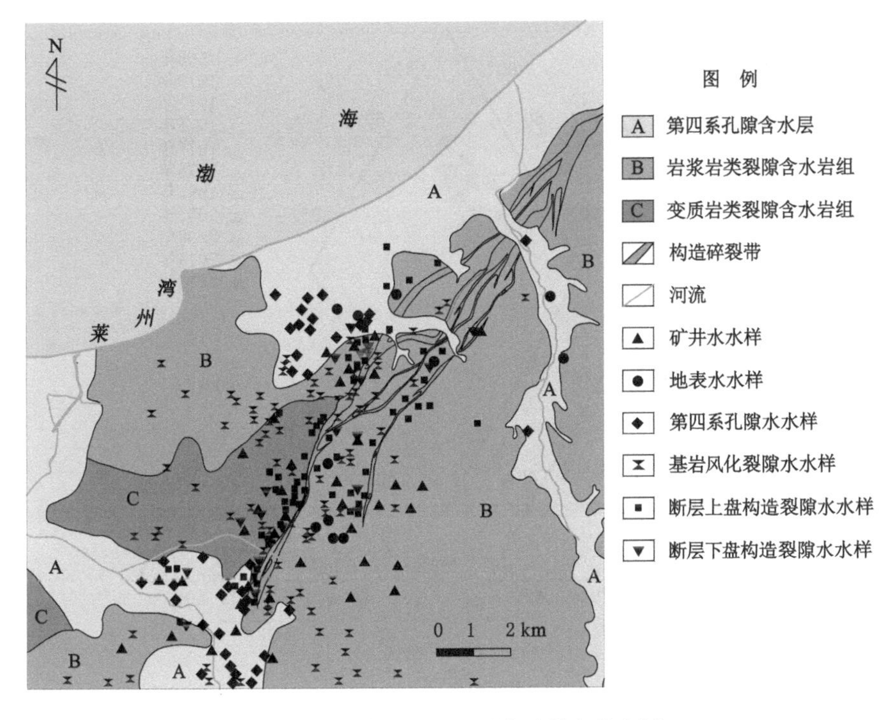

图 4-14 焦家金矿区地下水采样点分布图

要用于地球化学样品分析。为更加直观地观察和分析不同含水层水样的水化学特征及它们间的联系，本节利用 Aq・QA 软件绘制 Piper 和 Durov 三线图(图 4-15～图 4-19)，将这 345 个水样分别归属不同含水层与连续时段，可以看出，随着金矿开采的进行，地下水的水化学类型和常规离子的浓度发生了较大改变。

如图 4-15 所示，第四系孔隙水水样中阳离子 Na^+ 浓度略微减小，Ca^{2+} 和 Mg^{2+} 浓度增大，阴离子 Cl^- 浓度略微减小，$HCO_3^- + CO_3^{2-}$ 浓度明显减小，SO_4^{2-} 浓度明显增大，水化学类型从开采初期的 Cl-Na・Ca 型逐渐演化为 HCO_3・SO_4・Cl-Ca 型，开采前后 TDS 均小于 1.5 g/L。

如图 4-16 所示，基岩风化裂隙水水样中阳离子 Na^+ 浓度减小，Ca^{2+} 浓度增大，Mg^{2+} 浓度略微减小，阴离子 Cl^- 浓度明显增大，SO_4^{2-}、$HCO_3^- + CO_3^{2-}$ 浓度减小，水化学类型从开采初期的 HCO_3-Ca 型逐渐演化为 HCO_3・SO_4・Cl-Ca 型，TDS 增大，大都小于 1.5 g/L，少数为 1.5～4.7 g/L。

如图 4-17 所示，断层上盘构造裂隙水水样中阳离子 Na^+ 浓度减小，Ca^{2+} 浓度增大，阴离子 SO_4^{2-} 浓度增大，$HCO_3^- + CO_3^{2-}$ 浓度增大，水化学类型从开采初期的 HCO_3・Cl-Na・Ca 型逐渐演化为 HCO_3・SO_4・Cl-Ca 型，TDS 减小，大都小于 2.0 g/L，少数为 2.0～11.3 g/L。

如图 4-18 所示，断层下盘构造裂隙水水样中阳离子 Na^+ 浓度减小，Ca^{2+} 浓度增大，阴离子 Cl^- 浓度明显增大，$HCO_3^- + CO_3^{2-}$ 浓度减小，水化学类型从开采初期的 HCO_3・Cl-Ca 型逐渐演化为 HCO_3・SO_4・Cl-Ca 型，TDS 增大，大都小于 4.0 g/L，少数为 4.0～15.8 g/L。

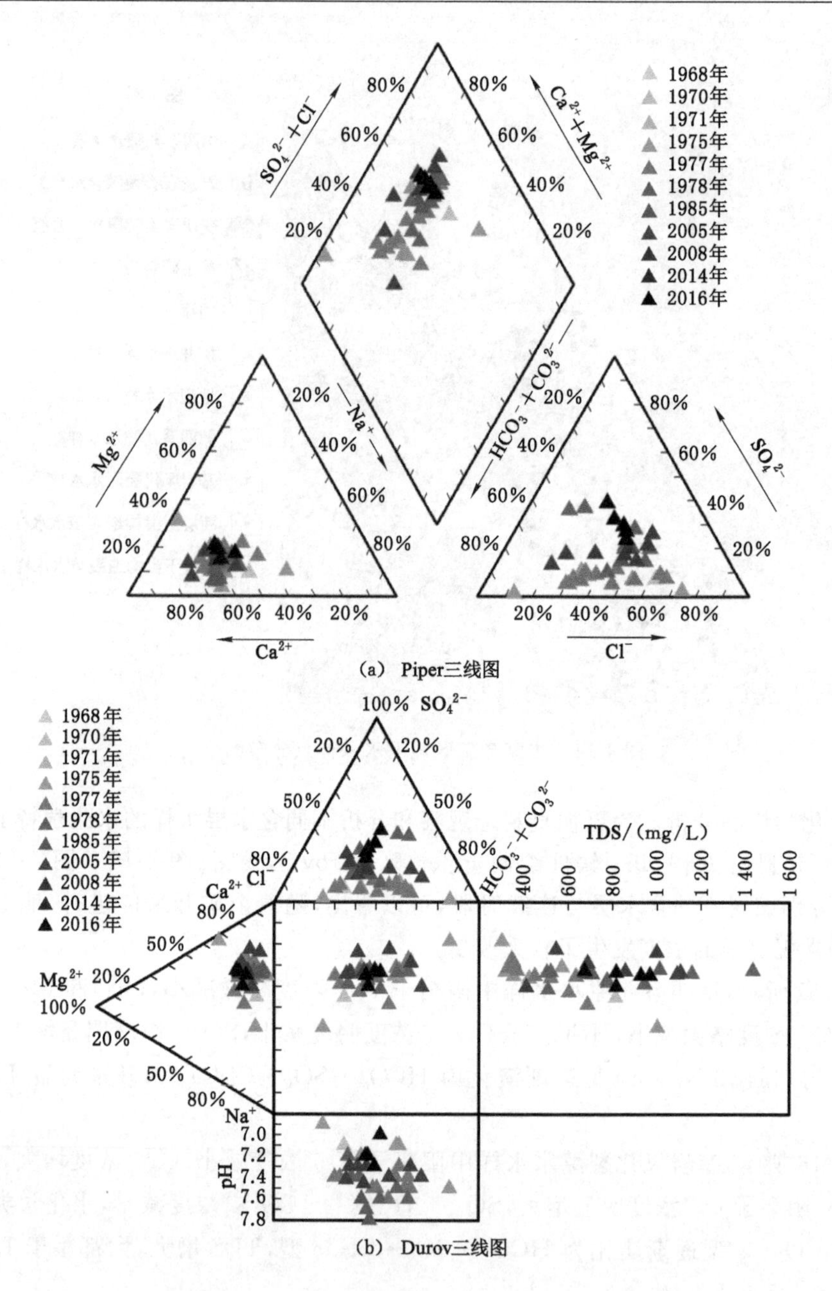

图 4-15 第四系孔隙水水样 Piper 和 Durov 三线图

如图 4-19 所示，矿井水水样中阳离子 Na^+ 浓度增大，Ca^{2+} 浓度明显减小，阴离子 Cl^- 浓度明显增大，$HCO_3^-+CO_3^{2-}$ 浓度减小，水化学类型从开采初期的 HCO_3-Ca 型逐渐演化为 Cl-Na 型，TDS 大都小于 4.0 g/L，少数为 4.0～15.0 g/L。

取充水水源与矿井水水样共 166 个，以此绘制 Piper 和 Durov 三线图(图 4-20)。由图可得，矿井水的水化学类型与断层下盘构造裂隙水的水化学类型非常相似，与断层上盘构造裂隙水的水化学类型相似性次之，与海水的水化学类型相近，与基岩风化裂隙水和第四系孔隙水的水化学类型明显不同。初步判断矿井水主要来源于断层下盘构造裂隙水、断层上盘

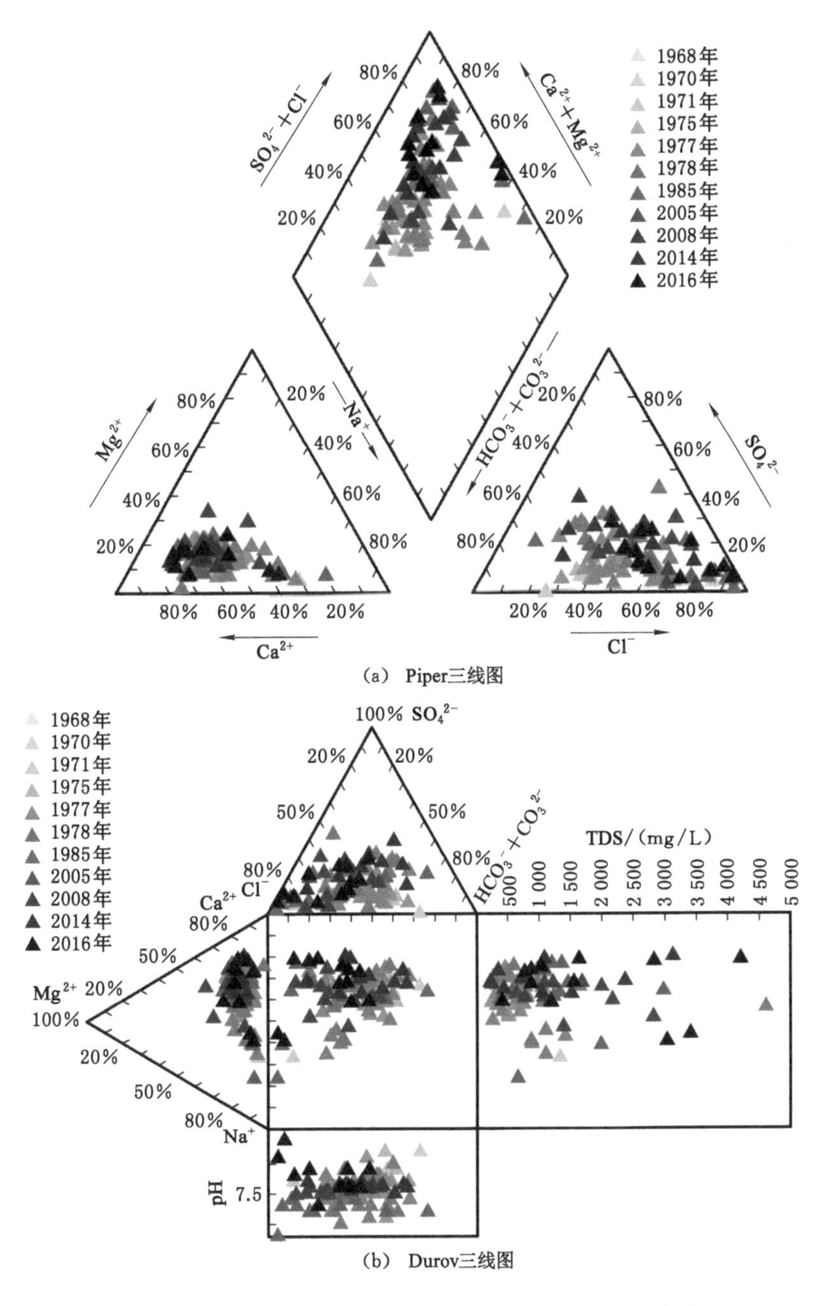

图 4-16 基岩风化裂隙水水样 Piper 和 Durov 三线图

构造裂隙水和海水。

4.3.1.2 主要水岩作用分析

因子分析是在主成分分析的基础上，经过旋转后得到主成分因子。在第四系孔隙水的旋转因子载荷图[图 4-21(a)]中，SO_4^{2-}、Ca^{2+} 和 Mg^{2+} 在主成分 1 轴上具有较高的载荷值。Ca^{2+} 和 Mg^{2+} 的高载荷与石膏和碳酸盐岩的溶解有关，SO_4^{2-} 的高载荷是由石膏和其他含硫酸盐矿物的溶解引起的。相关资料显示，焦家金矿区地层中含硫矿石、铁矿石和大理石的量不同，采矿活动有利于氧化的发生。当地下含水层中有碳酸盐岩或硫酸盐矿物时，这种酸性

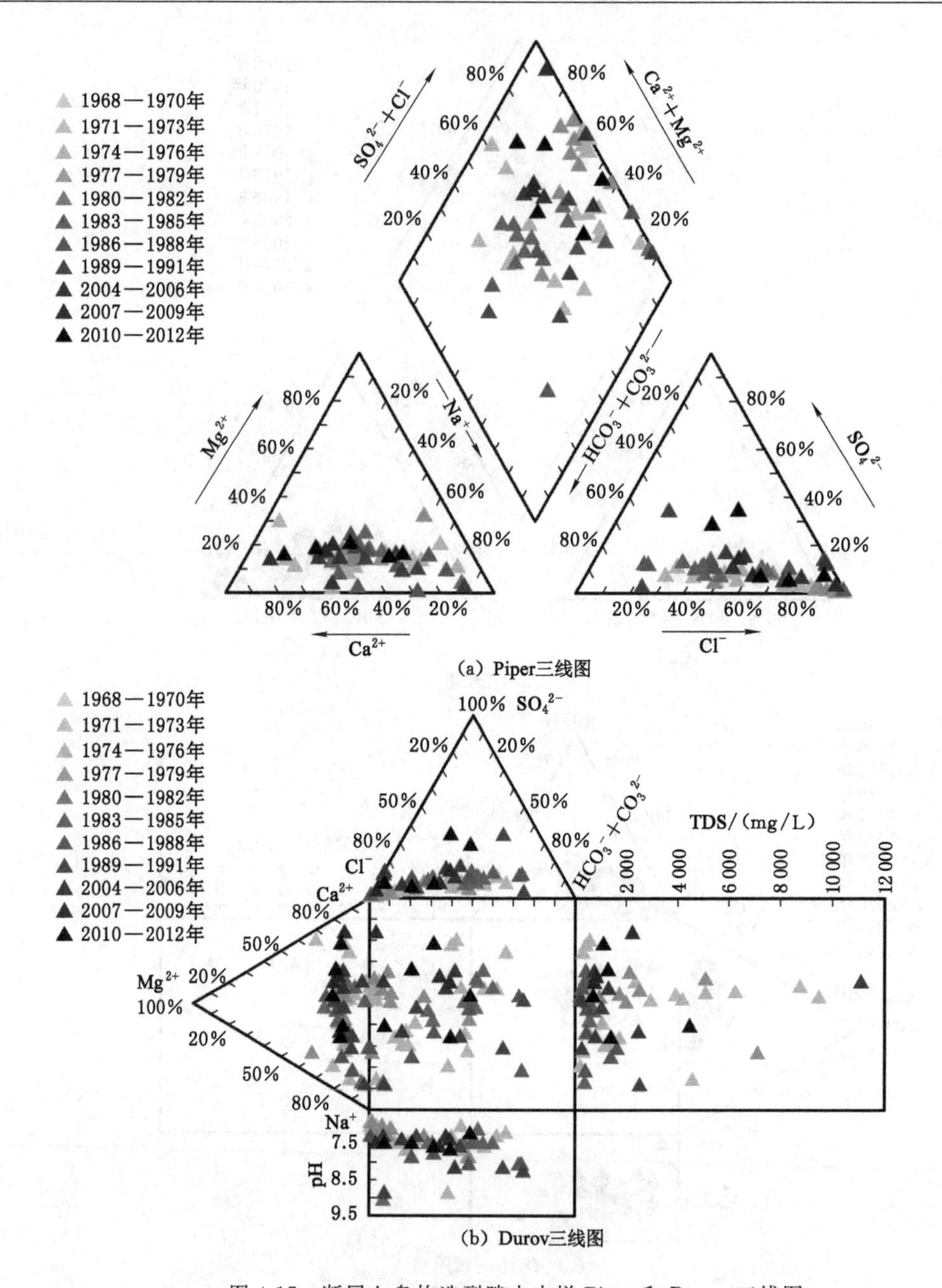

图 4-17　断层上盘构造裂隙水水样 Piper 和 Durov 三线图

地下水会加速碳酸盐岩或硫酸盐矿物的溶解，结果使得 pH 值增大，SO_4^{2-}、Ca^{2+} 和 Mg^{2+} 的载荷增高。相关化学反应方程如下：

$$FeS_2 + 15/4O_2 + 7/2H_2O \longrightarrow Fe(OH)_3\downarrow + 2SO_4^{2-} + 4H^+ \tag{4-5}$$

$$CaCO_3 + H^+ \longrightarrow Ca^{2+} + HCO_3^- \tag{4-6}$$

$$CaMg(CO_3)_2 + 2H^+ \longrightarrow Ca^{2+} + Mg^{2+} + 2HCO_3^- \tag{4-7}$$

$$CaSO_4 \longrightarrow Ca^{2+} + SO_4^{2-} \tag{4-8}$$

$$MgSO_4 \longrightarrow Mg^{2+} + SO_4^{2-} \tag{4-9}$$

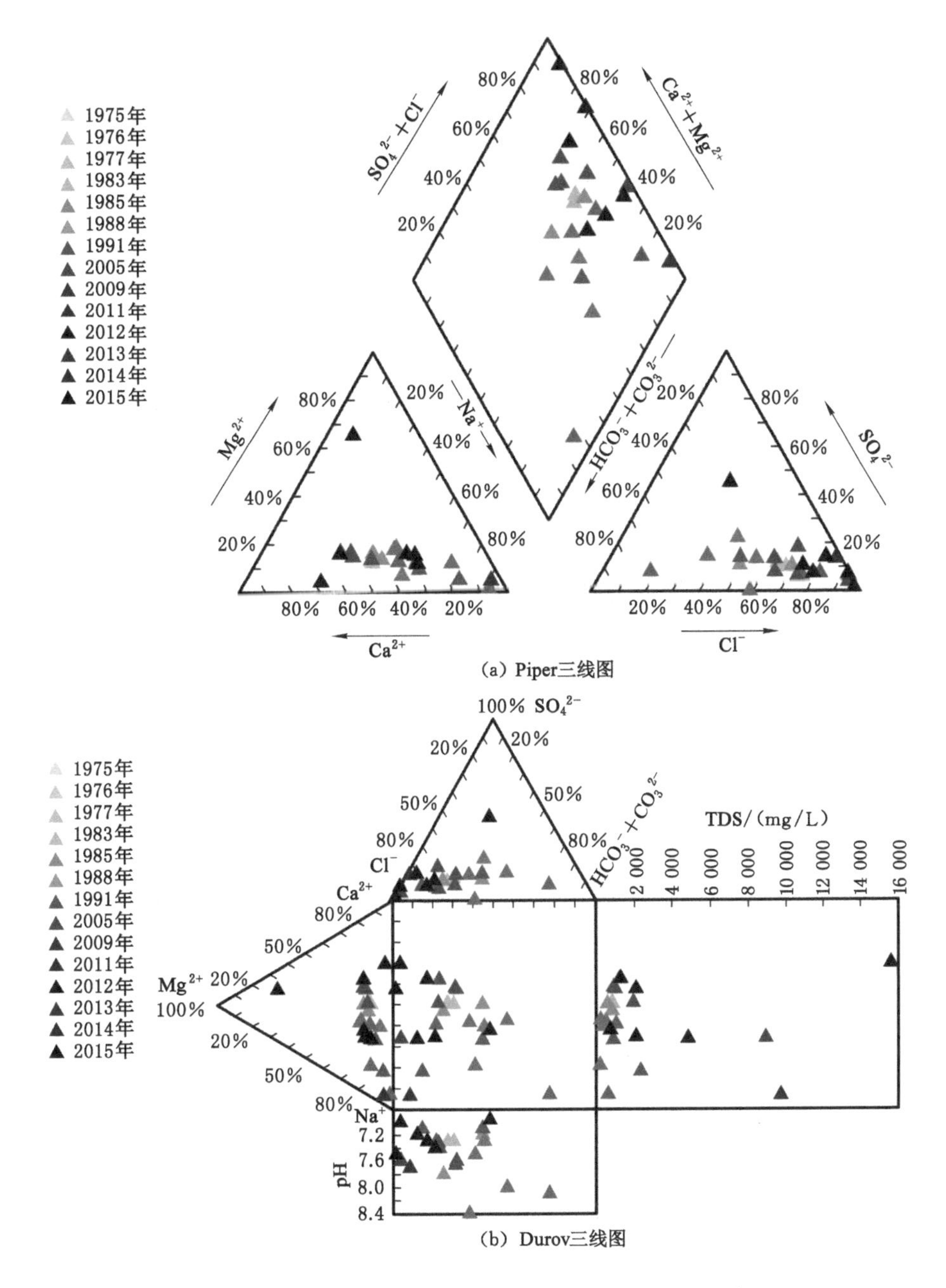

图 4-18 断层下盘构造裂隙水水样 Piper 和 Durov 三线图

HCO_3^-、Na^+、Cl^- 在主成分 2 轴上具有高载荷值。HCO_3^- 的高载荷表明第四系孔隙水与大气降水和地表水存在一定的关系，地下水动力条件较好。Na^+ 和 Cl^- 的载荷相近，说明地下水溶滤作用强烈。Na^+ 的高载荷是由于含有 Ca^{2+} 和 Mg^{2+} 的地下水流经主要吸附 Na^+ 的岩层时，发生了 Na^+ 与 Ca^{2+}、Mg^{2+} 的阳离子交替吸附作用，导致 Na^+ 浓度增加，Ca^{2+} 和 Mg^{2+} 浓度降低。相关化学反应方程如下：

$$2Na^+(岩石)+Ca^{2+}(水)\longrightarrow 2Na^+(水)+Ca^{2+}(岩石) \tag{4-10}$$

$$2Na^+(岩石)+Mg^{2+}(水)\longrightarrow 2Na^+(水)+Mg^{2+}(岩石) \tag{4-11}$$

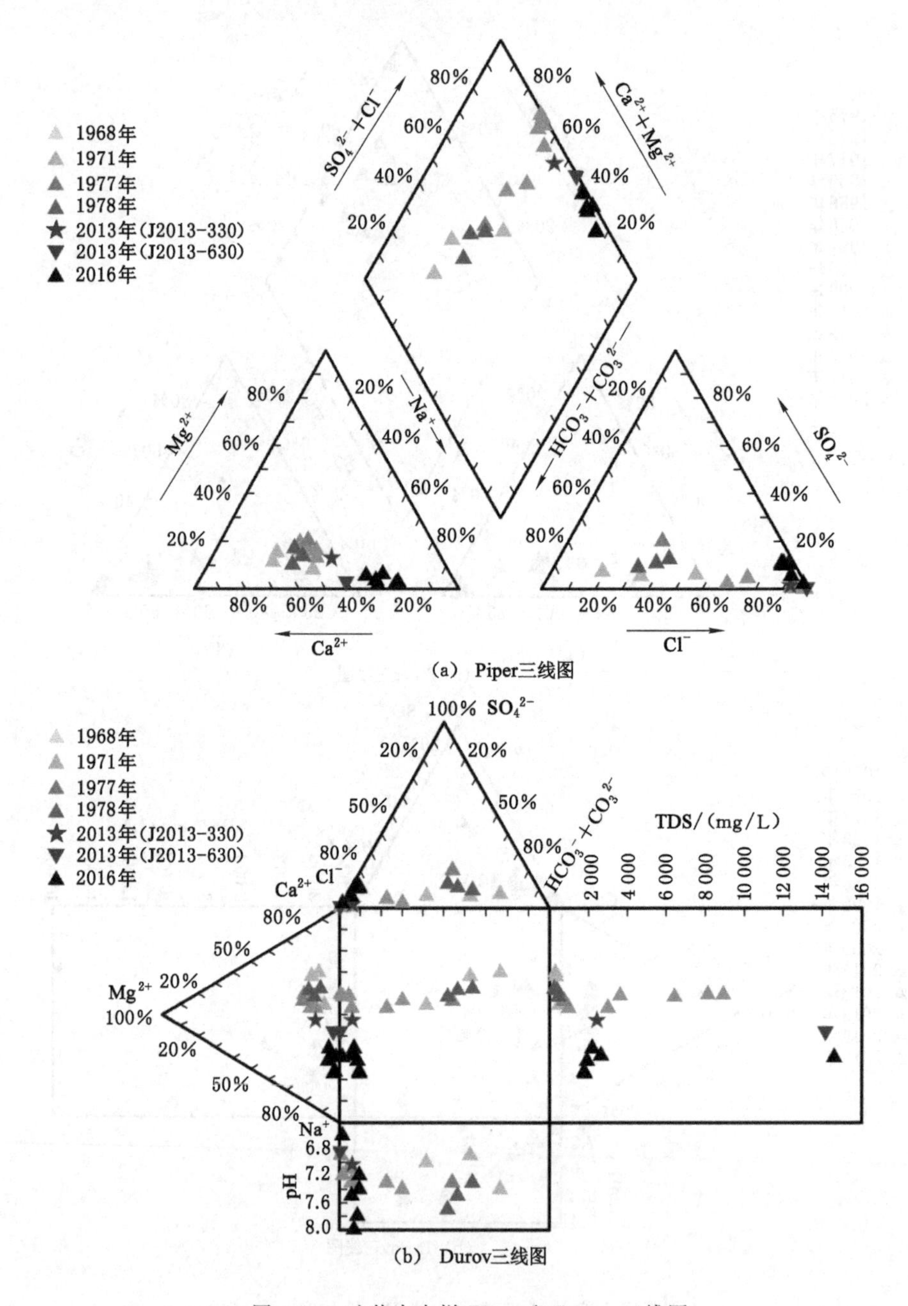

(a) Piper三线图

(b) Durov三线图

图 4-19　矿井水水样 Piper 和 Durov 三线图

在基岩风化裂隙水的旋转因子载荷图[图 4-21(b)]中，Na^+ 和 Cl^- 在主成分 1 轴上具有较高的载荷值，而 Cl^- 的载荷略高于 Na^+ 的载荷，说明 Na^+ 与 Ca^{2+} 的离子交换作用较强，HCO_3^- 在主成分 1 轴上载荷值较高，说明基岩风化裂隙水与大气降水和地表水有关，地下水动力条件较好。

在断层上盘构造裂隙水的旋转因子载荷图[图 4-21(c)]中，HCO_3^- 在两主成分轴上均有很低的载荷值，说明断层上盘构造裂隙水与大气降水、浅层地下水几乎无水力联系，随深度增加，水动力条件变差，水岩作用强烈。Na^+、Cl^-、Ca^{2+}、Mg^{2+} 在主成分 1 轴上有很高的

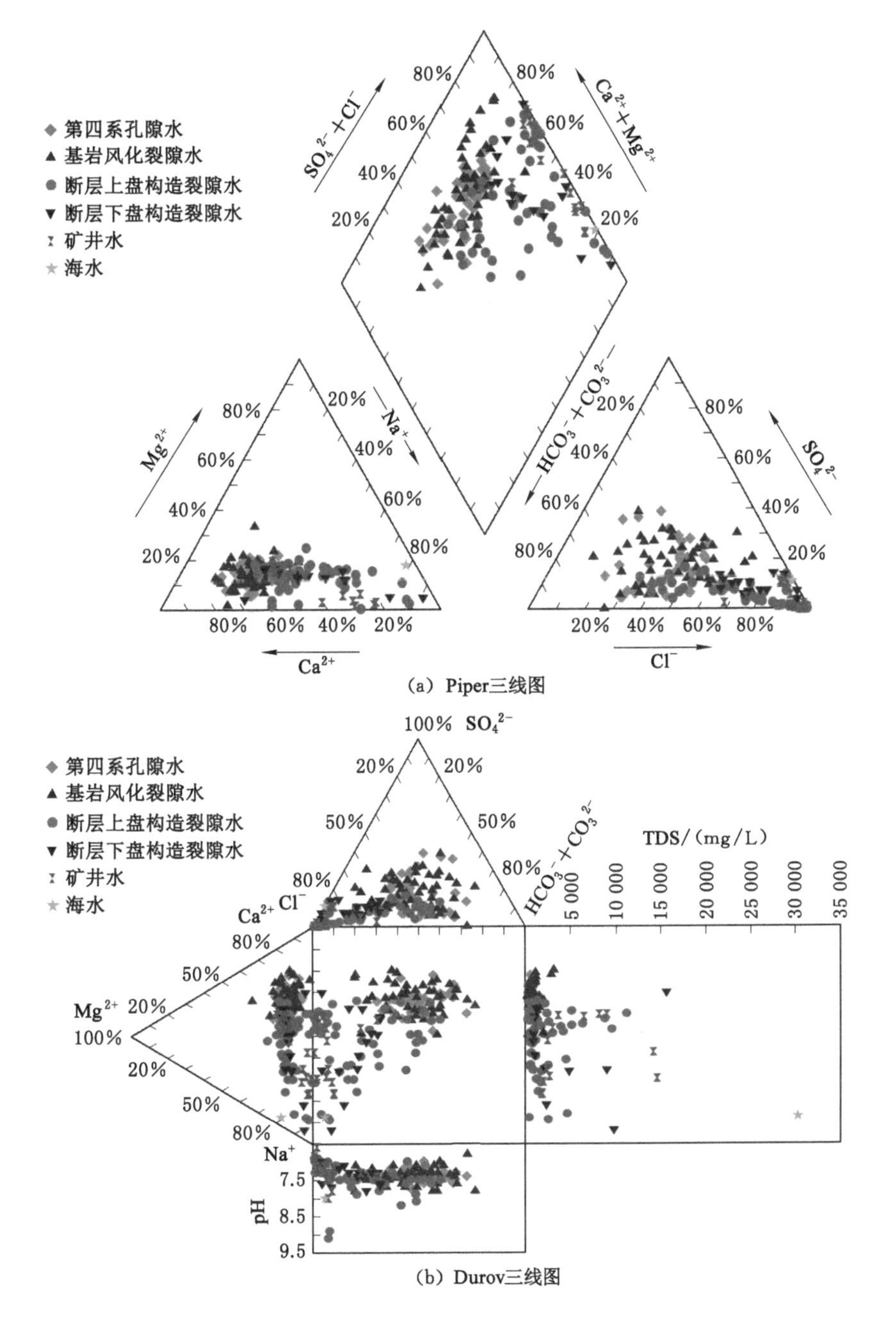

图 4-20 充水水源与矿井水水样 Piper 和 Durov 三线图

载荷值,说明阳离子交替吸附作用强烈,SO_4^{2-} 在主成分 2 轴上有很高的载荷值,与石膏及其他含硫酸盐矿物的溶解有关。

在断层下盘构造裂隙水的旋转因子载荷图[图 4-21(d)]中,HCO_3^- 在两主成分轴上几乎无载荷值,说明断层下盘构造裂隙水与浅层地下水无水力联系,水动力条件差,水岩作用强烈,水质向咸化方向发展。SO_4^{2-}、Na^+、Cl^- 在主成分 1 轴上有很高的载荷值,TDS 增大,说明断层下盘构造裂隙水与海水有一定的联系,海相沉积水特征明显,阳离子交替吸附作用

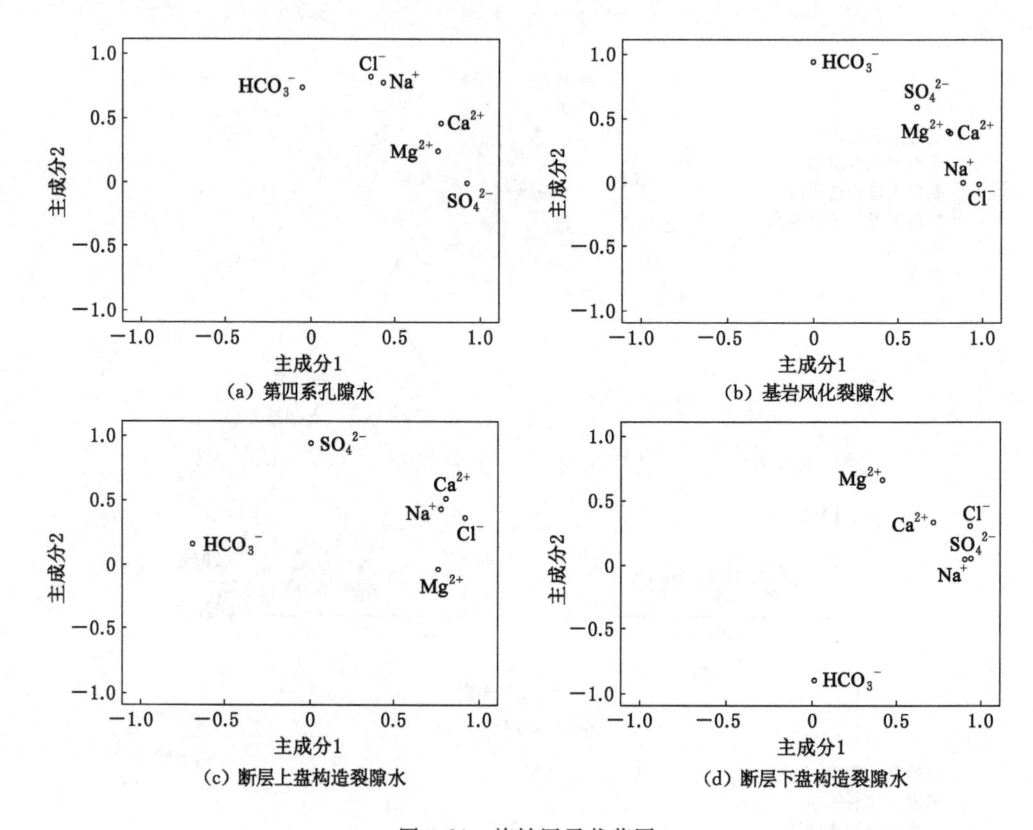

图 4-21　旋转因子载荷图

强烈，受岩石溶解或酸化作用，Na^{+}浓度上升。SO_4^{2-}的增加与石膏及其他含硫酸盐矿物的溶解有关。

4.3.2　离子比例系数分析

(1) 离子比例系数空间分布

取第四系孔隙水、基岩风化裂隙水、断层上盘构造裂隙水、断层下盘构造裂隙水和矿井水水样共 166 个，其中第四系孔隙水水样 37 个，基岩风化裂隙水水样 94 个，断层上盘构造裂隙水水样 15 个，断层下盘构造裂隙水水样 12 个，矿井水水样 8 个。水样离子比例系数统计表如表 4-8 所列。

表 4-8　水样离子比例系数统计表

离子比例系数	第四系孔隙水			基岩风化裂隙水			断层上盘构造裂隙水			断层下盘构造裂隙水			矿井水		
	最大值	最小值	均值	最大值	最小值	均值	最大值	最小值	均值	最大值	最小值	均值	最大值	最小值	均值
$\frac{\gamma Na^{+}}{\gamma Cl^{-}}$	1.92	0.22	0.76	2.07	0.15	0.69	1.25	0.07	0.62	1.37	0.11	0.62	0.87	0.45	0.69
$\frac{\gamma Ca^{2+}}{\gamma Na^{+}}$	23.46	0.05	2.50	5.83	0.29	2.35	12.30	0.11	1.59	2.63	0.05	1.05	1.02	0.28	0.52
$\frac{\gamma Mg^{2+}}{\gamma Na^{+}}$	11.03	0.09	0.70	2.09	0.08	0.61	5.60	0	0.52	7.00	0.06	0.50	0.33	0.46	0.09
$\frac{\gamma Ca^{2+}}{\gamma Cl^{-}}$	5.26	0.08	1.64	4.43	0.20	1.46	1.73	0.05	0.72	0.89	0.05	0.53	0.46	0.25	0.33

表 4-8(续)

离子比例系数	第四系孔隙水			基岩风化裂隙水			断层上盘构造裂隙水			断层下盘构造裂隙水			矿井水		
	最大值	最小值	均值	最大值	最小值	均值	最大值	最小值	均值	最大值	最小值	均值	最大值	最小值	均值
$\frac{\gamma SO_4{}^{2-}}{\gamma Cl^-}$	3.31	0	0.53	3.78	0	0.47	0.79	0	0.13	0.52	0	0.11	0.13	0.01	0.08
$\frac{\gamma HCO_3{}^-}{\gamma Cl^-}$	6.86	0.09	1.10	5.26	0.03	0.91	1.94	0	0.48	0.91	0.01	0.25	0.07	0.01	0.04
SAR	7.90	0.10	1.84	9.10	0.61	1.93	29.73	0.20	4.83	51.77	0.88	7.30	6.20	1.48	4.00

注:① γ 表示离子的毫克当量浓度,单位 meq/L。

② SAR 为钠吸附比,计算方法为 $SAR=\frac{\gamma Na^+}{\sqrt{\frac{1}{2}(\gamma Ca^{2+}+\gamma Mg^{2+})}}$。

由表 4-8 可得,除 SAR 外,第四系孔隙水的其他离子比例系数平均值均最大;除 $\gamma Na^+/\gamma Cl^-$、SAR 外,矿井水的其他离子比例系数平均值均最小。

焦家金矿区矿井水水样离子比例系数统计表如表 4-9 所列。由表 4-9 可得,所有水样的 $\gamma Na^+/\gamma Cl^-$ 都小于 1,说明矿井水没有受到大气降水淋滤作用的影响,其中 S160501、S160502 水样的 $\gamma Na^+/\gamma Cl^-$ 接近 0.85,说明此部分矿井水与海水有联系,其余水样的 $\gamma Na^+/\gamma Cl^-$ 均小于 0.85,说明其余部分矿井水形成过程中发生了 Na^+ 与 Ca^{2+} 的交替吸附作用,导致水中 Ca^{2+} 浓度增大,Na^+ 浓度减小。随着深度的增加,$\gamma Na^+/\gamma Cl^-$ 增大,说明矿井水的盐分淋溶与积累强度增加,与海水有一定的联系。J2013-330 水样的 $\gamma Ca^{2+}/\gamma Na^+$ 大于 1,$\gamma Mg^{2+}/\gamma Na^+$ 大于 0.1,说明此部分矿井水离子交换反应较为剧烈,TDS 高,盐分富集。所有水样的 $\gamma Ca^{2+}/\gamma Cl^-$ 均小于 1,说明矿井水动力条件较差;$\gamma SO_4{}^{2-}/\gamma Cl^-$ 均小于 1,说明矿井水中的 Cl^- 比 $SO_4{}^{2-}$ 增加得快;$\gamma HCO_3{}^-/\gamma Cl^-$ 均小于 0.1,说明矿井水盐分积累,水质总体在向咸化方向发展。S160502 水样的 SAR 最大,说明此部分矿井水中可交换性 Na^+ 浓度高。J2013-330 水样的 SAR 小于 2,说明此部分矿井水没有受到海水入侵的影响,其余水样的 SAR 均大于 2,说明其余部分矿井水与海水有一定的联系。随着深度的增加,SAR 增大,说明矿井水中的 Ca^{2+}、Mg^{2+} 与岩石间 Na^{2+} 的阳离子交换强度变大。

表 4-9 焦家金矿区矿井水水样离子比例系数统计表

序号	水样编号	取样位置	$\frac{\gamma Na^+}{\gamma Cl^-}$	$\frac{\gamma Ca^{2+}}{\gamma Na^+}$	$\frac{\gamma Mg^{2+}}{\gamma Na^+}$	$\frac{\gamma Ca^{2+}}{\gamma Cl^-}$	$\frac{\gamma SO_4{}^{2-}}{\gamma Cl^-}$	$\frac{\gamma HCO_3{}^-}{\gamma Cl^-}$	SAR
1	S160501	新城金矿探矿巷道 1#	0.856	0.300	0.028	0.257	0.129	0.059	6.105
2	S160502	新城金矿巷道 2#	0.869	0.283	0.040	0.246	0.120	0.061	6.199
3	S160508	寺庄金矿−630 m 中段	0.670	0.453	0.023	0.303	0.022	0.009	4.207
4	S160509	望儿山金矿−630 m 中段	0.723	0.442	0.056	0.319	0.063	0.039	4.016
5	S1610580	新城金矿−630 m 矿井水	0.670	0.527	0.094	0.353	0.120	0.023	3.222
6	S1610581	新城金矿−630 m 观测点	0.757	0.377	0.094	0.286	0.125	0.044	4.244
7	J2013-630	焦家金矿−630 m 巷道突水点	0.561	0.731	0.053	0.410	0.007	0.004	2.552
8	J2013-330	焦家金矿−330 m 巷道突水点	0.447	1.024	0.330	0.458	0.016	0.074	1.477

在第四系孔隙水离子比例系数等值线图中，$\gamma Na^+/\gamma Cl^-$ 接近 0.85 的区域分布在焦家断裂带东北段的东南部和焦家断裂带西南段附近(图 4-22)，此部分第四系孔隙水与海水有一定联系。区内 $\gamma Ca^{2+}/\gamma Cl^-$ 几乎都大于 1(图 4-23)，说明区内整体上第四系孔隙水动力条件良好，其中西南部 $\gamma Ca^{2+}/\gamma Cl^-$ 大于 2，可能是由于此部分靠近焦家断裂带，第四系孔隙含水层下部岩层裂隙发育，渗透性较好，东南部 $\gamma Ca^{2+}/\gamma Cl^-$ 大于 2，可能是由于此部分位于山区丘陵，地表落差大，第四系孔隙水动力条件好。寺庄金矿附近 $\gamma SO_4^{2-}/\gamma Cl^-$ 小于 1(图 4-24)，说明此部分第四系孔隙水盐分积累，水质总体在向咸化方向发展。寺庄金矿附近和沿海部分 SAR 大于 2(图 4-25)，说明此部分第四系孔隙水受到海水入侵的影响。

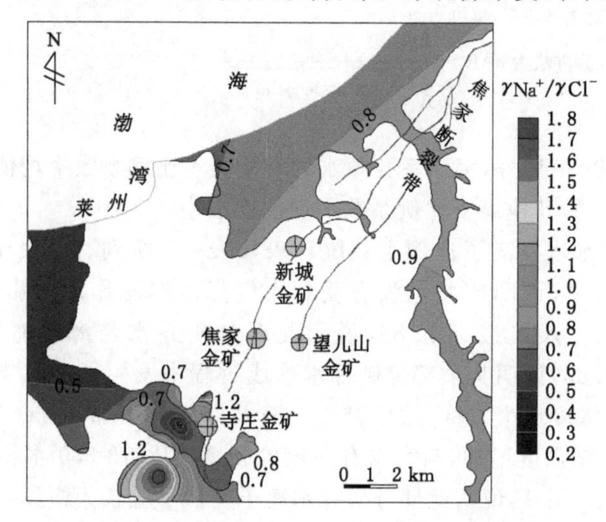

图 4-22 第四系孔隙水 $\gamma Na^+/\gamma Cl^-$ 等值线图

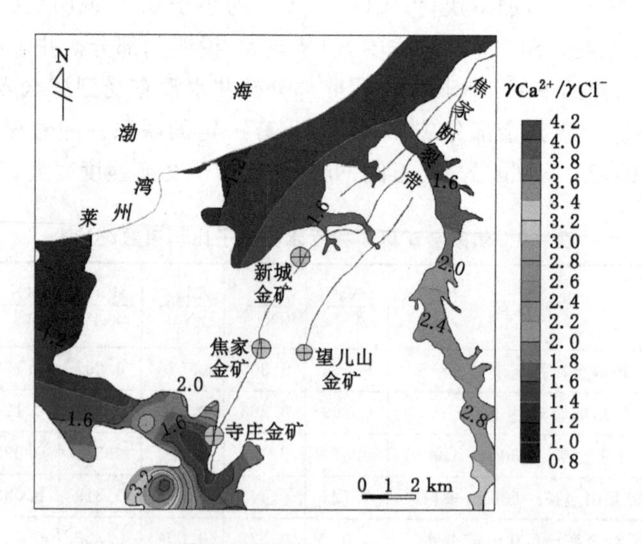

图 4-23 第四系孔隙水 $\gamma Ca^{2+}/\gamma Cl^-$ 等值线图

在基岩风化裂隙水离子比例系数等值线图中，$\gamma Na^+/\gamma Cl^-$ 接近 0.85 的区域分布在焦家断裂带西南段附近和莱州湾沿岸(图 4-26)，此部分基岩风化裂隙水与海水有一定联系。区内大部分地区 $\gamma Ca^{2+}/\gamma Cl^-$ 小于 1(图 4-27)，说明区内整体上基岩风化裂隙水动力条件较

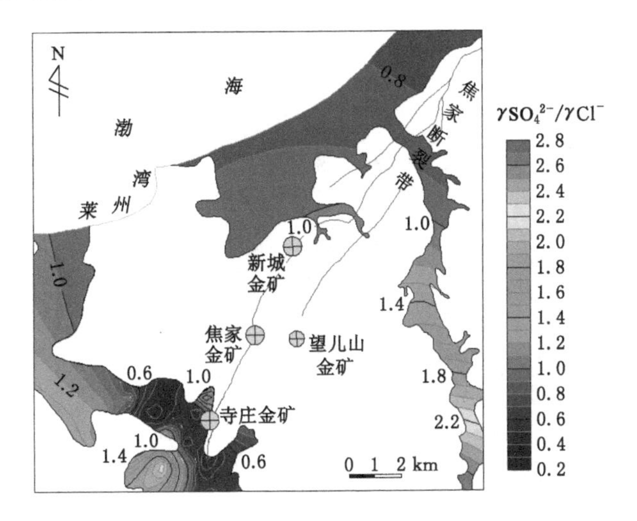

图 4-24 第四系孔隙水 $\gamma SO_4^{2-}/\gamma Cl^-$ 等值线图

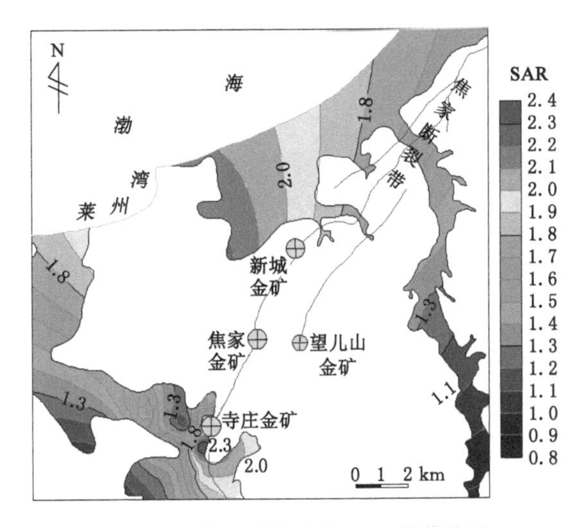

图 4-25 第四系孔隙水 SAR 等值线图

差，而焦家断裂带西南段附近和寺庄金矿的东南部 $\gamma Ca^{2+}/\gamma Cl^-$ 大于 1，说明此部分基岩风化裂隙水动力条件良好，可能是由于此部分靠近焦家断裂带，基岩风化裂隙含水层裂隙发育，渗透性较好。区内大部分地区 $\gamma SO_4^{2-}/\gamma Cl^-$ 小于 1(图 4-28)，说明此部分基岩风化裂隙水盐分积累，受到海水入侵的影响，水质总体在向咸化方向发展。焦家断裂带附近 SAR 大于 2(图 4-29)，说明此部分基岩风化裂隙水受到海水入侵的影响，其中焦家断裂带东北段和焦家金矿附近 SAR 达到 7 及以上，最大值达到 8.07，说明此部分基岩风化裂隙水与岩石间阳离子交替吸附作用强度较大。

在断层上盘构造裂隙水离子比例系数等值线图中，$\gamma Na^+/\gamma Cl^-$ 接近 0.85 的区域分布在焦家断裂带西南段附近(图 4-30)，在焦家金矿和寺庄金矿区域较集中，此部分断层上盘构造裂隙水与海水有一定联系，焦家金矿西部与焦家断裂带南段近南北向附近 $\gamma Na^+/\gamma Cl^-$ 接近 1，说明此部分断层上盘构造裂隙水盐分富集，可能是含盐岩地层溶滤导致的，东北部 $\gamma Na^+/\gamma Cl^-$ 均小于 0.85，说明此部分断层上盘构造裂隙水形成过程中发生了 Na^+ 与 Ca^{2+}

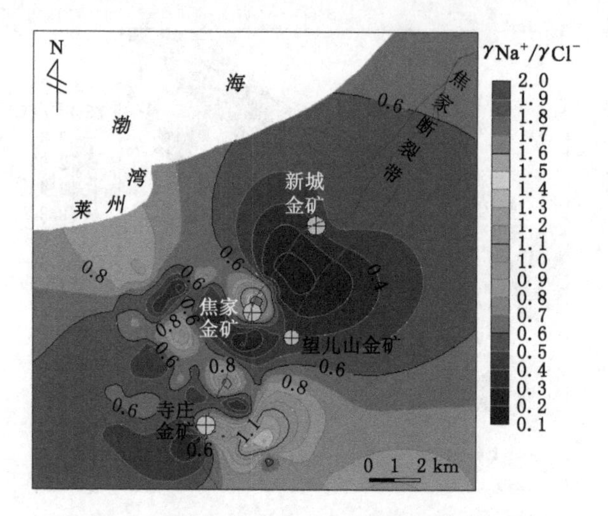

图 4-26　基岩风化裂隙水 $\gamma Na^+/\gamma Cl^-$ 等值线图

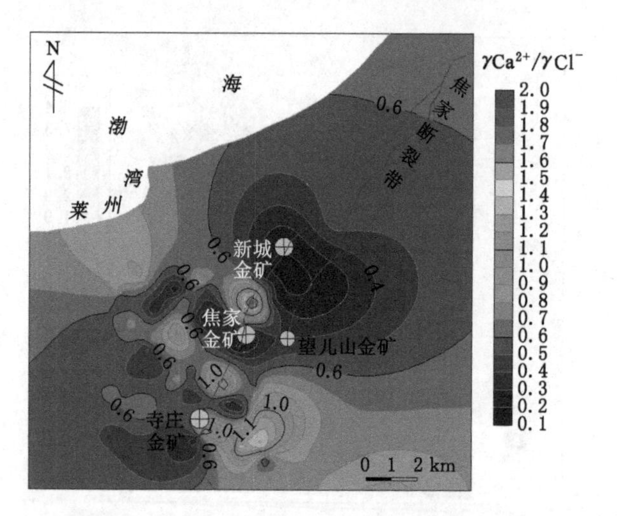

图 4 27　基岩风化裂隙水 $\gamma Ca^{2+}/\gamma Cl^-$ 等值线图

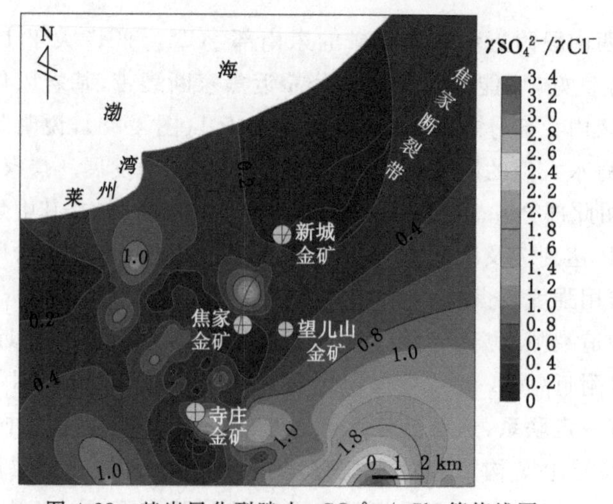

图 4-28　基岩风化裂隙水 $\gamma SO_4^{2-}/\gamma Cl^-$ 等值线图

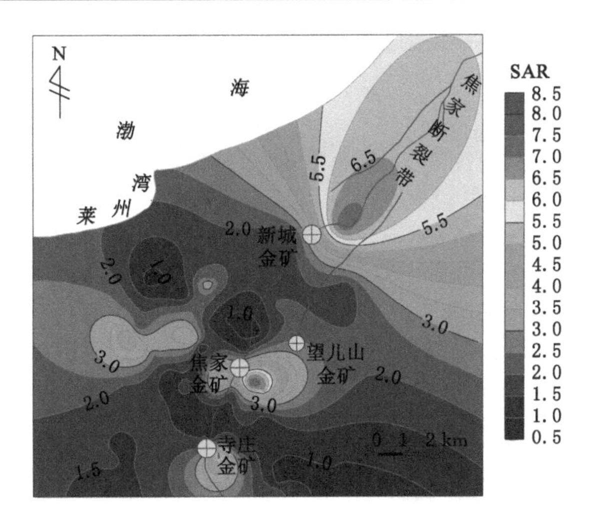

图 4-29　基岩风化裂隙水 SAR 等值线图

的交替吸附作用，导致水中 Ca^{2+} 浓度增大，Na^{+} 浓度减小。$\gamma Ca^{2+}/\gamma Cl^{-}$ 大于 1 的区域集中在焦家断裂带中段和南段的西部(图 4-31)，说明此部分断层上盘构造裂隙水动力条件好，可能是由于金矿的开采使得上覆岩层失稳，裂隙张开，形成导水通道所导致的。区内 $\gamma SO_4^{2-}/\gamma Cl^{-}$ 小于 1(图 4-32)，说明区内断层上盘构造裂隙水盐分积累，受到海水入侵的影响，水质总体在向咸化方向发展。区内大部分地区 SAR 大于 2(图 4-33)，说明大部分断层上盘构造裂隙水受到海水入侵的影响，其中焦家断裂带南段近南北向附近 SAR 达到 10 及以上，最大值达到 21.09，说明此部分断层上盘构造裂隙水与岩石间阳离子交替吸附作用强度很大。

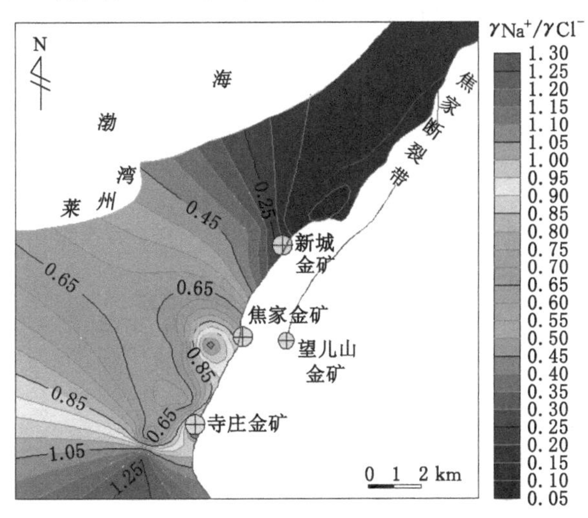

图 4-30　断层上盘构造裂隙水 $\gamma Na^{+}/\gamma Cl^{-}$ 等值线图

在断层下盘构造裂隙水离子比例系数等值线图中，$\gamma Na^{+}/\gamma Cl^{-}$ 接近 0.85 的区域分布在焦家断裂带南段近南北向附近(图 4-34)，此部分断层下盘构造裂隙水与海水有一定联系，寺庄金矿附近 $\gamma Na^{+}/\gamma Cl^{-}$ 接近 1，说明此部分断层下盘构造裂隙水盐分富集，可能是含盐岩地层溶滤导致的，其余部分 $\gamma Na^{+}/\gamma Cl^{-}$ 小于 0.85，说明其余部分断层下盘构造裂隙水形成

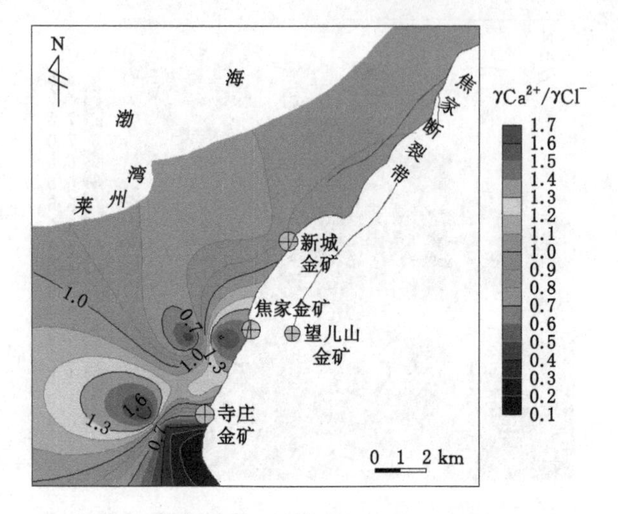

图 4-31　断层上盘构造裂隙水 $\gamma Ca^{2+}/\gamma Cl^-$ 等值线图

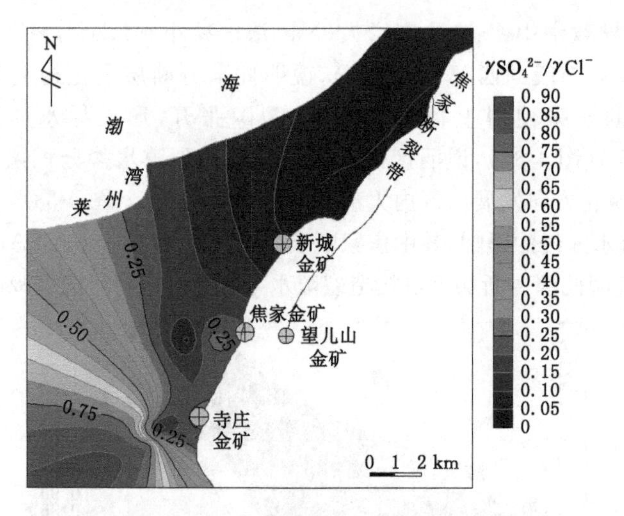

图 4-32　断层上盘构造裂隙水 $\gamma SO_4^{2-}/\gamma Cl^-$ 等值线图

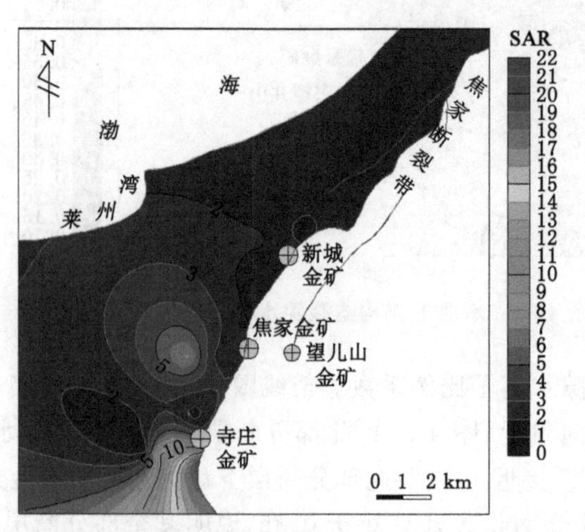

图 4-33　断层上盘构造裂隙水 SAR 等值线图

过程中发生了 Na^+ 与 Ca^{2+} 的交替吸附作用，导致水中 Ca^{2+} 浓度增大，Na^+ 浓度减小。区内 $\gamma Ca^{2+}/\gamma Cl^-$ 小于1(图4-35)，说明区内整体上断层下盘构造裂隙水动力条件较差，而寺庄金矿和新城金矿的西部 $\gamma Ca^{2+}/\gamma Cl^-$ 接近1，说明此部分断层下盘构造裂隙水动力条件相对较好。区内 $\gamma SO_4^{2-}/\gamma Cl^-$ 小于1且数值较低(图4-36)，说明区内断层下盘构造裂隙水盐分积累较快，受到海水入侵的影响，水质总体在向咸化方向发展。区内大部分地区SAR大于2(图4-37)，说明大部分断层下盘构造裂隙水受到海水入侵的影响，其中寺庄金矿西南部SAR达到8及以上，最大值达到51.77，说明断层下盘构造裂隙水与岩石间阳离子交替吸附作用强度很大。

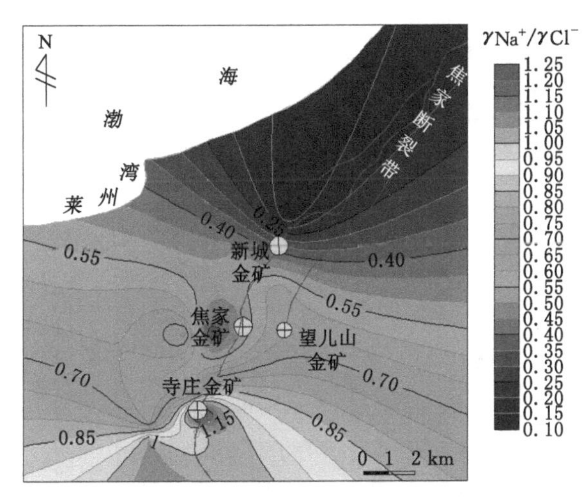

图4-34　断层下盘构造裂隙水 $\gamma Na^+/\gamma Cl^-$ 等值线图

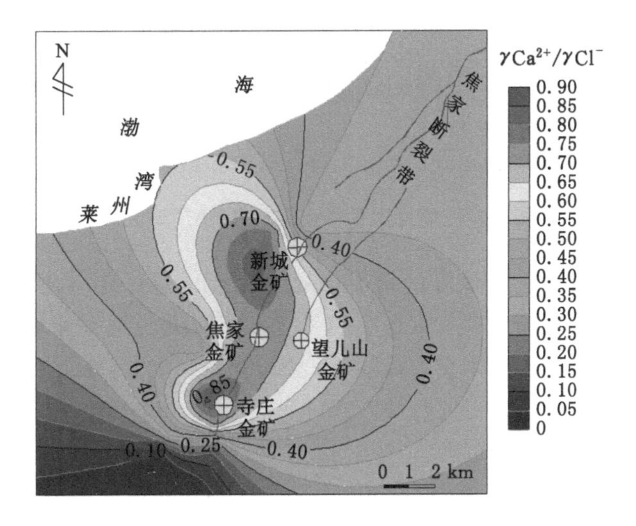

图4-35　断层下盘构造裂隙水 $\gamma Ca^{2+}/\gamma Cl^-$ 等值线图

总体来看，除第四系孔隙水外，其余水 $\gamma Na^+/\gamma Cl^-$ 接近0.85的区域主要集中在焦家断裂带附近，尤其是断裂带的南段近南北向附近，说明断裂带对第四系海水入侵的影响不大。基岩风化裂隙水和断层上盘构造裂隙水 $\gamma Ca^{2+}/\gamma Cl^-$ 大于1的区域多分布在焦家断裂带附近，说明断裂使得地下水动力条件变好。断层下盘构造裂隙水动力条件整体上不如断层上

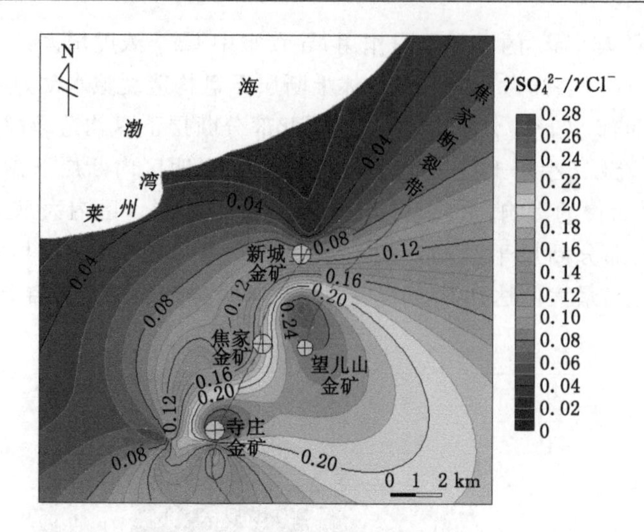

图 4-36 断层下盘构造裂隙水 $\gamma SO_4^{2-}/\gamma Cl^-$ 等值线图

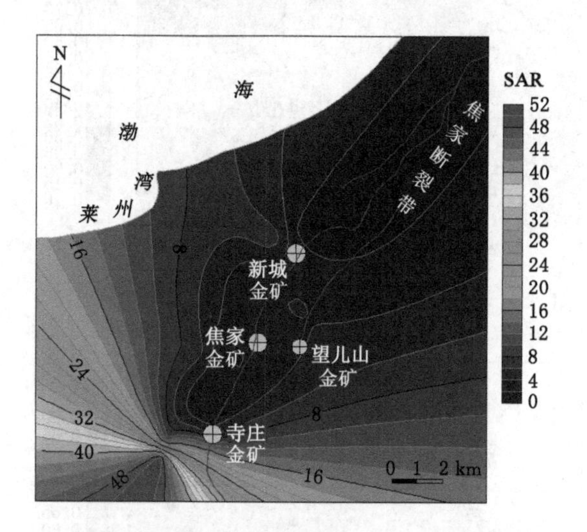

图 4-37 断层下盘构造裂隙水 SAR 等值线图

盘构造裂隙水动力条件。随着深度的增加，$\gamma SO_4^{2-}/\gamma Cl^-$ 总体变小，Cl^- 增加变快，地下水咸化发展变快，且靠近焦家断裂带 $\gamma SO_4^{2-}/\gamma Cl^-$ 较动荡，说明地下水咸化发展不规律、不连续。随着深度的增加，SAR 总体变大，说明海水入侵影响变大，地下水与岩石间阳离子交替吸附作用强度变大。

(2) 离子比例系数随时间分布

取焦家断裂带附近金矿的第四系孔隙水水样 50 个，基岩风化裂隙水水样 102 个，断层上盘构造裂隙水水样 58 个，断层下盘构造裂隙水水样 36 个，矿井水水样 30 个，分别计算其每个时间段的 $\gamma Na^+/\gamma Cl^-$、$\gamma Ca^{2+}/\gamma Cl^-$、$\gamma SO_4^{2-}/\gamma Cl^-$ 和 SAR 的平均值，并通过动态水化学特征变化分析各含水层间的联系。

由图 4-38 可知，随着金矿开采深度的增加，第四系孔隙水的 $\gamma Na^+/\gamma Cl^-$ 总体变化不大，最后逐渐靠近 0.85，说明金矿的较浅部开采加重了第四系孔隙水受海水入侵的程度。基岩风化裂隙水的 $\gamma Na^+/\gamma Cl^-$ 呈减小的趋势，其中在开采时间中段接近 0.85，说明金矿浅部开采加重了基岩风化裂隙水受海水入侵的程度,而深部开采影响不大。断层上、下盘构造裂隙水的 $\gamma Na^{+}/\gamma Cl^{-}$ 趋势大体一致,尤其是在1990年以后,说明金矿深部开采增加了断层上、下盘的水力联系,最后 $\gamma Na^{+}/\gamma Cl^{-}$ 趋于0.85,说明两含水层水与海水有一定的联系。矿井水的 $\gamma Na^{+}/\gamma Cl^{-}$ 初始变化较大,说明开采深度较浅时矿井水可能源于多个含水层,最后矿井水的 $\gamma Na^{+}/\gamma Cl^{-}$ 趋于0.85,说明受到海水入侵的影响。

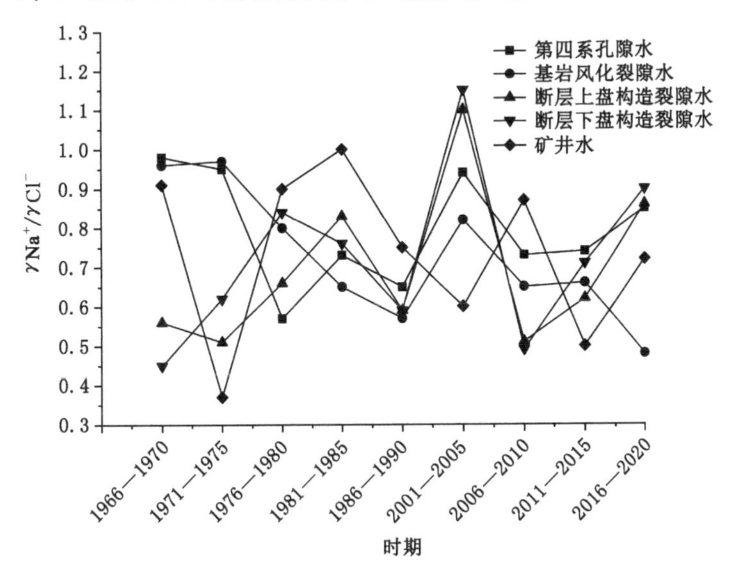

图4-38 水样 $\gamma Na^{+}/\gamma Cl^{-}$ 随时间变化曲线图

由图4-39可知,随着金矿开采深度的增加,第四系孔隙水的 $\gamma Ca^{2+}/\gamma Cl^{-}$ 总体呈增大的趋势,大部分时期 $\gamma Ca^{2+}/\gamma Cl^{-}$ 大于1,说明水动力条件变好。基岩风化裂隙水的 $\gamma Ca^{2+}/\gamma Cl^{-}$ 总体不变,说明金矿开采对水动力条件影响不大。断层上、下盘构造裂隙水的 $\gamma Ca^{2+}/\gamma Cl^{-}$ 都小于1,说明水动力条件差,其中断层上盘构造裂隙水的值略有增大,说明采矿工程有一定的影响。矿井水的 $\gamma Ca^{2+}/\gamma Cl^{-}$ 开始变化较大,最后逐渐减小,后期与断层上、下盘构造裂隙水的值较接近,说明矿井水与断层上、下盘构造裂隙水联系密切。

由图4-40可知,随着金矿开采深度的增加,第四系孔隙水和基岩风化裂隙水的 $\gamma SO_4^{2-}/\gamma Cl^{-}$ 总体呈增大趋势,说明 Cl^{-} 增加变慢。断层上、下盘构造裂隙水的 $\gamma SO_4^{2-}/\gamma Cl^{-}$ 总体不变,最后趋近0.1,远小于1,说明 Cl^{-} 增加快,地下水向咸化方向发展,与海水入侵有一定的关联。矿井水的 $\gamma SO_4^{2-}/\gamma Cl^{-}$ 开始变化较大,后期与断层上、下盘构造裂隙水的值较接近,说明矿井水与断层上、下盘构造裂隙水有一定联系。

由图4-41可知,随着金矿开采深度的增加,第四系孔隙水和基岩风化裂隙水的SAR总体不变,说明阳离子交替吸附作用强度变化不大,部分值大于2,说明可能有海水入侵的影响但影响较小。断层上、下盘构造裂隙水的SAR总体增大,说明阳离子交替吸附作用强度变大,水岩作用强烈,SAR大于2且值较高说明有海水入侵影响。矿井水的SAR总体变大,与断层下盘构造裂隙水的SAR趋势大体一致,说明矿井水与断层下盘构造裂隙水联系密切,后期矿井水的SAR与断层上盘构造裂隙水的SAR较接近,说明随着开采的进行,断层上、下盘水力联系更加密切,断层上盘构造裂隙水通过导水通道进入下盘采场。

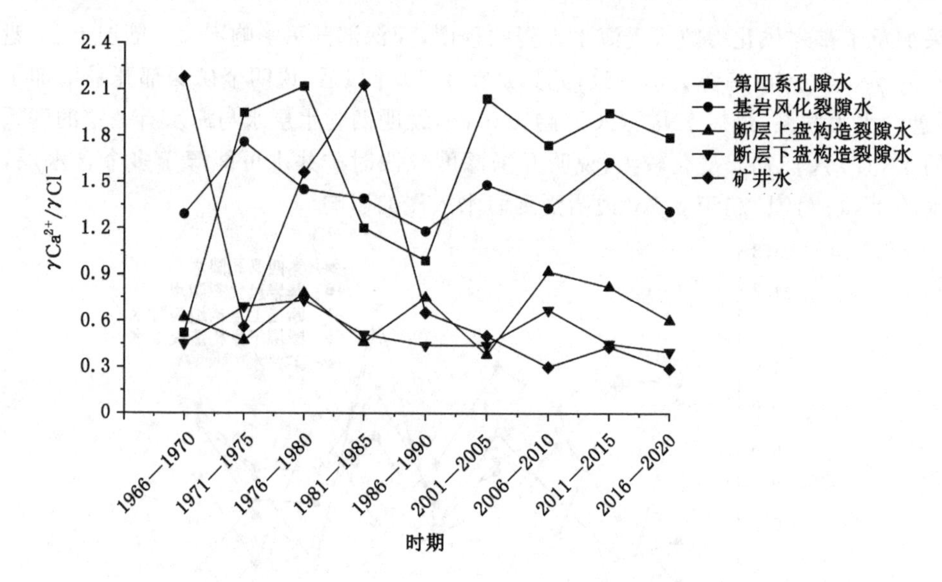

图 4-39 水样 $\gamma Ca^{2+}/\gamma Cl^{-}$ 随时间变化曲线图

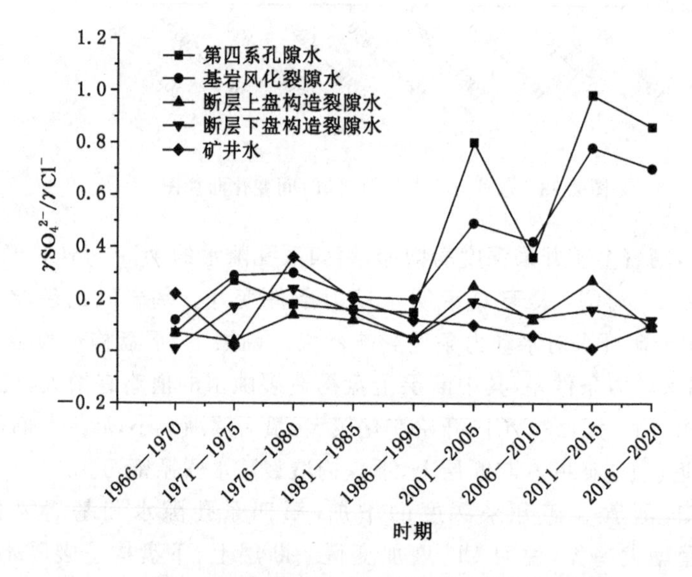

图 4-40 水样 $\gamma SO_4^{2-}/\gamma Cl^{-}$ 随时间变化曲线图

4.3.3 二(三)元混合比例计算模型

不同补给来源水体的水化学环境不同,其中因离子在不同物理化学条件下的变迁、交换而呈现各自独立的水化学特征。为进一步探究焦家金矿区涌(突)水水源与不同水源所占比例,结合井下矿井涌(突)水水样的同位素资料、水化学资料来综合判断矿井涌(突)水的来源。

焦家金矿区矿井水的来源有第四系孔隙水、基岩风化裂隙水、基岩构造裂隙水和海水,由于第四系孔隙水和基岩风化裂隙水主要是大气降水溶滤而形成的,故可取当地大气降水的相关数据。另外选取能反映地下水环境状态且具有较稳定数值和特征性的 Cl^{-} 浓度与 TDS 指标,判断某一涌(突)水点的补给来源和混合程度,并预测其演化方向。

设某一涌水点的 TDS 为 $M_{矿井水}$,Cl^{-} 浓度为 $cCl^{-}_{矿井水}$。若焦家金矿区矿井水的补给来源确

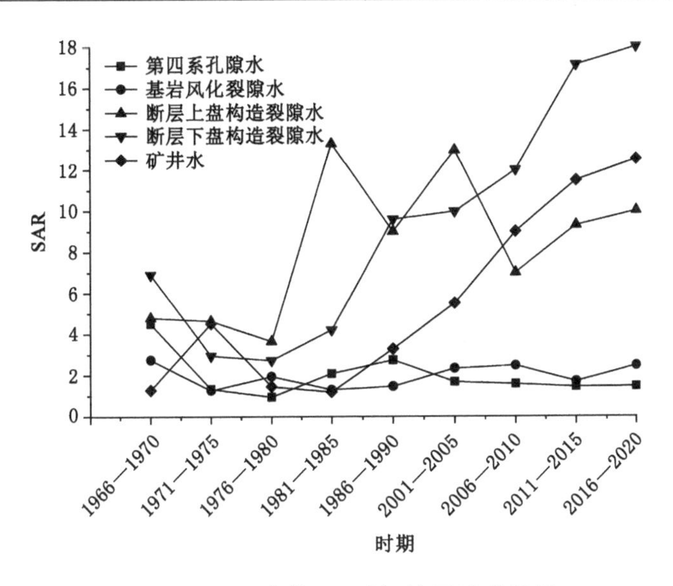

图 4-41 水样 SAR 随时间变化曲线图

定为海水、基岩构造裂隙水、大气降水(第四系孔隙水、基岩风化裂隙水),各自的 Cl^- 浓度分别为 $cCl^-_{海水}$、$cCl^-_{基岩构造裂隙水}$、$cCl^-_{大气降水}$,TDS 分别为 $M_{海水}$、$M_{基岩构造裂隙水}$、$M_{大气降水}$,在矿井水中所占百分比分别为 $P_{海水}$、$P_{基岩构造裂隙水}$、$P_{大气降水}$,则三元混合模型利用下列方程联立求得混合比例。

$$cCl^-_{海水}P_{海水}+cCl^-_{基岩构造裂隙水}P_{基岩构造裂隙水}+cCl^-_{大气降水}P_{大气降水}=cCl^-_{矿井水} \tag{4-12}$$

$$M_{海水}P_{海水}+M_{基岩构造裂隙水}P_{基岩构造裂隙水}+M_{大气降水}P_{大气降水}=M_{矿井水} \tag{4-13}$$

$$P_{海水}+P_{基岩构造裂隙水}+P_{大气降水}=1 \tag{4-14}$$

若其补给来源确定为基岩构造裂隙水、大气降水,则二元混合模型利用下列方程求混合比例,并相互验证。

$$\begin{cases} cCl^-_{基岩构造裂隙水}P_{基岩构造裂隙水}+cCl^-_{大气降水}P_{大气降水}=cCl^-_{矿井水} \\ P_{基岩构造裂隙水}+P_{大气降水}=1 \end{cases} \tag{4-15}$$

$$\begin{cases} M_{基岩构造裂隙水}P_{基岩构造裂隙水}+M_{大气降水}P_{大气降水}=M_{矿井水} \\ P_{基岩构造裂隙水}+P_{大气降水}=1 \end{cases} \tag{4-16}$$

(1) 焦家金矿区矿井水来源判定

在焦家金矿区选取 8 个矿井水水样(表 4-10),分别来自新城金矿、寺庄金矿、望儿山金矿、焦家金矿,水化学类型为 Cl-Na 或 Cl-Na · Ca。所有矿井水的 TDS 均大于 1 g/L,在 1.796～14.055 g/L 之间变化,Na^+ 浓度在 481.15～4 000.65 mg/L 之间变化,Cl^- 浓度在 907.99～8 622.47 mg/L 之间变化。

表 4-10 焦家金矿区矿井水水样离子统计表

序号	水样编号	取样位置	Na^+ 浓度 /(mg/L)	Ca^{2+} 浓度 /(mg/L)	Mg^+ 浓度 /(mg/L)	Cl^- 浓度 /(mg/L)	$SO_4{}^{2-}$ 浓度 /(mg/L)	$HCO_3{}^-$ 浓度 /(mg/L)	$CO_3{}^{2-}$ 浓度 /(mg/L)	TDS /(g/L)
1	S160501	新城金矿探矿巷道 1#	510.55	131.86	7.33	907.99	158.96	92.62	0	1.796

表 4-10(续)

序号	水样编号	取样位置	Na^+浓度 /(mg/L)	Ca^{2+}浓度 /(mg/L)	Mg^+浓度 /(mg/L)	Cl^-浓度 /(mg/L)	$SO_4{}^{2-}$浓度 /(mg/L)	$HCO_3{}^-$浓度 /(mg/L)	$CO_3{}^{2-}$浓度 /(mg/L)	TDS /(g/L)
2	S160502	新城金矿巷道 2#	535.46	131.06	11.09	941.7	152.86	98.71	0	1.845
3	S160508	寺庄金矿－630 m 中段	4 000.65	1 478.15	44.73	8 622.47	258.21	134.06	0	14.500
4	S160509	望儿山金矿－630 m 中段	710.78	267.25	20.71	1 480.64	126.80	100.54	0	2.674
5	S1610580	新城金矿－630 m 矿井水	535.36	234.53	25.44	1 175.70	191.83	47.3	10.06	2.221
6	S1610581	新城金矿－630 m 观测点	509.35	164.53	24.91	1 019.23	172.89	77.97	0	1.959
7	J2013-630	焦家金矿－630 m 巷道突水点	3 193.2	1 990.71	87.90	8 596.86	76.00	55.65	0	14.055
8	J2013-330	焦家金矿－330 m 巷道突水点	481.15	372.67	72.82	1 440.51	32.00	182.42	0	2.470

8 个矿井水水样依据 TDS 及离子浓度可以大致分为两类，即一类矿井水和二类矿井水。

一类矿井水，TDS 在 1～3 g/L 范围内，主要包括新城金矿、望儿山金矿、焦家金矿－330 m 巷道的矿井水，这些矿井水的 Na^+ 浓度基本在 500 mg/L 左右，Cl^- 浓度在 900～1 500 mg/L 之间。总体而言，水质在向咸化方向发展，水动力条件略差，地下水形成过程中发生了 Na^+ 与 Ca^{2+} 的离子交换作用。故初步判断矿井水的来源主要有两项，分别是大气降水、基岩构造裂隙水。

二类矿井水，TDS 大于 14 g/L，分布于寺庄金矿、焦家金矿－630 m 巷道。其 TDS 明显高于成矿带内其他深层地下水的 TDS，Na^+ 浓度大于 3 000 mg/L，Cl^- 浓度大于 8 000 mg/L。二类矿井水水质总体在向咸化方向发展时，具有一定的水动力条件，可与海水发生一定的水力联系。故初步判断矿井水的来源主要有三项，分别是大气降水、海水、基岩构造裂隙水。

(2) 矿井水来源混合比例计算

一类矿井水用二元混合模型、二类矿井水用三元混合模型分别计算混合比例，计算结果如表 4-11 所列。

新城金矿 4 个矿井水水样均是大气降水与基岩构造裂隙水二元混合成因，其深部矿井水中的基岩构造裂隙水比例高于大气降水比例。其中 S160501、S160502 两个水样中约 28％的水量来源于大气降水，约 72％的水量来源于基岩构造裂隙水；而 S1610580、S1610581 两个水样中的比例略有改变，约 35％的水量来源于大气降水，约 65％的水量来源于基岩构造裂隙水。

表 4-11 焦家金矿区矿井水来源混合比例计算结果

水样编号	取样位置	计算指标	$P_{大气降水}$/%	$P_{基岩构造裂隙水}$/%	$P_{海水}$/%	备注
S160501	新城金矿探矿巷道 1#	TDS	34.63	65.37	—	二元混合模型
		Cl^-浓度	21.51	78.49	—	
		平均值	28.07	71.93	—	
S160502	新城金矿巷道 2#	TDS	35.61	64.39	—	二元混合模型
		Cl^-浓度	22.31	77.69	—	
		平均值	28.96	71.04	—	
S1610580	新城金矿－630 m 矿井水	TDS	43.31	56.69	—	二元混合模型
		Cl^-浓度	27.92	72.08	—	
		平均值	35.61	64.39	—	
S1610581	新城金矿－630 m 观测点	TDS	37.94	62.06	—	二元混合模型
		Cl^-浓度	24.17	75.83	—	
		平均值	31.06	68.94	—	
S160508	寺庄金矿－630 m 中段	TDS 及 Cl^-浓度	14.50	44.16	41.34	三元混合模型
S160509	望儿山金矿－630 m 中段	TDS	47.47	52.53	—	二元混合模型
		Cl^-浓度	41.06	58.94	—	
		平均值	44.26	55.74	—	
J2013-630	焦家金矿－630 m 巷道突水点	TDS 及 Cl^-浓度	3.38	59.29	37.33	三元混合模型
J2013-330	焦家金矿－330 m 巷道突水点	TDS	48.39	51.61	—	二元混合模型
		Cl^-浓度	34.27	65.73	—	
		平均值	41.33	58.67	—	

焦家金矿 2 个矿井水水样的来源组成不同。－330 m 巷道的水样表现为大气降水与基岩构造裂隙水二元混合成因，约 41%的水量来源于大气降水，约 59%的水量来源于基岩构造裂隙水。－630 m 巷道水样的水化学特征有明显的海水入侵的特点，为海水、基岩构造裂隙水、大气降水三元混合成因，其中约 4%的水量来源于大气降水，约 59%的水量来源于基岩构造裂隙水，约 37%的水量来源于海水。

寺庄金矿 1 个矿井水水样(S160508)的水化学特征同样有明显的海水入侵的特点，为海水、基岩构造裂隙水、大气降水三元混合成因，其中约 15%的水量来源于大气降水，约 44%的水量来源于基岩构造裂隙水，约 41%的水量来源于海水。这说明矿井深部开采时，由于构造裂隙的发育形态与规模的影响，会形成海水与矿井水之间的导水通道，导致矿井涌水来源复杂。一旦开采揭露了与海水有联系的裂隙构造后，海水入侵将严重威胁焦家金矿区的安全开采。

望儿山金矿 1 个矿井水样(S160509)为大气降水与基岩构造裂隙水二元混合成因，其深部矿井水中基岩构造裂隙水比例略高于大气降水比例，约 44%的水量来源于大气降水，约

56%的水量来源于基岩构造裂隙水。

4.3.4 灰色关联分析

4.3.4.1 分析方法

为更好地分析矿井水来源，判断矿井水与各含水层水和海水间关系，本节选取 SAR、$\gamma Na^+/\gamma Cl^-$、$\gamma Mg^{2+}/\gamma Ca^{2+}$、$\gamma Ca^{2+}/\gamma Na^+$、$\gamma Mg^{2+}/\gamma Na^+$、$\gamma Ca^{2+}/\gamma Cl^-$、$\gamma SO_4{}^{2-}/\gamma Cl^-$、$\gamma HCO_3{}^-/\gamma Cl^-$ 共 8 个影响指标，以矿井水水样的指标为母序列，用邓氏灰色关联法计算母序列与各充水水源水样序列之间的关联度。关联度是指两个序列之间的相似程度，如果两个序列因素的变化趋势是一致的，则它们是高度相关的，相反，则它们的相关程度低。关联度越接近 1，相关性越好。计算两个序列之间的关联度是判别两个系统间关系的一种简单、有效的方法。计算方法如下：

(1) 设 $Y_1, Y_2, Y_3, \cdots, Y_n$ 为系统特征行为数据序列，即矿井水水样的 8 个影响指标；$X_1, X_2, X_3, \cdots, X_m$ 为相关因素序列，即充水水源水样的 8 个影响指标。$x_1, x_2, x_3, \cdots, x_m$ 代表相关因素数据组，$y_1, y_2, y_3, \cdots, y_n$ 代表系统特征行为数据组。$Y_i(1 < i \leqslant n)$，$X_j(1 < j \leqslant m)$ 的数据个数相同。设定系统特征行为数据序列 Y_i 为母序列，m 个相关因素序列 X_j 为子序列。

无量纲化处理：定义 $\overline{x} = \frac{1}{m}\sum_{j=1}^{m} x_j$，$\overline{y} = \frac{1}{n}\sum_{i=1}^{n} y_i$ 分别为相关因素序列及系统特征行为数据序列的原始数据平均值，$s_1 = \frac{1}{m-1}\sum_{j=1}^{m}(x_j - \overline{x})^2$，$s_2 = \frac{1}{n-1}\sum_{i=1}^{n}(y_i - \overline{y})^2$ 分别为相关因素序列及系统特征行为数据序列的原始数据标准差，可得相关因素序列及系统特征行为数据序列的标准化序列分别为 $x_j{}' = \frac{x_j - \overline{x}}{s_1}$，$y_i{}' = \frac{y_i - \overline{y}}{s_2}$。

(2) 计算关联系数。

标准化后的母序列与标准化后的子序列的绝对差 $\Delta_{ij}(k)$ 为：

$$\Delta_{ij}(k) = \left| Y_i{}'(k) - X_j{}'(k) \right| \tag{4-17}$$

式中 $Y_i{}'(k)$ ——标准化后的母序列；

$X_j{}'(k)$ ——标准化后的子序列。

标准化后的母序列与标准化后的子序列的关联系数 $\delta_{ij}(k)$ 为：

$$\delta_{ij}(k) = \frac{\Delta_{\min} + \beta\Delta_{\max}}{\Delta_{ij}(k) + \beta\Delta_{\max}} \tag{4-18}$$

式中 $\Delta_{\max}$ —— $\Delta_{ij}(k)$ 的最大值；

$\Delta_{\min}$ —— $\Delta_{ij}(k)$ 的最小值；

β——标准化系数，取 0.5。

标准化后的母序列与标准化后的子序列之间的关联度 λ_{ij} 为：

$$\lambda_{ij} = \frac{1}{n}\sum_{k=1}^{n}\delta_{ij}(k) \tag{4-19}$$

4.3.4.2 分析结果

为方便计算，简化计算过程，提高计算效率，本节基于 MATLAB 软件编程，计算矿井水水样与各充水水源水样关联度，结果见表 4-12 和图 4-42。

表 4-12　矿井水水样与各充水水源水样关联度表

序号	水样编号	取样位置	关联度				
			第四系孔隙水水样	基岩风化裂隙水水样	断层上盘构造裂隙水水样	断层下盘构造裂隙水水样	海水水样
1	S160501	新城金矿探矿巷道 1#	0.826	0.872	0.896	0.925	0.829
2	S160502	新城金矿巷道 2#	0.826	0.872	0.897	0.925	0.830
3	S160508	寺庄金矿－630 m 中段	0.796	0.845	0.871	0.900	0.833
4	S160509	望儿山金矿－630 m 中段	0.825	0.876	0.900	0.927	0.823
5	S1610580	新城金矿－630 m 矿井水	0.834	0.886	0.908	0.933	0.822
6	S1610581	新城金矿－630 m 观测点	0.834	0.881	0.906	0.932	0.826
7	J2013-630	焦家金矿－630 m 巷道突水点	0.808	0.862	0.877	0.921	0.817
8	J2013-330	焦家金矿－330 m 巷道突水点	0.845	0.894	0.915	0.932	0.803

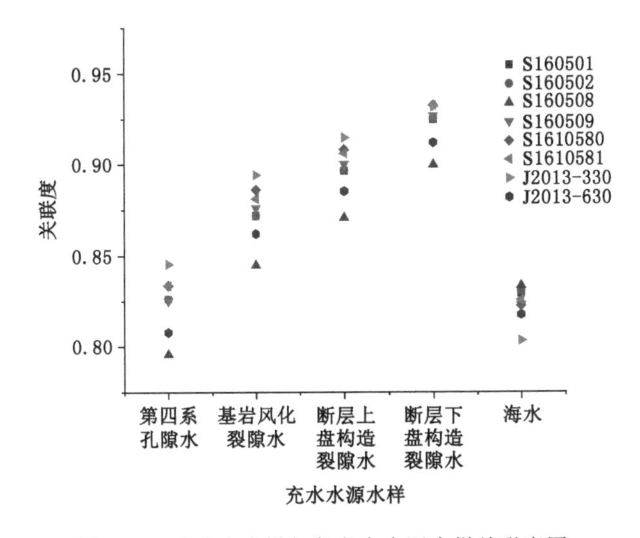

图 4-42　矿井水水样与各充水水源水样关联度图

由表 4-12 和图 4-42 可知，所有充水水源水样中断层下盘构造裂隙水水样与各矿井水水样的关联度最大，都大于 0.9，其中与新城金矿－630 m 矿井水水样(S1610580)的最大，可达到 0.933，原因是主采矿体分布于紧靠主裂面之下的黄铁绢英岩化碎裂岩带和黄铁绢英岩化花岗质碎裂岩带内，因此采矿工程大部分在断层下盘进行，断层下盘构造裂隙水为矿井的直接充水水源。断层上盘构造裂隙水水样与各矿井水水样的关联度排第二，范围为 0.871～0.915，数值大，可能是由于采矿工程使得上覆岩层发生位移变形，使原本闭合的裂隙张开形成导水通道，部分断层上盘构造裂隙水通过导水通道进入矿井所导致的。基岩风化裂隙水水样与各矿井水水样的关联度排第三，都小于 0.9，范围为 0.845～0.894，数值较大，可能是由于部分基岩风化裂隙水通过断层上盘采动作用形成的导水通道或原始导水通道进入矿井所导致的。海水水样与各矿井水水样的关联度排第四，范围为 0.803～0.833，说明矿井水与海水有一定联系，其中焦家金矿－630 m 巷道突水点水样与海水水样的关联度大于－330 m 巷道突水点水样与海水水样的关联度，说明随着开采深度的增加，矿井水与海水的联系增大。第四系孔隙水水样与各矿井水水样的关联度排第五,说明第四系孔隙水与矿井水联系不大。

4.4 PCA-EWM-HCA 判别模型

同位素测试、邓氏灰色关联法只能对两组序列的相关性进行简单的分析,根据趋势判断两组序列的相关程度,而不能分析多组序列之间的相关程度,分析方法单一,综合性差,是常规的涌(突)水水源识别方法。本节在采用主成分分析法(PCA)降维提取主要的影响因子信息的基础上,采用熵权法(EWM)对所提取的主成分赋权重,并采用聚类分析法(HCA)对矿井充水水源及矿井水的水样进行分析,然后利用距离的远近来判断各含水层之间的水力联系和各主要充水水源与矿井水联系的密切程度。

4.4.1 模型理论建立

本节收集原始影响因子 23 个,分别是 Na^+ 浓度(mg/L)、Ca^{2+} 浓度(mg/L)、Mg^{2+} 浓度(mg/L)、$NH_4{}^+$ 浓度(mg/L)、Fe^{3+} 浓度(mg/L)、Fe^{2+} 浓度(mg/L)、Al^{3+} 浓度(mg/L)、Cl^- 浓度(mg/L)、$HCO_3{}^-$ 浓度(mg/L)、$SO_4{}^{2-}$ 浓度(mg/L)、$CO_3{}^{2-}$ 浓度(mg/L)、F^- 浓度(mg/L)、$NO_2{}^-$ 浓度(mg/L)、$NO_3{}^-$ 浓度(mg/L)、总硬度(mg/L)、pH 值、耗氧量(mg/L)、游离 CO_2 含量(mg/L)、水温(℃)、TDS(mg/L)、侵蚀 CO_2 含量(mg/L)、总碱度(mg/L)和 SiO_2 含量(mg/L)。取矿井充水水源及矿井水水样 52 个,利用主成分分析法对原始影响因子降维,提取涵盖大部分原始信息的主成分,并利用熵权法对提取的主成分进行加权,进而建立指标体系,最后采用聚类分析法确定矿井充水水源与矿井水间的联系。本研究采用 SPSS 软件的 Q 型聚类的欧氏距离进行判别,模型的流程图如图 4-43 所示。该方法可提高分析结果的清晰度,减小因判别距离模糊而造成的分析难度,更有利于矿井水及含水层水间水力联系的判断。

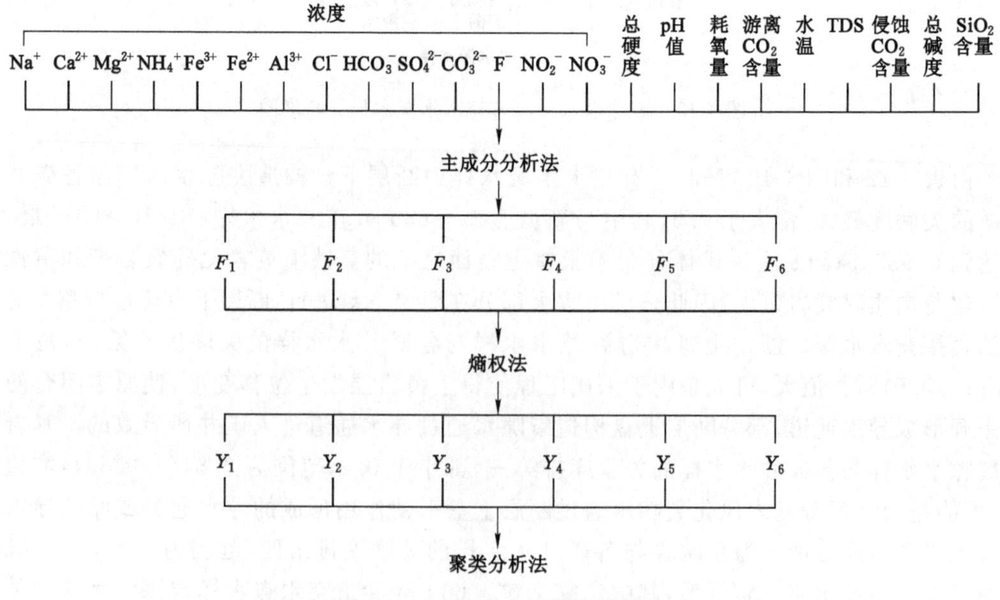

图 4-43 矿井水水源判别流程图

(1) 主成分分析法

主成分分析法是一种多变量统计分析方法,其基本思想是数据降维。通过正交变换,将原始数据中存在信息叠加的多个观测变量转化为几个互不相关的聚集变量,提取特征信息,多个相关变量也必须在尽可能少的信息损失的基础上进行简化,因此特征值越大则在该方向上携带的原有数据的信息越多,该成分也就越重要。

① 将每个样本作为一个行向量,多个样本的同一判别指标纵向联合,构成样本矩阵。假设有 n 个水化学样本,每个样本含有 p 个判别指标,构成 n 行 p 列的样本矩阵。其中每一行代表一个样本。

② 对样本矩阵进行标准化处理,消除量纲影响。标准化公式如下:

$$X_i = \frac{x_i - \min(x_i)}{\max(x_i) - \min(x_i)} \tag{4-20}$$

式中　X_i ——归一化后数据;

x_i ——归一化前的原始数据;

$\min(x_i)$ ——归一化前原始数据的最小值;

$\max(x_i)$ ——归一化前原始数据的最大值;

最终的标准化样本矩阵为:$\boldsymbol{X} = (X_1, X_2, \cdots, X_p)_{n \times p}$。

③ 求解的样本的协方差矩阵为 $\Sigma = \sum (s_{ij})_{p \times p}$,其中:

$$s_{ij} = \frac{1}{n-1} \sum_k (x_{ki} - \overline{X_i})(x_{ki} - \overline{X_j}) \tag{4-21}$$

式中　x_{ki} ——样本矩阵第 k 行第 i 列的元素;

$\overline{X_i}$ ——样本矩阵第 i 列的平均值;

$\overline{X_j}$ ——样本矩阵第 j 行的平均值。

④ 利用奇异值分解,求解样本数据协方差矩阵 Σ 的特征值 λ_i 及特征向量 ∂_i。

⑤ 利用特征向量构造投影矩阵对特征值 λ_i 进行排序,选择前 k 个特征值对应的特征向量构成投影矩阵:

$$\boldsymbol{Y} = (\partial_{m1}, \partial_{m2}, \cdots, \partial_{mk})_{p \times k} \tag{4-22}$$

式中　∂_{mk} ——排序第 k 的特征值 λ_k 所对应的特征向量;

$\boldsymbol{Y}$ ——投影矩阵。

⑥ 利用投影矩阵对数据进行降维,得到每个特征根的贡献率和主成分载荷矩阵。

(2) 熵权法[131]

确定评价对象及评价指标的个数,创建多对象多指标的评价矩阵:

$$\boldsymbol{R}' = \begin{bmatrix} \gamma_{11}{}' & \gamma_{12}{}' & \cdots & \gamma_{1n}{}' \\ \gamma_{21}{}' & \gamma_{22}{}' & \cdots & \gamma_{2n}{}' \\ \vdots & \vdots & & \vdots \\ \gamma_{m1}{}' & \gamma_{m2}{}' & \cdots & \gamma_{mn}{}' \end{bmatrix} \tag{4-23}$$

依据公式 $\gamma_{ij} = \frac{\gamma_{ij}{}' - \min(\gamma_{ij}{}')}{\max(\gamma_{ij}{}') - \min(\gamma_{ij}{}')}$,对评价矩阵 $\boldsymbol{R}'$ 进行无量纲化处理后可得标准化矩阵 $\boldsymbol{R} = (\gamma_{ij})_{m \times n}$。

依据公式 $f_{ij}=\dfrac{\gamma_{ij}}{\sum\limits_{j=1}^{n}\gamma_{ij}}(i=1,2,\cdots,n;j=1,2,\cdots,m)$，对标准化矩阵 $\boldsymbol{R}$ 进行归一化处理可得第 i 个评价指标的熵值：

$$H_i=-\frac{1}{\ln m}\sum_{j=1}^{m}f_{ij}\ln f_{ij} \tag{4-24}$$

则第 i 个评价指标的熵权可表示为：

$$W_i=\frac{1-H_i}{n-\sum\limits_{i=1}^{n}H_i} \tag{4-25}$$

(3) 聚类分析法

聚类分析法是一种建立分类的多元统计分析方法，能够按照在性质上的亲疏关系将文本数据在没有先验知识的情况下进行自动分类，产生多个分类结果[132]。类内部个体特征具有相似性，不同类间个体特征的差异性较大。聚类分析法是以各种距离来度量个体间的"亲属关系"。本节采用欧式距离，两个体(x,y)间的欧氏距离是两个体 k 个变量值之差的平方和的平方根，数学定义为：

$$\mathrm{EUCLID}(x,y)=\sqrt{\sum_{i=1}^{k}(x_i-y_i)^2} \tag{4-26}$$

式中　x_i ——个体 x 的第 i 个变量值；

　　　y_i ——个体 y 的第 i 个变量值。

4.4.2 数据准备

矿井涌(突)水水源评价的原始指标分别是 Na^+ 浓度、Ca^{2+} 浓度、Mg^{2+} 浓度、$NH_4{}^+$ 浓度、Fe^{3+} 浓度、Fe^{2+} 浓度、Al^{3+} 浓度、Cl^- 浓度、$HCO_3{}^-$ 浓度、$SO_4{}^{2-}$ 浓度、$CO_3{}^{2-}$ 浓度、F^- 浓度、$NO_2{}^-$ 浓度、$NO_3{}^-$ 浓度、总硬度、pH 值、耗氧量、游离 CO_2 含量、水温、TDS、侵蚀 CO_2 含量、总碱度和 SiO_2 含量。本次海水使用标准海水的水化学组分特征。据各含水层水和矿井水水样的水化学组分特征(表 4-13)可知，平均浓度较大的指标变异系数较小，浓度较小的指标变异系数较大，大部分数据的变异系数较小，可以做进一步的数据分析。

表 4-13　水样水化学组分特征

水化学指标	第四系孔隙水水样			基岩风化裂隙水水样			断层上盘构造裂隙水水样			断层下盘构造裂隙水水样			矿井水水样		
	平均值	标准差	变异系数	平均值	标准差	变异系数	平均值	标准差	变异系数	平均值	标准差	变异系数	平均值	标准差	变异系数
Na^+ 浓度/(mg/L)	74.81	20.14	0.27	118.75	40.11	0.34	92.68	62.57	0.68	130.69	39.37	0.30	615.87	844.56	1.37
Ca^{2+} 浓度/(mg/L)	141.31	34.53	0.24	279.70	83.95	0.30	94.47	29.55	0.31	88.18	34.22	0.39	337.87	529.67	1.57
Mg^{2+} 浓度/(mg/L)	17.66	5.37	0.30	42.61	12.35	0.29	18.59	10.04	0.54	20.27	6.27	0.31	29.87	25.19	0.84

表 4-13(续)

水化学指标	第四系孔隙水水样			基岩风化裂隙水水样			断层上盘构造裂隙水水样			断层下盘构造裂隙水水样			矿井水水样		
	平均值	标准差	变异系数	平均值	标准差	变异系数	平均值	标准差	变异系数	平均值	标准差	变异系数	平均值	标准差	变异系数
NH_4^+浓度/(mg/L)	0	0	0	0.00	0.01	3.00	0.05	0.09	1.75	0.12	0.12	1.05	0.16	0.20	1.22
Fe^{3+}浓度/(mg/L)	0.01	0.03	2.24	0.01	0.02	2.41	0.04	0.07	1.71	0.11	0.14	1.31	0.18	0.19	1.05
Fe^{2+}浓度/(mg/L)	0	0	0	0.01	0.02	2.65	0.05	0.05	1.00	0.02	0.02	1.04	0.19	0.36	1.88
Al^{3+}浓度/(mg/L)	0	0	0	0.00	0.01	3.00	0.00	0.00	3.00	0.00	0.00	2.83	0.01	0.01	0.77
Cl^-浓度/(mg/L)	146.54	39.27	0.27	530.00	188.30	0.36	206.58	142.23	0.69	277.01	116.29	0.42	1 497.40	2 295.37	1.53
HCO_3^-浓度/(mg/L)	243.11	22.13	0.09	284.98	101.58	0.36	242.73	34.45	0.14	205.22	45.50	0.22	140.28	72.54	0.52
SO_4^{2-}浓度/(mg/L)	95.32	27.28	0.29	96.96	64.92	0.67	35.57	13.64	0.38	58.21	19.80	0.34	92.79	65.32	0.70
CO_3^{2-}浓度/(mg/L)	0	0	0	0	0	0	1.49	4.22	2.83	1.69	4.47	2.65	1.12	3.16	2.83
F^-浓度/(mg/L)	0.47	0.14	0.29	0.38	0.31	0.79	0.89	0.35	0.39	0.98	0.38	0.39	2.05	0.75	0.37
NO_2^-浓度/(mg/L)	0.01	0.01	1.12	0.28	0.51	1.80	0.26	0.62	2.43	0.05	0.09	1.81	0.13	0.22	1.66
NO_3^-浓度/(mg/L)	80.59	33.87	0.42	77.60	70.09	0.90	3.46	2.93	0.85	0.49	0.67	1.38	17.10	16.18	0.95
总硬度/(mg/L)	425.57	76.70	0.18	808.24	384.83	0.48	62.43	20.28	0.32	60.68	21.14	0.35	866.16	1 455.26	1.68
pH 值	7.53	0.23	0.03	7.64	0.11	0.01	7.47	0.28	0.04	7.55	0.34	0.04	7.39	0.31	0.04
耗氧量/(mg/L)	1.29	0.69	0.54	2.48	1.15	0.46	2.32	1.30	0.56	2.42	1.48	0.61	1.83	1.78	0.97
游离 CO_2 含量/(mg/L)	4.42	1.94	0.44	10.21	8.33	0.82	9.02	6.38	0.71	5.53	4.24	0.77	2.64	1.78	0.67
水温/℃	14.22	1.17	0.82	16.00	0.00	0.00	16.63	1.94	0.12	18.56	3.88	0.21	17.00	0.50	0.03
TDS/(mg/L)	729.92	151.13	0.21	1 303.15	337.32	0.26	610.26	243.79	0.40	672.14	198.64	0.30	2 680.74	3 680.50	1.37

表 4-13(续)

水化学指标	第四系孔隙水水样			基岩风化裂隙水水样			断层上盘构造裂隙水水样			断层下盘构造裂隙水水样			矿井水水样		
	平均值	标准差	变异系数	平均值	标准差	变异系数	平均值	标准差	变异系数	平均值	标准差	变异系数	平均值	标准差	变异系数
侵蚀 CO_2 含量/(mg/L)	2.35	2.35	1.00	1.68	2.93	1.74	4.22	7.17	1.69	0.22	0.39	1.81	1.48	3.01	2.03
总碱度/(mg/L)	207.86	28.57	0.14	227.73	85.74	0.00	11.23	1.31	0.12	8.15	2.09	0.26	65.24	44.78	0.69
SiO_2 含量/(mg/L)	13.27	5.30	0.40	15.56	3.15	0.20	18.70	2.79	0.15	15.84	8.14	0.51	15.55	5.84	0.38

本节利用 SPSS 软件基于主成分分析法对原始数据进行降维。由表 4-14 可以看出，各判别因子所提取的信息中，Na^+ 浓度所占比重最大，游离 CO_2 含量所占比重最小，说明 Na^+ 浓度所含重复信息最少，游离 CO_2 含量所含重复信息最多。每个判别因子重新标度后所提取的公因子方差皆在 0.6 及以上，每个影响因子都提取了一半以上的信息，涵盖信息量较大。由图 4-44 可以看出，第一个特征值最大，涵盖信息最多，此后依次减少。其中前 6 个成分的碎石图趋势与后 17 个成分的有明显的不同，说明到第 6 个成分后是整个碎石图的转折点，将整个主成分碎石图分割开来，其后成分所包含的信息量较少，可以提取前 6 个成分作为主成分进行后续的分析。

表 4-14 公因子方差

水化学指标	原始		重新标度	
	初始	提取	初始	提取
Na^+ 浓度	2.300	2.266	1.000	0.985
Ca^{2+} 浓度	0.232	0.165	1.000	0.711
Mg^{2+} 浓度	3.140	3.077	1.000	0.980
$NH_4{}^+$ 浓度	6.388	6.352	1.000	0.905
Fe^{3+} 浓度	3.599	3.540	1.000	0.984
Fe^{2+} 浓度	2.722	2.630	1.000	0.966
Al^{3+} 浓度	0.337	0.301	1.000	0.892
Cl^- 浓度	0.982	0.961	1.000	0.979
$HCO_3{}^-$ 浓度	0.990	0.818	1.000	0.826
$SO_4{}^{2-}$ 浓度	1.309	1.282	1.000	0.979
$CO_3{}^{2-}$ 浓度	4.629	4.533	1.000	0.979
F^- 浓度	1.416	0.902	1.000	0.637
$NO_2{}^-$ 浓度	2.068	2.007	1.000	0.971
$NO_3{}^-$ 浓度	0.064	0.040	1.000	0.627

表 4-14(续)

水化学指标	原始		重新标度	
	初始	提取	初始	提取
总硬度	0.558	0.512	1.000	0.918
pH 值	1.828	1.716	1.000	0.939
耗氧量	1.526	1.142	1.000	0.748
游离 CO_2 含量	0.172	0.103	1.000	0.600
水温	1.079	0.860	1.000	0.797
TDS	1.085	1.067	1.000	0.984
侵蚀 CO_2 含量	0.880	0.594	1.000	0.675
总碱度	0.886	0.649	1.000	0.733
SiO_2 含量	0.670	0.468	1.000	0.699

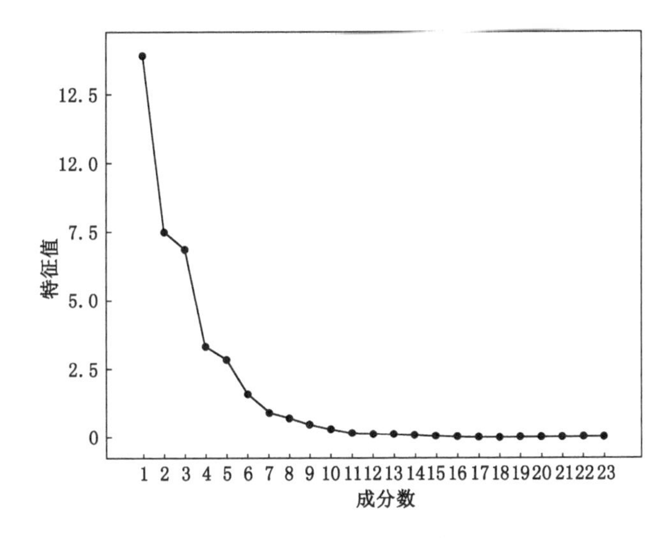

图 4-44 主成分分析碎石图

结合主成分碎石图,提取特征值大于 1 的前 6 个成分作为数据分析的主成分,分别记作 F_1、F_2、F_3、F_4、F_5、F_6。由表 4-15 可知,特征值 $\lambda_1=13.913$,$\lambda_2=7.488$,$\lambda_3=6.849$,$\lambda_4=3.330$,$\lambda_5=2.824$,$\lambda_6=1.583$,前 6 个主成分的累计贡献率达到了 92.603%,大于 90%,涵盖了数据的绝大部分的信息,分析效果比较理想,说明可以用前 6 个主成分代表最初的 23 个水化学指标来进行接下来的矿井涌(突)水水源判别分析。

表 4-15 总方差解释

成分	初始特征值			提取平方和载入		
	合计	方差/%	累计贡献率/%	合计	方差/%	累计贡献率/%
1	13.913	35.802	35.802	13.913	35.802	35.802
2	7.488	19.269	55.070	7.488	19.269	55.070

表 4-15(续)

成分	初始特征值			提取平方和载入		
	合计	方差/%	累计贡献率/%	合计	方差/%	累计贡献率/%
3	6.849	17.624	72.694	6.849	17.624	72.694
4	3.330	8.569	81.263	3.330	8.569	81.263
5	2.824	7.268	88.531	2.824	7.268	88.531
6	1.583	4.073	92.603	1.583	4.073	92.603
7	0.890	2.291	94.895	—	—	—
8	0.706	1.816	96.711	—	—	—
9	0.443	1.141	97.852	—	—	—
10	0.285	0.734	98.586	—	—	—
11	0.167	0.430	99.016	—	—	—
12	0.132	0.340	99.356	—	—	—
13	0.108	0.278	99.634	—	—	—
14	0.068	0.174	99.808	—	—	—
15	0.043	0.110	99.918	—	—	—
16	0.017	0.044	99.962	—	—	—
17	0.010	0.025	99.987	—	—	—
18	0.003	0.007	99.994	—	—	—
19	0.001	0.003	99.997	—	—	—
20	0.001	0.003	100.000	—	—	—
21	7.107×10^{-5}	0.000	100.000	—	—	—
22	3.481×10^{-16}	8.957×10^{-16}	100.000	—	—	—
23	9.609×10^{-17}	2.473×10^{-16}	100.000	—	—	—

各主成分得分系数的计算公式如下：

$$\boldsymbol{F}_i = \frac{\boldsymbol{\sigma}}{\sqrt{\lambda_i}} \quad (i = 1,2,\cdots,6) \tag{4-27}$$

式中 $\boldsymbol{F}_i$ ——各主成分得分系数；

λ_i ——各主成分的特征值；

$\boldsymbol{\sigma}$ ——各主成分的载荷向量，见表 4-16。

表 4-16 主成分载荷矩阵

水化学指标	主成分					
	1	2	3	4	5	6
Na^+浓度	1.403	−0.074	0.243	0.107	−0.455	−0.118
Ca^{2+}浓度	0.145	0.326	0.146	−0.074	0.040	−0.096
Mg^{2+}浓度	0.760	0.965	0.367	−0.924	0.029	0.761

表 4-16(续)

水化学指标	主成分					
	1	2	3	4	5	6
NH_4^+浓度	2.060	−1.221	−0.735	−0.070	−0.241	0.111
Fe^{3+}浓度	1.139	1.142	0.628	0.512	0.522	−0.091
Fe^{2+}浓度	0.768	−0.605	−0.544	0.213	1.109	0.319
Al^{3+}浓度	0.277	−0.299	−0.037	0.091	0.329	0.128
Cl^-浓度	0.877	0.226	0.285	−0.074	−0.223	−0.063
HCO_3^-浓度	−0.101	0.164	−0.548	0.681	0.076	−0.103
SO_4^{2-}浓度	1.013	−0.426	−0.073	0.115	−0.233	0.037
CO_3^{2-}浓度	−0.325	−1.155	1.724	0.273	0.032	0.210
F^-浓度	−0.137	0.059	0.385	0.692	−0.420	0.278
NO_2^-浓度	0.840	0.810	0.684	0.187	0.217	−0.310
NO_3^-浓度	−0.086	−0.010	0.027	−0.175	0.021	0.026
总硬度	0.630	0.223	0.049	−0.228	0.081	0.066
pH 值	0.081	−0.772	1.016	−0.076	0.273	0.025
耗氧量	0.026	0.391	−0.181	0.659	−0.480	0.540
游离 CO_2 含量	−0.035	0.197	−0.180	0.166	−0.036	0.043
水温	0.757	0.156	0.116	0.470	0.116	−0.125
TDS	0.958	0.158	0.239	−0.043	−0.248	−0.062
侵蚀 CO_2 含量	0.582	−0.027	−0.162	−0.236	0.160	−0.383
总碱度	−0.094	0.226	−0.475	0.487	0.082	0.346
SiO_2 含量	−0.497	0.055	−0.029	0.060	0.437	0.152

求得各主成分解析表达式如下：

$$F_1 = 0.376X_1 + 0.039X_2 + 0.204X_3 + 0.552X_4 + 0.305X_5 + 0.206X_6 + 0.074X_7 + 0.235X_8 - 0.027X_9 + 0.272X_{10} - 0.087X_{11} - 0.037X_{12} + 0.225X_{13} - 0.023X_{14} + 0.169X_{15} + 0.022X_{16} + 0.007X_{17} - 0.009X_{18} + 0.203X_{19} + 0.257X_{20} + 0.156X_{21} - 0.025X_{22} - 0.133X_{23} \tag{4-28}$$

$$F_2 = -0.027X_1 + 0.119X_2 + 0.353X_3 - 0.446X_4 + 0.417X_5 - 0.221X_6 - 0.109X_7 + 0.083X_8 - 0.060X_9 - 0.156X_{10} - 0.422X_{11} + 0.022X_{12} + 0.296X_{13} - 0.004X_{14} + 0.081X_{15} - 0.282X_{16} + 0.143X_{17} + 0.072X_{18} + 0.057X_{19} + 0.058X_{20} - 0.010X_{21} + 0.083X_{22} + 0.020X_{23} \tag{4-29}$$

$$F_3 = 0.093X_1 + 0.056X_2 + 0.140X_3 - 0.281X_4 + 0.240X_5 - 0.208X_6 - 0.014X_7 + 0.109X_8 - 0.209X_9 - 0.028X_{10} + 0.659X_{11} + 0.147X_{12} + 0.261X_{13} + 0.010X_{14} + 0.019X_{15} + 0.388X_{16} - 0.069X_{17} - 0.069X_{18} + 0.044X_{19} + 0.091X_{20} - 0.062X_{21} - 0.182X_{22} - 0.011X_{23} \tag{4-30}$$

$$F_4 = 0.059X_1 - 0.041X_2 - 0.506X_3 - 0.038X_4 + 0.281X_5 + 0.117X_6 + 0.050X_7 -$$

$$0.041X_8+0.373X_9+0.063X_{10}+0.150X_{11}+0.379X_{12}+0.102X_{13}-0.096X_{14}-0.125X_{15}-0.042X_{16}+0.361X_{17}+0.091X_{18}+0.258X_{19}-0.024X_{20}-0.129X_{21}+0.267X_{22}+0.033X_{23} \tag{4-31}$$

$$F_5=-0.271X_1+0.024X_2+0.017X_3-0.143X_4+0.311X_5+0.660X_6+0.196X_7-0.133X_8+0.045X_9-0.139X_{10}+0.019X_{11}-0.250X_{12}+0.129X_{13}+0.012X_{14}+0.081X_{15}+0.162X_{16}-0.286X_{17}-0.021X_{18}+0.069X_{19}-0.148X_{20}+0.095X_{21}+0.049X_{22}+0.260X_{23} \tag{4-32}$$

$$F_6=-0.094X_1-0.076X_2+0.605X_3+0.088X_4-0.072X_5+0.254X_6+0.102X_7-0.050X_8-0.082X_9+0.029X_{10}+0.167X_{11}+0.221X_{12}-0.246X_{13}+0.021X_{14}+0.052X_{15}+0.020X_{16}+0.429X_{17}+0.034X_{18}-0.099X_{19}-0.049X_{20}-0.304X_{21}+0.275X_{22}+0.121X_{23} \tag{4-33}$$

将标准化后的各指标数据($X_1 \sim X_{23}$)代入 6 个主成分解析表达式中,分别计算得到各个样本的 6 个主成分得分。将各主成分得分值按照熵权法计算得到的权重进行加权,所得各主成分的权重记作 $W_i(i=1,2,\cdots,6)$(表 4-17)。本节利用 MATLAB 软件所编写的程序计算熵权。将加权后的主成分得分分别记作 Y_1,Y_2,Y_3,Y_4,Y_5,Y_6,计算公式如下:

$$Y_i=W_i \cdot F_i \quad (i=1,2,3,\cdots,6) \tag{4-34}$$

表 4-17 熵值和熵权

熵值/熵权	主成分 1	主成分 2	主成分 3	主成分 4	主成分 5	主成分 6
$H_i(i=1,2,\cdots,6)$	0.176 6	0.166 4	0.161 6	0.163 8	0.171 9	0.159 6
$W_i(i=1,2,\cdots,6)$	0.143 3	0.174 7	0.197 9	0.166 9	0.164 4	0.152 8

计算得到的各水样加权后的主成分得分如表 4-18 所列(为便于结果的展示,将第四系孔隙水水样简写为第四系,基岩风化裂隙水水样简写为基岩风化,断层上盘构造裂隙水水样简写为断层上盘,断层下盘构造裂隙水水样简写为断层下盘,矿井水水样简写为矿井水,下同)。将使用本数据进行后续的矿井水源判别分析。

表 4-18 各水样加权后的主成分得分

水样	Y_1	Y_2	Y_3	Y_4	Y_5	Y_6
第四系 1	−0.14	−0.05	−0.03	−0.04	0.04	−0.11
第四系 2	−0.13	−0.06	−0.05	−0.01	0.03	−0.12
第四系 3	−0.15	−0.07	−0.03	−0.04	0.04	−0.12
第四系 4	−0.15	−0.02	−0.11	−0.07	−0.01	−0.12
第四系 5	−0.14	−0.01	−0.10	−0.01	0.01	−0.10
第四系 6	−0.13	−0.02	−0.09	−0.09	0.01	−0.08
第四系 7	−0.13	−0.08	−0.03	−0.02	0.02	−0.04
第四系 8	−0.12	−0.08	−0.01	0.03	0.03	0

表 4-18(续)

水样	Y_1	Y_2	Y_3	Y_4	Y_5	Y_6
第四系 9	−0.16	−0.06	−0.08	0	0.04	−0.10
第四系 10	−0.10	−0.06	−0.12	−0.01	0.12	−0.05
第四系 11	−0.07	0.01	−0.08	−0.10	0.04	−0.04
第四系 12	−0.05	0	−0.08	−0.14	0.02	−0.03
第四系 13	−0.03	−0.06	−0.06	−0.09	−0.03	−0.03
第四系 14	−0.01	−0.03	−0.12	−0.04	−0.01	0
基岩风化 1	−0.05	−0.03	−0.13	−0.04	0.09	−0.03
基岩风化 2	−0.01	−0.01	−0.03	−0.11	0	−0.02
基岩风化 3	−0.07	−0.05	−0.08	−0.08	0.12	−0.03
基岩风化 4	0	0	0.02	−0.16	0.01	−0.03
基岩风化 5	0.03	0.01	−0.08	−0.02	0.01	0.02
基岩风化 6	−0.02	−0.04	−0.08	−0.06	0.01	0.01
基岩风化 7	−0.11	0	−0.08	−0.04	−0.02	−0.03
基岩风化 8	−0.03	0	−0.14	−0.01	0	−0.04
断层上盘 1	0.03	0	0.07	0.12	−0.04	−0.12
断层上盘 2	−0.06	−0.01	−0.04	0.09	0.01	−0.01
断层上盘 3	−0.05	−0.10	0.17	0.09	−0.10	−0.04
断层上盘 4	0.01	0.11	−0.06	0.14	0.01	0
断层上盘 5	0.34	0.37	0.23	−0.11	−0.29	0.13
断层上盘 6	0.29	0.25	0.15	−0.19	−0.12	0.13
断层上盘 7	0.73	0.51	0.26	0.26	−0.80	0.40
断层上盘 8	0.73	0.16	0.45	−0.06	−0.56	−0.18
断层上盘 9	0.07	−0.01	−0.04	0.10	−0.01	−0.33
断层上盘 10	0.10	0.16	0	0.06	−0.12	0.01
断层下盘 1	−0.01	0	0.10	0.16	−0.12	−0.05
断层下盘 2	0.04	0	0.10	0.33	−0.04	−0.12
断层下盘 3	−0.02	0.02	0.04	0.20	−0.18	0.06
断层下盘 4	−0.07	0.01	0.01	0.21	−0.06	−0.02
断层下盘 5	−0.02	0	−0.01	0.06	0.06	−0.06
断层下盘 6	−0.08	0	−0.01	0.08	−0.03	−0.04
断层下盘 7	−0.11	−0.05	0.04	0.15	−0.01	−0.02
断层下盘 8	−0.15	−0.13	0.17	0.02	−0.02	−0.02

表 4-18(续)

水样	Y_1	Y_2	Y_3	Y_4	Y_5	Y_6
断层下盘 9	−0.01	0.16	−0.01	−0.10	−0.12	0.05
断层下盘 10	0.37	0.41	0.17	−0.35	−0.22	0.13
断层下盘 11	0.38	0.35	0.30	−0.31	−0.22	0.13
断层下盘 12	0.11	0.14	0.13	0.02	−0.16	0.01
矿井水 1	−0.08	−0.03	0.02	0.16	0.03	−0.06
矿井水 2	−0.12	−0.09	0.10	0.05	−0.01	0
矿井水 3	0.10	0.14	−0.05	−0.01	0.06	0.04
矿井水 4	0.22	0.28	0.24	−0.39	−0.24	0.17
矿井水 5	1.57	−0.61	−0.46	0.41	−0.35	−0.04
矿井水 6	−0.08	−0.03	0.02	0.16	0.03	−0.06
矿井水 7	0.05	0.16	0.06	−0.23	−0.15	0.03
矿井水 8	0.07	−0.08	0.13	0.15	−0.14	0
海水	−0.06	0.01	0.09	0.12	−0.07	−0.03

4.4.3 分析判别

基于 SPSS 软件进行 Q 型聚类分析，结果如图 4-45 所示。

由图 4-45 可以看出，最后 3 个水样距离其他水样较远，所以不再参与分类，将其余水样按距离远近分为以下三类。

第一类细分为 2 组，即组 1、组 2。由组 1 可得，3 个断层上盘构造裂隙水水样、7 个断层下盘构造裂隙水水样、4 个矿井水水样和海水比较接近。其中断层下盘 7 和海水最接近，断层下盘 6 和断层上盘 2 最接近；断层上盘 3、断层下盘 8 和矿井水 2 接近，断层上盘 1 和断层下盘 1 接近，断层上盘 2、断层下盘 4、断层下盘 5、断层下盘 6、断层下盘 7、矿井水 1、矿井水 6 和海水接近；断层下盘 3 和矿井水 8 比较接近。这说明海水与断层下盘构造裂隙水存在密切水力联系，断层上、下盘含水层之间存在密切的水力联系，断层上、下盘构造裂隙水与矿井水联系密切，断层上盘构造裂隙水与海水有一定的联系。由组 2 可得，14 个第四系孔隙水水样与 8 个基岩风化裂隙水水样比较接近，其中第四系 10 和基岩风化 1，第四系 14 和基岩风化 6 最接近。这说明第四系孔隙水与基岩风化裂隙水联系密切。

第二类由组 3、组 5 构成，可得断层上盘 10 和断层下盘 12 比较接近，断层上盘 4 和矿井水 3 比较接近，断层下盘 9 和矿井水 7 比较接近，断层下盘 10、断层下盘 11 和矿井水 4 比较接近。这说明断层上、下盘构造裂隙水联系密切，矿井水来源于断层上、下盘构造裂隙水。

第三类由组 4 组成，可得断层上盘 9 和断层下盘 2 比较接近。这说明断层上、下盘构造裂隙水联系密切。

综上所述，矿井水的主要来源是断层下盘构造裂隙水，其次是断层上盘构造裂隙水，矿井水与基岩风化裂隙水和第四系孔隙水联系不大。由于金矿开采破坏了由断层泥构成的阻水带，断层上盘构造裂隙水在重力作用下通过构造带附近裂隙流入矿井，与断层下盘构造裂隙

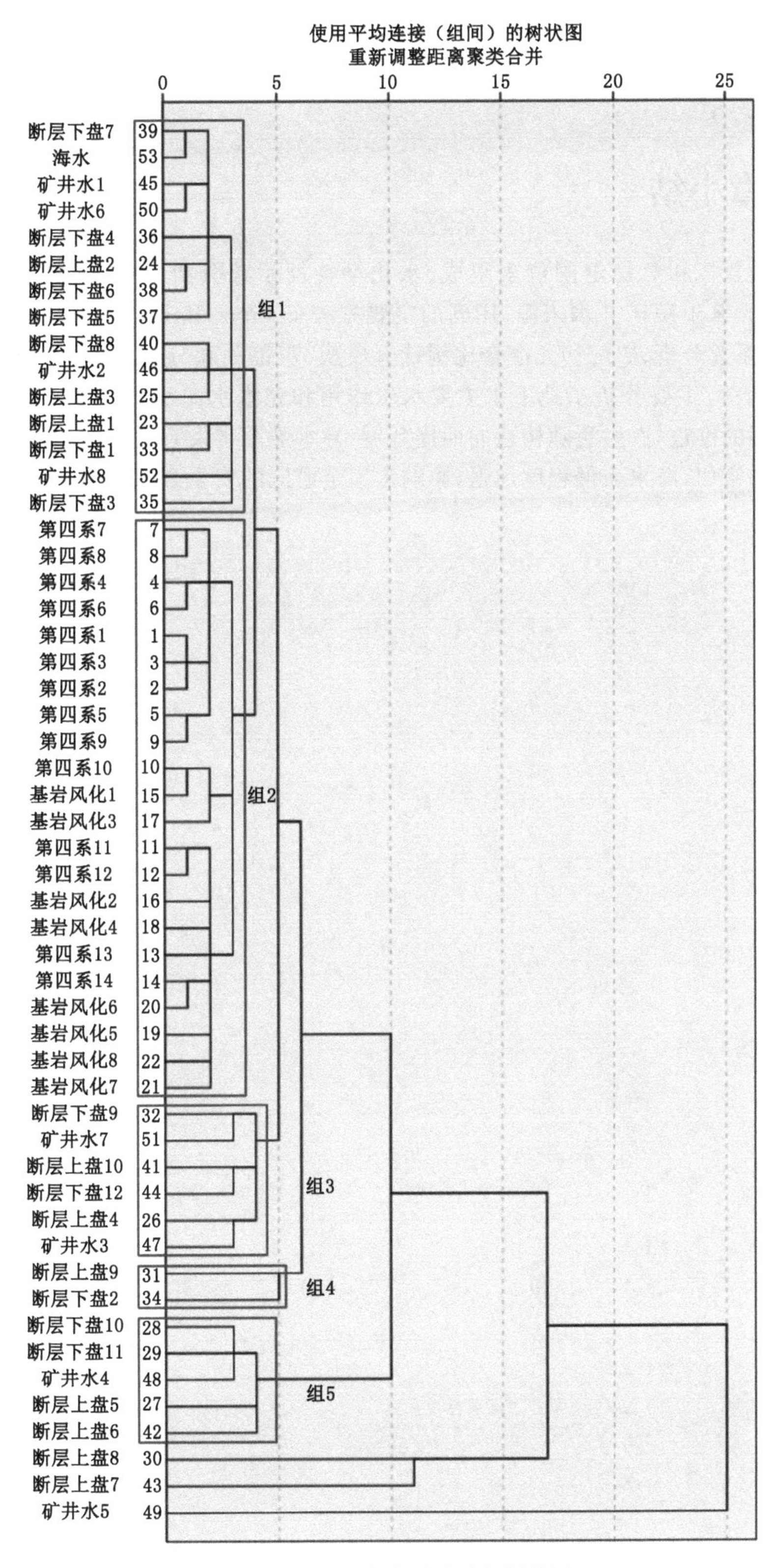

图 4-45 水化学数据聚类分析树状图

隙水形成紧密的水力联系。由于断层上盘构造裂隙含水层厚度大,基岩风化裂隙水和第四系孔隙水很难流入矿井。另外,海水与断层下盘构造裂隙水联系密切,因此,海水也是矿井水重要来源之一。

4.5 本章小结

本章通过氢氧和氯稳定同位素组成、水化学特征示踪分析、连通试验和 PAC-EWM-HCA 判别模型来追踪矿井水来源,用到的主要方法有 Piper 和 Durov 三线图判别、因子分析、离子比例系数分析、二(三)元混合比例计算模型、灰色关联分析、主成分分析、熵权法和系统聚类分析等,主要分析了地下水主要水岩作用和充水水源水化学特征及其演化规律。随着开采工程的推进,次生裂隙构造向四周延展,导水裂隙带发育高度增加,断层上、下盘含水层联系更加密切,海水入侵程度加强,影响焦家金矿区的安全开采。

5 地下水流场特征、涌水量预测及溶质运移规律

本次研究综合分析区内地形、地层、岩性、地质构造条件、水位、水化学等资料，采用国际通用的可视化软件 GMS，建立了焦家金矿区三维地下水数值模型，用于预测不同条件、不同开采强度下的地下水演化趋势，精确预测不同时段、不同开采深度的矿井涌水量，探究溶质运移规律及其发展趋势，以便于研究多个矿山干扰疏干排水情况下各矿山地下水的相互作用，查明区域地下水对多矿山干扰疏干排水的动态响应机制，对做好相关的防治水工作，把矿区开采的突水风险降到最低，最大限度保障矿区利益具有重要意义。

5.1 模型理论

5.1.1 软件简介

GMS 软件（图 5-1）整合了 MODFLOW、MODPATH、MT3D、FEMWATER、RT3D、SEEP2D、SEAM3D、UTCHEM、PEST、UCODE 等模型和程序包，可进行水流、溶质运移、反应运移模拟，还可建立三维地层实体，进行钻孔数据管理、二维（三维）地质统计等。该软件适用于三维地下水模拟，是目前国内最常用的地下水水流和溶质运移模拟软件，其以概念化方式建立水文地质概念模型，与 GIS 接口好，前、后处理功能强，软件升级快，是目前可利用的最综合的地下水建模软件，并已经被证明是目前最有效的地下水建模系统。

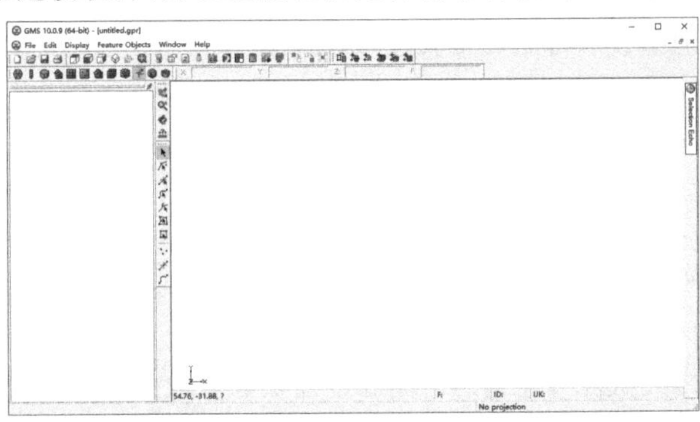

图 5-1 GMS 软件工作界面

本次模拟选用 GMS 10.0 软件中基于有限差分的 MODFLOW 模块模拟程序对区内地下水系统进行模拟[133]。MODFLOW 是英文 Modular Three-dimensional Finite-difference

Ground-water Flow Model(模块化三维有限差分地下水流动模型)的简称。MODFLOW 模块最显著的一个特点是采用了模块化的结构。一方面将许多具有类似功能的子程序组合成为子程序包,另一方面是用户可以根据模拟需要选用某些子程序包对地下水进行数值模拟。例如:模拟含水层与河流之间的水力联系用河流子程序包(RIVER);模拟湖泊与含水层之间的水力联系用湖泊子程序包(LAKE);模拟抽水井或注水井对地下水水位和含水层间的水力联系等的影响用井子程序包(WELL)。MODFLOW 模块自问世以来,已经在全世界范围内许多行业和部门得到了广泛的应用,是目前世界上最为普及的地下水运动数值模拟的计算机程序。

5.1.2 模型基本理论

通过模拟研究区内地下水补径排规律及动态变化特征,将本研究区的地下水水流概化成空间双层结构、非均质各向异性、三维非稳定地下水水流系统,通过把研究区在时间和空间上离散,建立研究区每个网格的水均衡方程式,所有网格方程联立成为一组大型的线性方程组,迭代求解方程组可以得到每个网格的水头值。

5.1.2.1 地下水流动有限差分公式数学模型

地下水数学模型,就是刻画实际地下水水流在数量、空间和时间上的一组数学关系式[134-135],常由偏微分方程及其定解条件构成。在不考虑水的密度变化的条件下,地下水在三维空间的流动可以用下面的偏微分方程组来表示:

$$
\begin{cases}
\dfrac{\partial}{\partial x}\left(K_{xx}\dfrac{\partial h}{\partial x}\right)+\dfrac{\partial}{\partial y}\left(K_{yy}\dfrac{\partial h}{\partial y}\right)+\dfrac{\partial}{\partial z}\left(K_{zz}\dfrac{\partial h}{\partial z}\right)+\varepsilon+p=0 \\
h(x,y,z)=h \qquad\qquad\qquad\qquad (x,y,z\in\Omega) \\
K_n\dfrac{\partial h}{\partial x}\bigg|_{\Gamma}=q
\end{cases}
\tag{5-1}
$$

式中 Ω——渗流区域;

K_{xx},K_{yy},K_{zz}——x,y,z 方向的渗透系数,m/d;

K_n——边界面法线方向的渗透系数,m/d;

ε——含水层的源汇项,1/d;

p——潜水面的蒸发和降水入渗强度,m/d;

h——水头值,m;

Γ——渗流区域的侧向流量边界。

从解析解的角度来说,该数学模型的解就是一个描述水头值分布的代数表达式。在所定义的空间和时间范围内,所求得的水头值 h 应满足边界条件和初始条件。但除了某些简单的情况,式(5-1)的解析解一般很难求得。因此,各种各样的数值法被用来求得式(5-1)的近似解,其中一种就是有限差分法。

在有限差分法求解过程中,连续的时间和空间被划分成一系列离散的点。在这些点上,连续的偏导数也由水头差分公式来取代。将所求的未知点联合起来,这些有限差分式构成了一个线性方程组,然后对这个线性方程组进行联立求解。这样获得的解就是水头在各个离散点上的近似解。

5.1.2.2 迭代求解

在针对解决地下水的流动问题中,常常碰到包含有上百万个未知数的线性方程组,通常采用迭代的方法进行求解。求解过程开始时,每个水头未知的计算单元都应赋给初始水头或估计水头。对于非稳定流计算,这些初始值应为已知的初始条件。初始值估计的优劣,和迭代的次数有关。如果初始水头的估计值与最终计算的结果比较接近,则可减少程序运行的时间。

在迭代过程中,每次迭代的结果都将经过处理后用于下一次的计算。不同的算法有不同的处理方法。在正常情况下,每次迭代后的水头变化逐渐减小,最终达到收敛。这样就完成了一个时间段的水头计算。是否收敛,通常由一个预先定义的收敛指标来确定。当两次迭代计算的最大水头差值小于该收敛指标时,就称之为收敛。所以计算结果的精度与收敛指标的选定有很大的关系。

因此,在每个时间段的计算过程中,计算机内存储水头的数组也不断更新。如图5-2所示,这些数组均由 $\overline{h}$ 表示。$\overline{h}$ 有两个上标,第一个上标表示当前的时间段,第二个上标表示当前的迭代次数。例如:$\overline{h}^{m,1}$ 表示时间段 m 中第一次迭代步骤之后的水头值;$\overline{h}^{m,0}$ 则表示时间段 m 的初始水头。经过 n 次迭代,才完成时间段 m 的计算。最后一次迭代后的计算结果,既作为本时间段的结果,也将作为下一个时间段 $(m+1)$ 计算的初始水头。

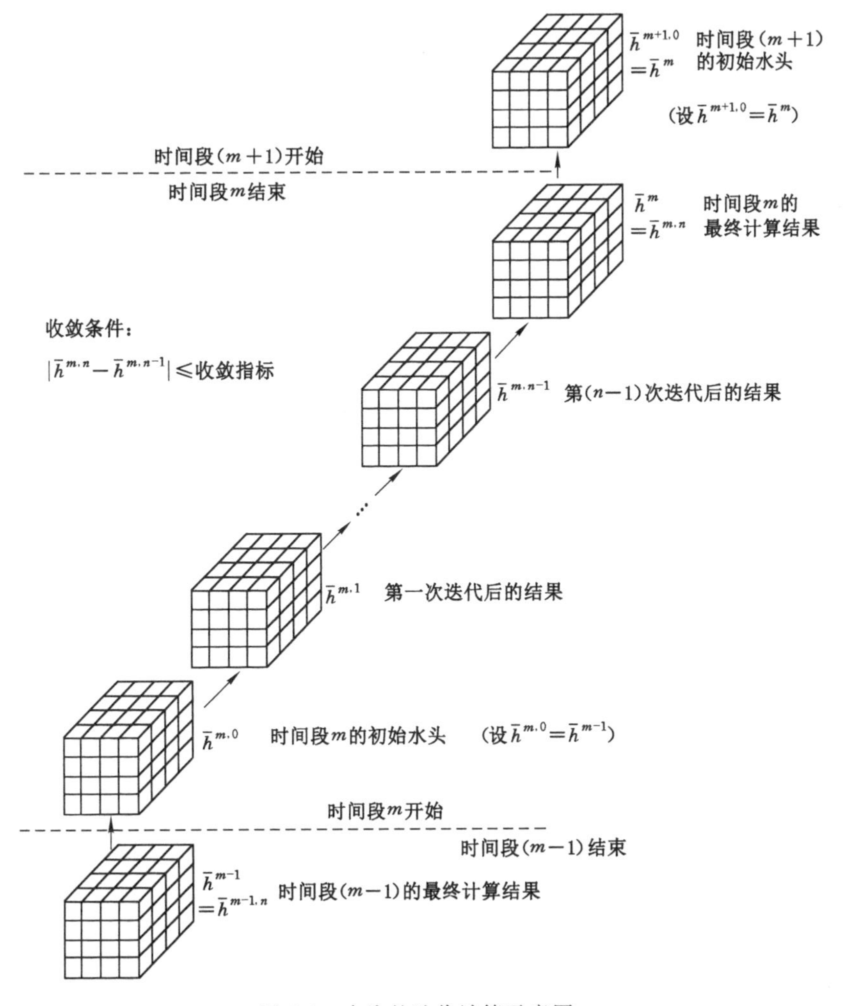

图5-2　水头的迭代计算示意图

为了防止程序无休止地迭代下去,常可采用一种间接的方法来结束迭代过程,即预计一个收敛指标和一个最大迭代次数。当相邻两次迭代计算出的水头变化的最大值小于该收敛指标时,程序就自动终止迭代而执行下一步运算指令。收敛指标指的是计算水头的变化量而非水头本身,通常收敛指标应比期望的计算精度至少小一个数量级。最大迭代次数是用来防止在不收敛的情况下,程序无休止地进行计算。如果实际的迭代次数已达到所规定的最大迭代次数而尚未收敛时,可以适当调整最大迭代次数以得到结果。但如果迭代过程中已显示出不可能收敛的趋势时,则应检查模型的结构和输入数据是否合理,并对不合理的部分进行修正后再重新计算。

在进行非稳定流计算时,初始水头的选择很重要。在 MODFLOW 模块中,每个时间段结束时的水头计算值,也将用作下一时间段计算的初始值。如图 5-2 所示,数组 $\overline{h}^{m-1,n}$ 为时间段$(m-1)$、迭代次数n时的计算水头值。当时间段$(m-1)$结束后,这些水头值将存入数组 $\overline{h}^{m,0}$,作为时间段 m 的初始水头。每次非稳定流模拟只需要在模拟开始时输入初始水头。另外,图 5-2 中所示的数组系列仅为了说明水头数组所存内容随时间的变化。在 MODFLOW 模块的程序设计时,并不需要对每次迭代开辟一个三维数组,而是使用同一个三维数组并不断更新其内容。

5.2 水文地质概念模型

5.2.1 模型范围与边界条件确定

5.2.1.1 模型范围的确定

水文地质概念模型是对研究区水文地质条件的抽象和概化,是构建地下水数值模型的基础[136]。

焦家断裂带位于烟台市境内,南邻青岛,东接威海,从行政区域上属于莱州市。焦家断裂带及附近区域地层简单,断裂构造发育,岩浆岩广布。焦家断裂带及附近含水层主要是第四系孔隙含水层和基岩裂隙含水层。其中第四系孔隙含水层主要分布在莱州湾沿岸、朱桥河及诸流河河流两侧,其余区域为基岩裂隙含水层。

根据焦家断裂带及附近区域的水文地质条件,模型范围确定为:北部边界为海岸线,南部边界为米山—金华山形成的天然分水岭,东西部边界分别为诸流河和朱桥河(图 5-3、图 5-4)。基岩裂隙含水层模拟面积约为 112 km^2,第四系孔隙含水层模拟面积约为 48 km^2。

5.2.1.2 边界条件的确定

本次研究综合区内地形、地层、岩性、地质构造条件、水位、水化学等资料并结合已有研究确定模型边界条件。

沿渤海海岸线分布的第四系孔隙含水层,因在近海地区,由于矿山大量持续排水,加剧了海水入侵的速率和范围,海水与沿岸第四系孔隙水有明显的水力联系,将该边界设为定水头边界。西部朱桥河和东部诸流河河水与两侧的第四系孔隙水发生明显的水力联系,对矿区的浅层地下水有一定的影响,设为定水头边界。南部基岩裂隙含水层在构造强烈处接受山区降水的侧向补给,补给量与降水密切相关,将该边界设定为流量边界。

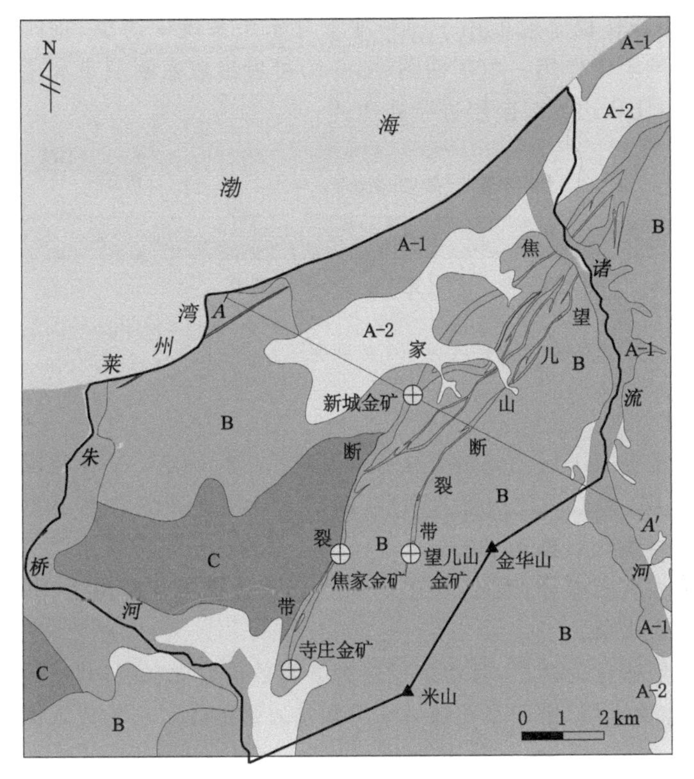

图 5-3 数值模拟范围水文地质特征

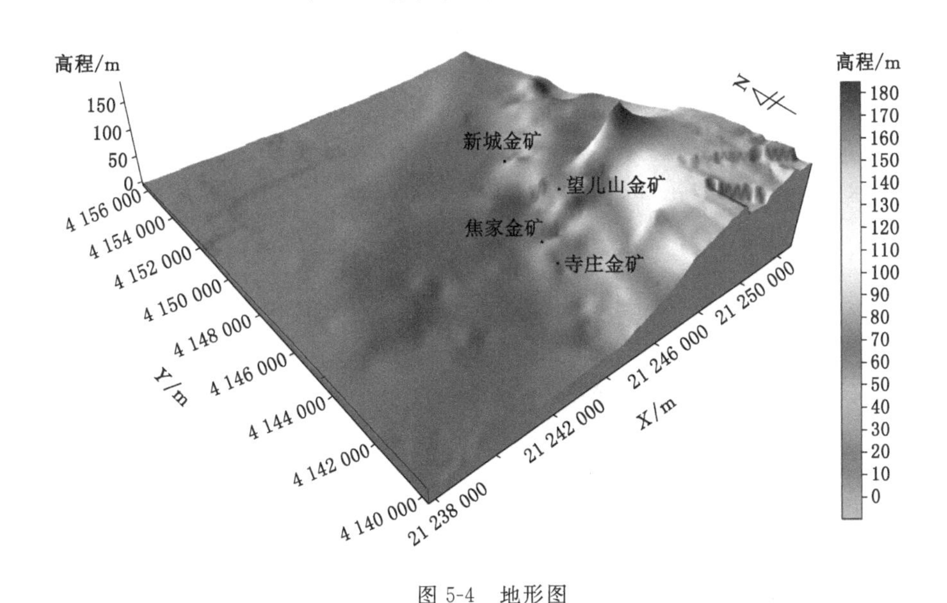

图 5-4 地形图

5.2.2 断裂带水力性质概化

在模拟区中部地区北东-西南向断裂发育，主要有焦家主干断裂带和望儿山分支断裂带，主断裂中心发育有连续稳定主裂面，主裂面以黑灰色断层泥为标志，两侧为碎裂岩，该部位导水性和富水性很差，阻水性强，对地下水水流具有控制和阻碍作用。GMS 软件的

MODFLOW 模块下的 BARRIER 程序包可用于模拟地下含水层系统中薄层、垂向和低透水性的物体对地下水水平流的阻碍作用。由剖面图(图 5-5)可看出焦家断裂带和望儿山断裂带倾角较大,故应用 BARRIER 边界对断层进行处理。

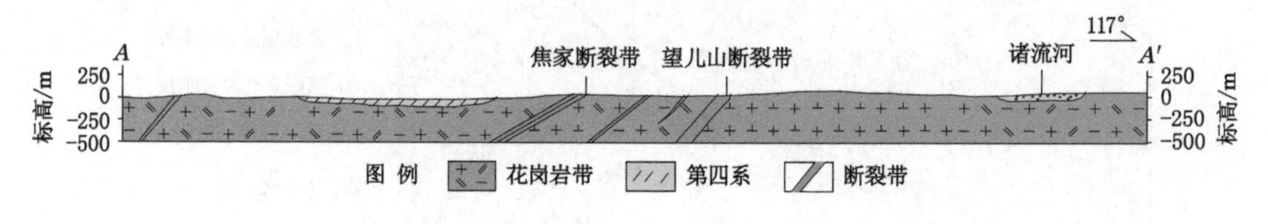

图 5-5　焦家金矿区 A—A′线剖面图

5.2.3　含水层垂向结构概化

含水层垂向结构的划分根据上下层之间是否具有水力联系进行确定。矿床范围内共有 4 种含水层:第四系孔隙含水层、基岩风化裂隙含水层、断层上盘构造裂隙含水层和断层下盘构造裂隙含水层。由于基岩风化裂隙含水层与其下伏的各基岩构造裂隙含水层呈过渡关系,水力特征相同,只是富水性有所差异,因此,将基岩风化裂隙含水层及断层上、下盘构造裂隙含水层概化为基岩裂隙含水层。

数值模拟垂向上将含水层概化为两层,其中第一层为第四系孔隙含水层,其顶板标高为地面标高,第二层为基岩裂隙含水层,第四系孔隙含水层和基岩裂隙含水层构成数值模拟的广义含水层。

模拟区内地形东南高、西北低,地面标高范围为 0～160 m(图 5-6),第四系孔隙含水层底板标高范围为－20～85 m(图 5-7),基岩裂隙含水层底板标高范围为－1 400～－500 m(图 5-8),区内部分地区基岩出露,第四系缺失。其中第四系及基岩出露区可以接受大气降水及地表水的渗漏补给,第四系孔隙水和基岩裂隙水存在着一定的水力联系。隔水岩体主要位于花岗岩风化裂隙含水层之下,厚度大于 1 000 m,岩石硬度大,构造裂隙不发育,透水性差,单位涌水量小于 0.001 L/(s・m),是以二长花岗岩为主体的隔水底板,因此将二长花

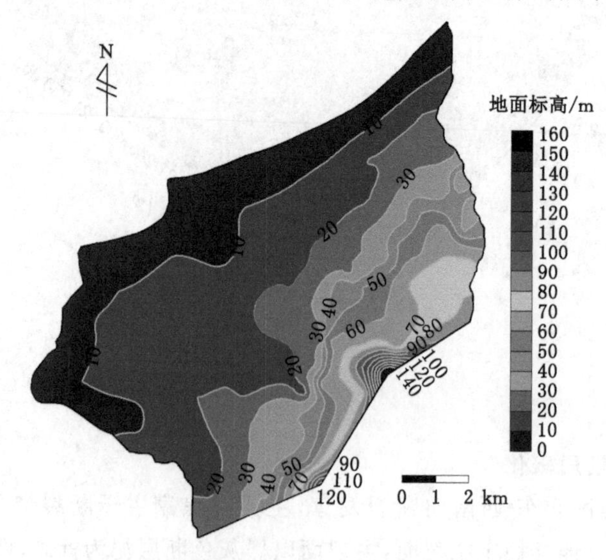

图 5-6　地面标高等值线图

岗岩隔水岩体作为本次数值模型的底部边界。在以上分析基础上，根据收集的钻孔以及剖面资料，综合运用地质勘探资料等，建立焦家金矿区三维地质结构实体模型(图 5-9)。

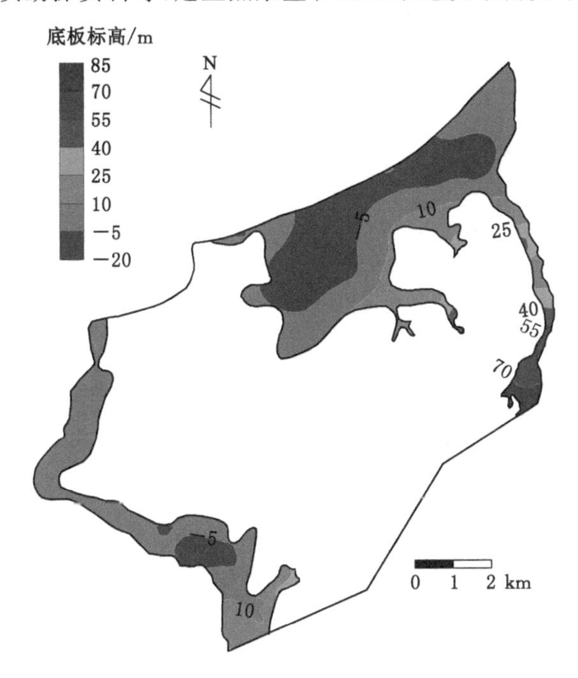

图 5-7 第四系孔隙含水层底板标高等值线图

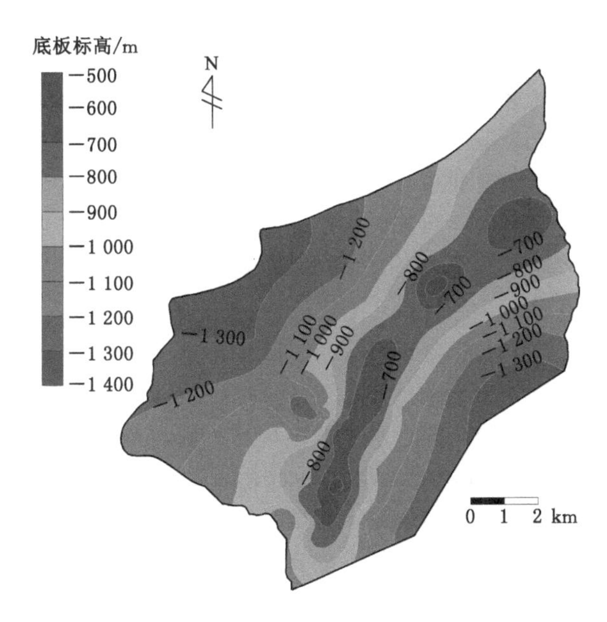

图 5-8 基岩裂隙含水层底板标高等值线图

5.2.4 地下水系统概化

研究区地下水水流从空间上看是以垂向运动为主、水平运动为辅。根据研究区的水文地质概况，本区含水层分为第四系孔隙含水层和基岩裂隙含水层，地下水在松散岩层中做缓

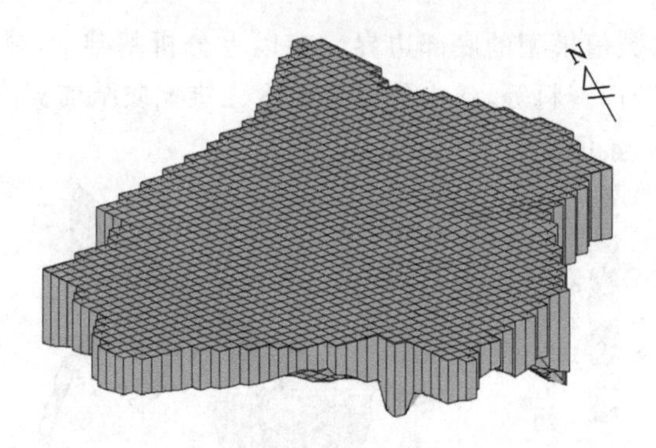

图 5-9　焦家金矿区三维地质结构实体模型

慢运动，其运动规律符合达西定律，由于地下水系统为多层结构，地下水运动可概化成双层流，第四系孔隙含水层和基岩裂隙含水层通过越流补给发生水力联系，故地下水系统可概化为空间双层结构，地下水为三维地下水水流；地下水系统的输入、输出随时间、空间变化，地下水系统为非稳定的分布参数系统；地下水系统参数、补排项随空间变化，体现了系统的非均质性，所以参数可概化为非均质各向同性。

综上所述，将研究区地下水系统概化成非均质各向同性、空间双层结构、三维非稳定地下水水流系统。

5.3　数值模型建立

5.3.1　空间剖分

以比例尺为 1∶50 000 的胶西北地区综合水文地质图导入模型作为计算模拟区的底图，计算区的水平面积为 112 km^2，南北长 18 km，东西宽 14 km。根据研究区域大小及计算精度要求，采用正方形单元对区域进行剖分，在平面上将研究区剖分为 60 行×60 列，垂向上分为两层，即第四系孔隙含水层和基岩裂隙含水层，其中第一层第四系孔隙含水层有效单元 645 个(图 5-10)，第二层基岩裂隙含水层有效单元 1 646 个(图 5-11)，共 2 291 个有效单元。

将两层含水层的顶、底板标高以 .txt 的形式导入 2D Scatter Data 模块继而导入 MODFLOW 模块。进行网格剖分与含水层的处理以后，即可观察所建立模型的正视图与侧视图，以便更为直观地分析研究区含水层的结构与关系、金矿的位置关系和海拔的大体关系等。模型中经过主要金矿的横向含水层剖面如图 5-12～图 5-14 所示。

分析以上的一系列剖面图可得：研究区第四系孔隙含水层很薄并且没有覆盖全区，大部分地区基岩出露地表，基岩裂隙含水层的厚度自断层向两端依次变大，断层附近的基岩裂隙含水层厚度最小。研究区模拟底板都在－1 000 m 左右。

5.3.2　时间离散和初始条件的确定

模拟期为 2017 年 1 月至 2018 年 12 月，以一个月为一个时间段，每个时间段为一个时间步长，共 24 个应力期。在建立初始流场时采用各长观孔的初始水位标高，第四系孔隙含水层和基岩裂隙含水层的水井、钻孔的水位标高。利用 GMS 软件中 2D Scatter Data 模块的插值方式得出各含水层初始水位的等值图(图 5-15、图 5-16)，然后将初始时刻的水位标

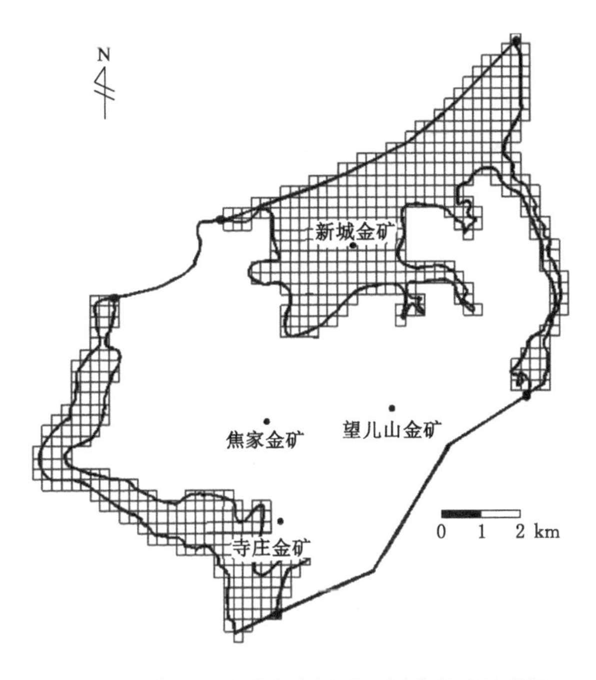

图 5-10 第四系孔隙含水层平面剖分单元示意图

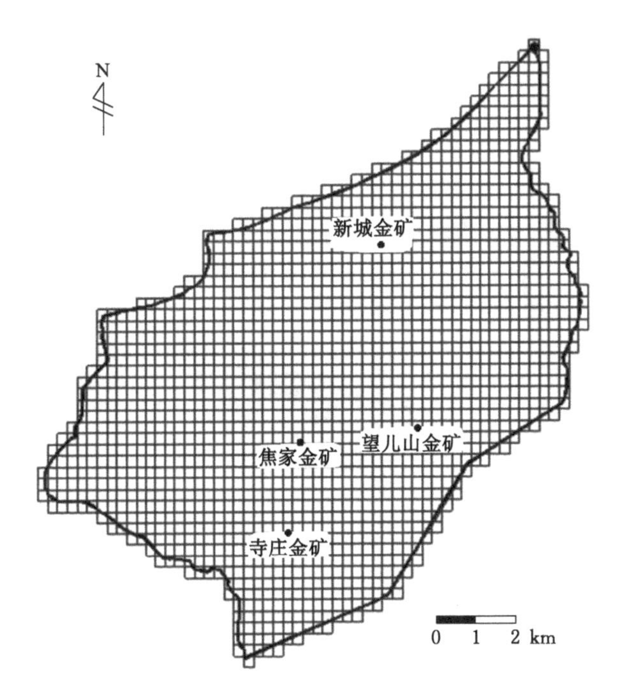

图 5-11 基岩裂隙含水层平面剖分单元示意图

高值赋给模型形成初始流场图。

5.3.3 水文地质参数分区和初始值的确定

参数的赋值和划分通过 LPF(层属性流功能)程序包实现，它可以定义每一层的水平和垂直的水力传导性。第四系孔隙含水层水文地质参数的分区主要是根据研究区第四系孔隙

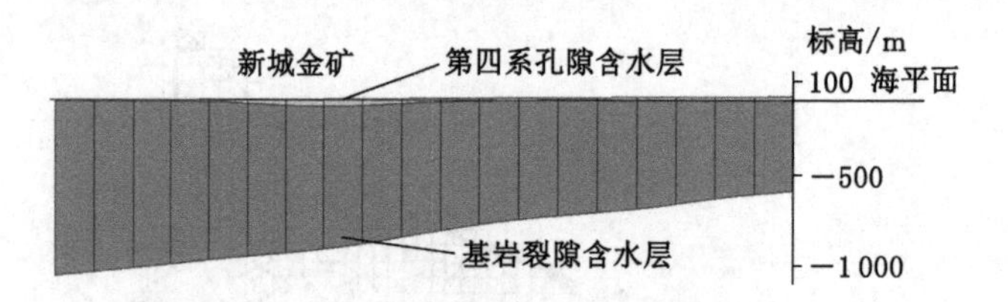

图 5-12　第 15 行网格含水层剖面图

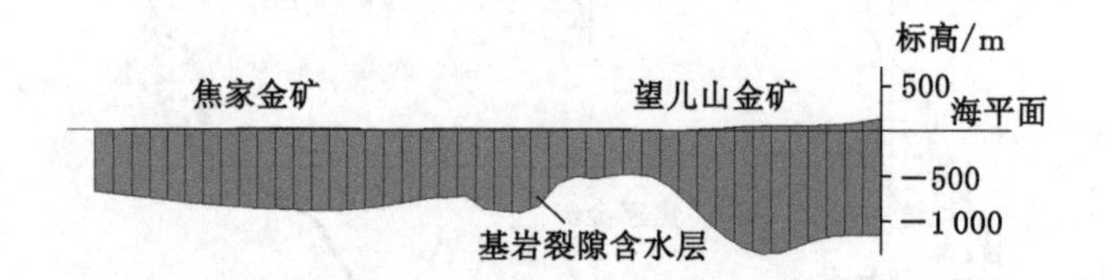

图 5-13　第 41 行网格含水层剖面图

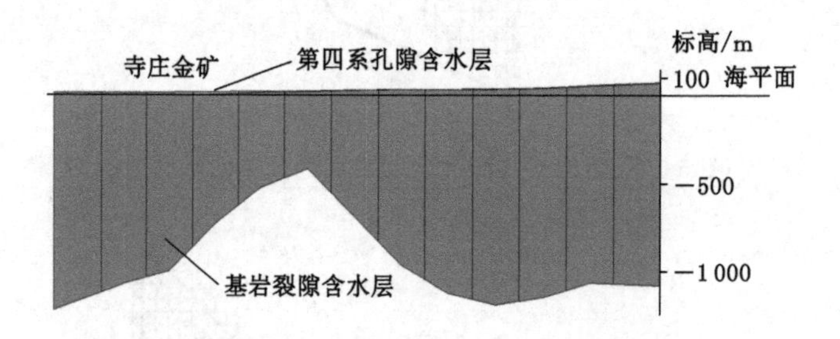

图 5-14　第 53 行网格含水层剖面图

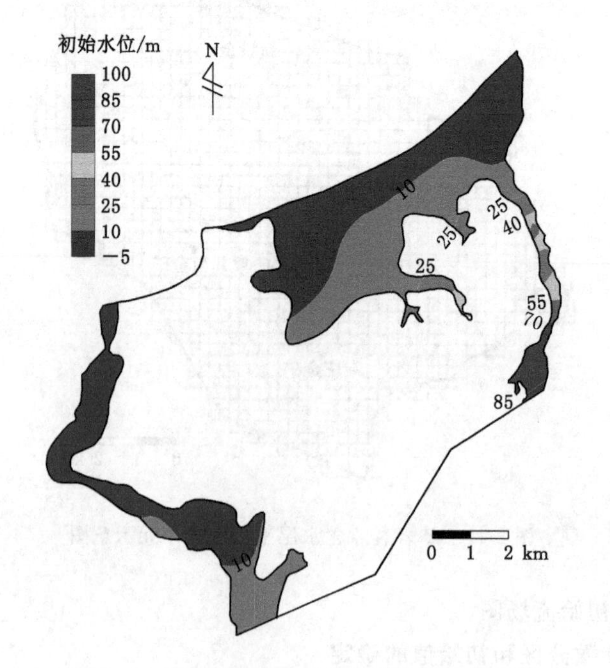

图 5-15　第四系孔隙含水层初始水位等值线图

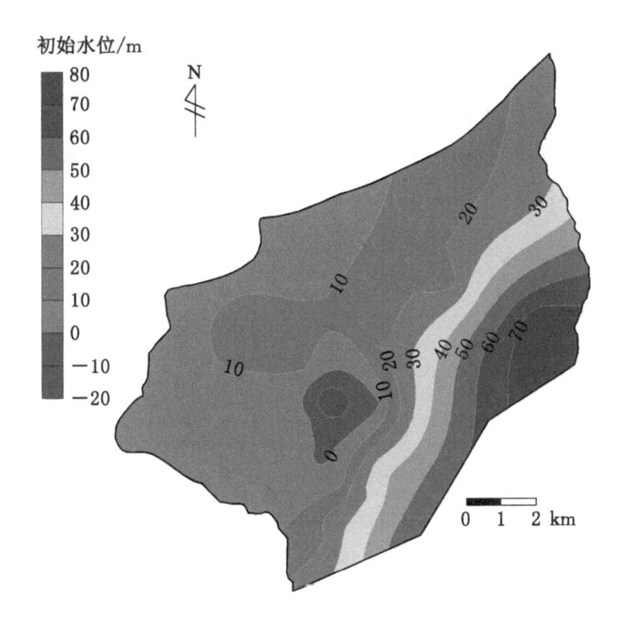

图 5-16　基岩裂隙含水层初始水位等值线图

含水层水文地质特征及前人的抽水试验成果并参照经验值进行划分，如图 5-17 所示。根据焦家金矿区深部详查报告：Ⅰ区为第四系强～极强富水区，主要分布在朱桥河的河床及附近，单位涌水量为 1.0～15.0 L/(s·m)，渗透系数为 19～124 m/d；Ⅱ区为第四系中等富水区，主要分布在第四系强富水区的北侧，含水层的透水性、富水性中等，单位涌水量为 0.1～1.0 L/(s·m)，渗透系数为 2～14 m/d。

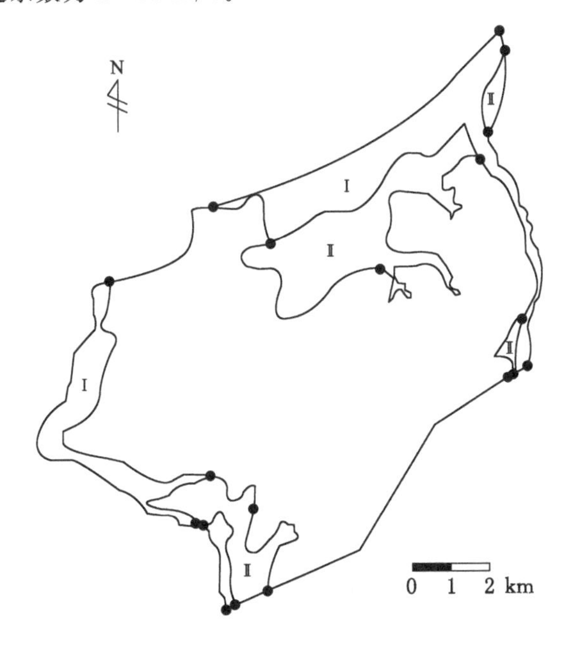

图 5-17　第四系孔隙含水层水文地质参数分区

基岩裂隙含水层的水文地质参数分区主要根据岩性及断裂带的分布情况进行划分，如

图 5-18 所示。研究区内岩性种类有变质岩、岩浆岩和沉积岩三种，且断裂带周围因裂隙发育垂直渗透系数较大。图中Ⅰ区为侵入岩区，Ⅱ区为变辉长岩及构造蚀变岩带区，Ⅲ区为变质岩区，Ⅳ区为上层第四系孔隙含水层对下层基岩裂隙含水层补给区，Ⅴ区为东南部山区侧向补给区。第二层基岩裂隙含水层厚度变化较大，东薄西厚，中西部揭露厚度大于 1 000 m，单位涌水量为 0.001～0.1 L/(s·m)，渗透系数为 0.001～0.003 m/d，属弱富水含水层。

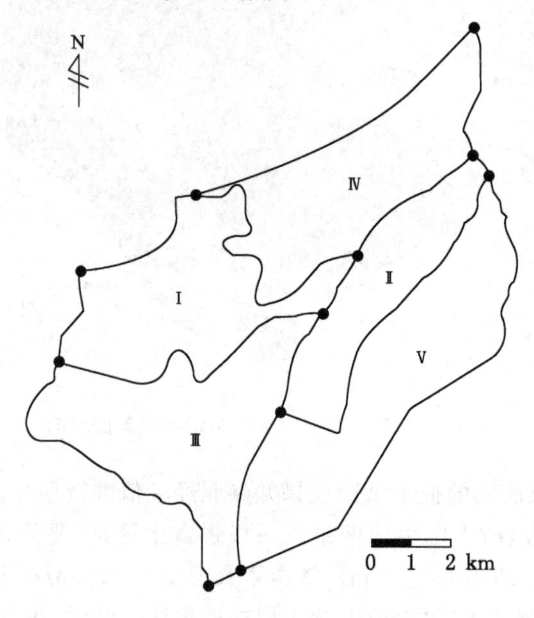

图 5-18 基岩裂隙含水层水文地质参数分区

5.3.4 关键程序包选取

根据构建的水文地质概念模型网格，结合研究区地下水系统的补径排特点，选取相应的程序包进行处理(图 5-19)，主要的程序包如下。

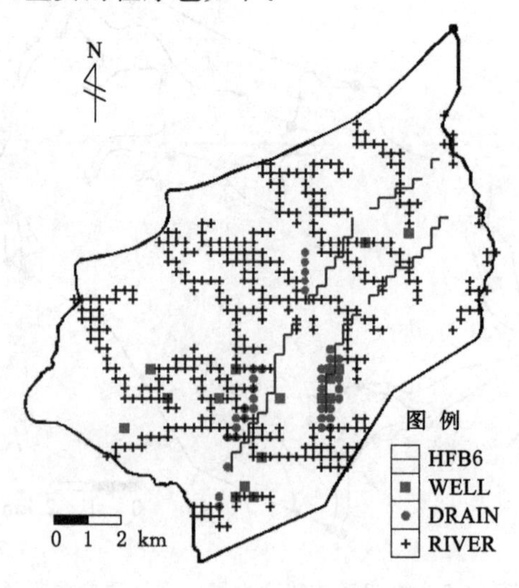

图 5-19 主要源汇项单元示意图

(1) LPF

本次数值模型属于层状模型,因此采用该程序包计算各单元间的渗流量,通过程序包可以采用参数分区的方式进行水文地质参数的赋值。

(2) PCG2

该程序包为数值模拟求解器,用以计算随时间变化的水头,是一种大型线性方程组迭代求解包[137],该包于 1990 年由 Hill 加入 MODFLOW 模块中,其优势在于该求解器的收敛条件严格,只有在水头和流量两个指标同时满足时,方程组才会收敛从而完成计算。

(3) WELL

该程序包用以模拟矿区排水,本次数值模型中约定每个应力期间都有一定流量地下水从含水层中抽取,其中负值表示抽水,正值表示注水。

(4) HFB6

该程序包用以模拟内部的水平阻水边界,本次数值模型中用以模拟焦家及望儿山断裂带。

(5) RECHARGE

该程序包用以模拟面状补给或者开采,本次数值模型中用以模拟大气降水入渗补给、蒸发以及河流入渗补给。

(6) RIVER

该程序包用以模拟河流渗流补给量。

(7) DRAIN

该程序包用以模拟矿井排水,本次数值模型中约定某一固定的排水底板标高与渗透系数,以此来预测某一水平矿井的排水量。

(8) EVAPORATION

该程序包用以模拟研究区内的蒸发,本次数值模型中约定某一固定的蒸发极限埋深,以此来预测研究区的蒸发量。

5.3.5 源汇项的处理

地下水系统的均衡要素是指其补给和排泄项,而均衡区则为整个研究区。地下水补给量在研究区内主要包括降水入渗量、山前侧向补给量、河流渗流补给量等,地下水排泄项有蒸发、矿井排水等。

对于源汇项的处理,主要包括两大类。一类是以含水层面状补给率的形式给出,第四系孔隙含水层补给率包括每个单元格上降水入渗补给率和蒸发率的叠加。另一类是以点井量的形式给出,包括分配到每个单元格上的山前侧向补给量、河流渗流补给量。总的来说,这两类源汇项的量均分配在活动单元格上参与计算。

(1) 降水入渗补给

区域地下水接受大气降水补给,第四系孔隙含水层及花岗岩风化裂隙含水层裸露地表,直接接受来自大气降水的补给,其他基岩风化裂隙含水层、基岩构造裂隙含水层通过上覆第四系岩层接受大气降水补给。由于第四系孔隙含水层厚度薄、透水性差,深部基岩透水性微弱,且矿床距离地表较远,在此不再对降水入渗进行分区而采用统一的基岩裂隙含水层的降水入渗系数(表 5-1),故给定降水入渗系数为 0.10。

表 5-1　降水入渗系数经验值

地表岩性	黄土状粉土、基岩区	粉土		粉细砂		细砂			
降水入渗系数	0.10	0.15	0.17	0.20	0.21	0.25	0.26	0.27	0.28

降水入渗补给量计算公式如下：

$$Q_j = aFX \tag{5-2}$$

式中　Q_j——降水入渗补给量，10^4 m^3/a；

F——接受降水入渗面积，m^2；

a——降水入渗系数；

X——有效降水量，m/a。

根据莱州市历年每月降水量统计表所给出的资料，选取 2017 年 1 月至 2018 年 12 月的降水量，得出降水入渗补给量为 1 107.68×10^4 m^3/a，采用 RECHARGE 程序包设置。

(2) 侧向补给

根据达西定律，选取位于研究区内的断面剖面流量，各个断面的侧向流量依据下式计算：

$$Q_c = K_{侧}IBM \tag{5-3}$$

式中　Q_c——地下水侧向流量，10^4 m^3/a，正为流入量，负为流出量；

B——断面宽度，10^4 m；

M——含水层厚度，m；

$K_{侧}$——断面附近的含水层渗透系数，m/a；

I——垂直于断面的水力坡度。

根据每个断面控制的汇水区域确定相应边界的地下水流入量和流出量，得出研究区南部边界的山前第四系侧向补给量为 0.256×10^4 m^3/a，基岩裂隙含水层的侧向补给量为 0.691×10^4 m^3/a。

(3) 河流补给

矿区所在区域发育有朱桥河和滚龙河两条河流，分别从区域的西南角和南部区域通过，其中滚龙河在区内的规模较大，是区域的主要河流。河流从南东流向西北，区域内没有大的淡水体。

朱桥河分布在区域的西南部，河床近几年已常年干涸。河水与附近第四系孔隙水有密切的水力联系，但由于距离矿区相对较远，流域面积也较小，对矿区的地下水影响较小。滚龙河为朱桥河的支流，河水与两侧第四系孔隙水发生明显的水力联系，但由于近几年已常年干涸，因此，滚龙河对矿区地下水的影响也较小。

因近几年河流无水，径流量为 0，所以河流渗流补给量为 0。

(4) 蒸发

研究区蒸发为地下水的排泄途径之一。蒸发量主要与潜水水位埋深、气候等因素有关，本次研究利用阿维扬诺夫公式计算蒸发量：

$$E = E_0\left(1 - \frac{h}{h_0}\right)^n \tag{5-4}$$

式中 E——Δt 时段内的日平均潜水蒸发量,m/d;

E_0——Δt 时段内的日平均水面蒸发量,m/d;

h——Δt 时段内平均潜水水位埋深,m;

h_0——潜水停止蒸发时的埋深(极限埋深),m;

n——与土质和气候有关的指数,一般为 1～3。

潜水自然蒸发量与包气带岩性、潜水水位埋深及空气饱和度、水面蒸发量等有密切关系。通过岩性及潜水水位埋深,结合本研究区不同岩性、不同埋深条件下的潜水蒸发折算系数,确定潜水蒸发强度,即水面蒸发量乘以潜水蒸发折算系数。本区潜水蒸发极限埋深一般为 4 m,采用 EVAPORATION 程序包设置。

(5) 矿井排水

基岩裂隙含水层巨厚,地表水的补给、排泄对矿区的水位影响不大。矿井排水是地下水的主要排泄途径,此处采用 WELL 和 DRAIN 程序包处理矿井的排水量。由于区内矿井多,排水量收集难度较大,故计算时仅采用了焦家、新城、望儿山、寺庄 4 个金矿的 2017 年 1 月至 2018 年 12 月的排水量数据。各金矿排水量如表 5-2 所列。

表 5-2 各金矿排水量

年份	月份	排水量/(m^3/d)			
		焦家金矿	新城金矿	望儿山金矿	寺庄金矿
2017	1	8 567.3	1 376.7	16 626.8	4 959.0
	2	9 535.7	1 356.5	17 658.1	4 934.0
	3	8 596.8	1 217.1	17 540.0	4 900.0
	4	9 194.3	1 268.5	16 562.2	5 247.0
	5	8 625.8	1 159.2	16 852.9	5 290.0
	6	9 221.0	1 165.7	18 272.3	5 308.0
	7	8 649.7	1 255.0	17 366.3	5 136.0
	8	8 646.0	1 264.3	16 578.7	5 108.0
	9	9 086.6	1 286.5	17 041.0	5 152.0
	10	8 708.1	1 189.5	18 576.7	5 088.0
	11	9 308.3	1 136.1	18 209.8	5 044.0
	12	8 742.1	1 156.4	18 765.5	5 072.0
2018	1	9 149.3	1 551.0	17 866.7	5 092.0
	2	10 143.5	1 534.0	16 611.5	5 088.7
	3	9 187.9	1 536.2	15 560.9	4 700.2
	4	9 805.3	1 797.4	15 663.6	4 642.9
	5	9 206.7	1 689.0	16 981.7	4 757.6
	6	9 835.0	1 798.9	19 865.0	4 986.8

表 5-2(续)

年份	月份	排水量/(m³/d)			
		焦家金矿	新城金矿	望儿山金矿	寺庄金矿
2018	7	9 234.9	1 743.5	19 781.8	4 814.9
	8	9 238.1	1 784.3	19 106.9	4 814.9
	9	9 700.5	1 823.6	17 568.7	5 216.1
	10	9 836.2	1 785.5	16 991.1	5 154.5
	11	10 268.0	1 778.8	17 631.1	5 597.5
	12	9 483.1	1 698.5	19 532.9	5 629.0

5.4 模型检验与涌水量预测

5.4.1 模型识别

模型的识别过程是整个模拟中极为重要的一步工作，通常要进行反复地修改参数和调整某些源汇项才能达到较为理想的拟合结果。模型的这种识别方法也称试估-校正法，它属于反求参数的间接方法之一。

PCG2 程序包是一个数值模拟求解器，用于计算随时间变化的水头，是一种大型线性方程组迭代求解包。利用该程序包计算结束后可得到在给定各均衡项条件和水文地质参数下模型的地下水水位时空分布数据，通过拟合同时期长观孔水位历时曲线，调节和识别水文地质参数等，使建立的模型更加接近于研究区实际。

5.4.1.1 识别原则

模型的识别主要遵循以下原则：

① 模拟的地下水流场要与实际的地下水流场基本一致，即要求模拟地下水水位等值线与实测地下水水位等值线形状相似；

② 模拟的地下水动态过程要与实际的地下水动态过程基本相似，即要求模拟地下水水位过程线与实际地下水水位过程线形状相似；

③ 从均衡的角度出发，模拟的地下水均衡变化与实际的地下水均衡变化要基本相符；

④ 识别的水文地质参数要符合实际水文地质条件。

5.4.1.2 识别结果

根据以上原则，对研究区地下水系统进行了识别，通过反复调整参数和均衡量使误差最小，识别水文地质条件，确定模型结构、参数和均衡要素。根据模型区内水位观测点的分布情况，选择 5 个观测点(图 5-20)，通过计算各长观孔位置点水位与其实测水位，分析两者误差，识别模型预测的可靠性。

5 个长观孔水位历时曲线拟合图如图 5-21～图 5-25 所示，误差统计表如表 5-3 所列。

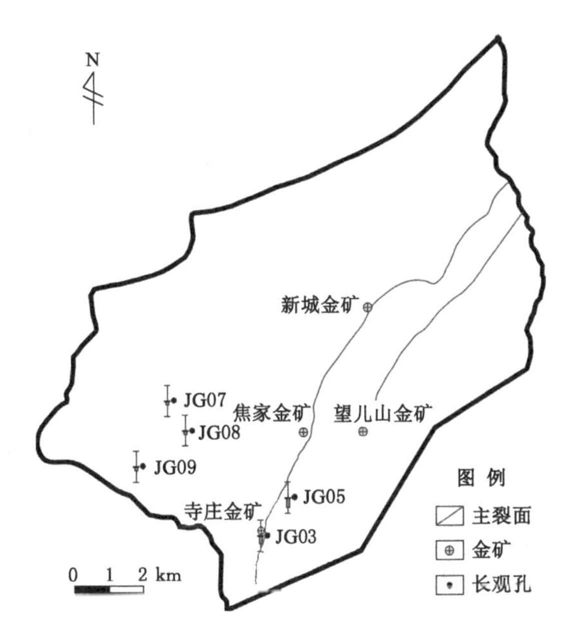

图 5-20 长观孔位置分布图

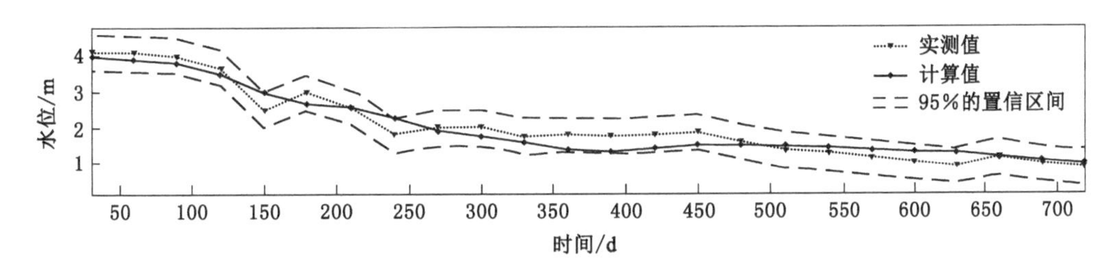

图 5-21 JG09 长观孔水位历时曲线拟合图

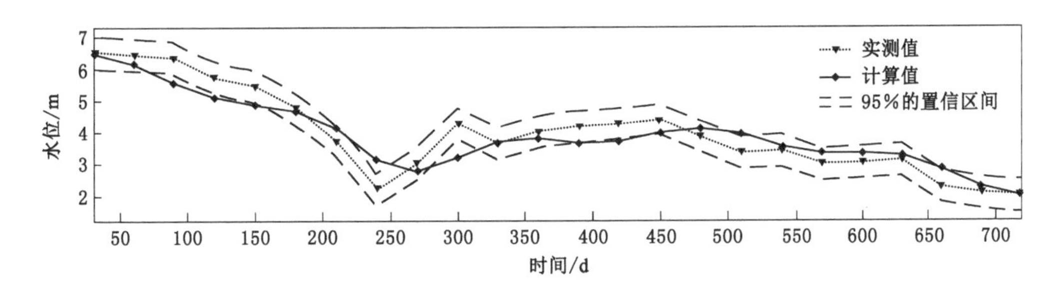

图 5-22 JG07 长观孔水位历时曲线拟合图

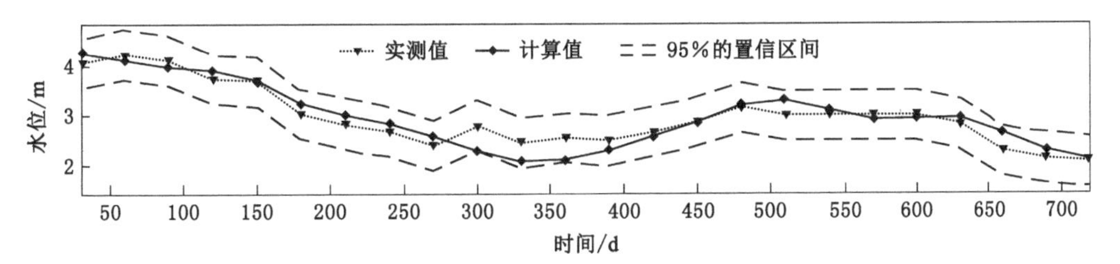

图 5-23 JG08 长观孔水位历时曲线拟合图

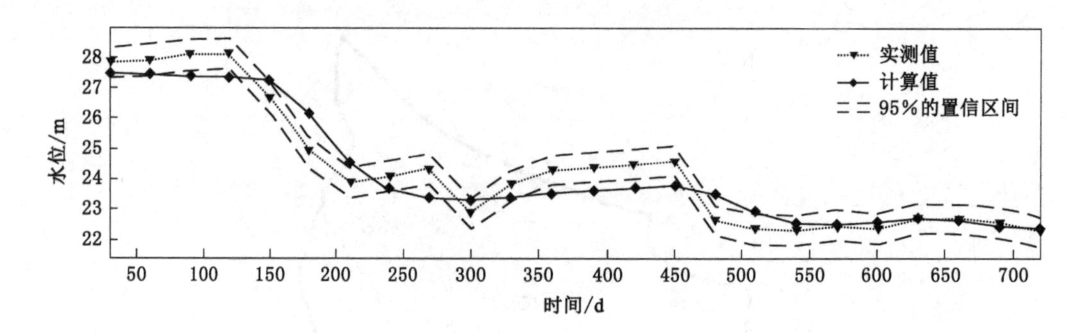

图 5-24 JG05 长观孔水位历时曲线拟合图

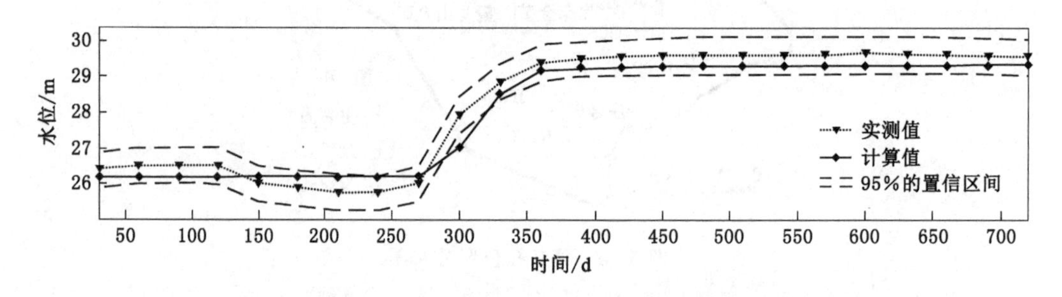

图 5-25 JG03 长观孔水位历时曲线拟合图

表 5-3 误差统计表

长观孔孔号	拟合平均绝对误差/m	长观孔孔号	拟合平均绝对误差/m
JG03	0.4	JG08	0.3
JG09	0.2	JG05	0.6
JG07	0.4	—	—

由上述图表可知,全部拟合点的平均绝对误差小于 1 m,所建立的模拟模型基本达到模型精度要求。通过参数识别,确定各参数分区的水文地质参数,如表 5-4 所列。

表 5-4 各参数分区的水文地质参数

参数分区		x 方向渗透系数 K_{xx}/(m/d)	y 方向渗透系数 K_{yy}/(m/d)	z 方向渗透系数 K_{zz}/(m/d)	储水率 /(1/m)	给水度/(m^3/h)
第四系孔隙含水层	Ⅰ区	60.00	85.71	46.15	0.01	0.10
	Ⅱ区	10.00	14.29	4.35	0.01	0.10
基岩裂隙含水层	Ⅰ区	0.07	0.12	20.59	0.01	0.10
	Ⅱ区	0.07	0.12	20.59	0.01	0.04
	Ⅲ区	0.02	0.03	5.88	0.08	0.25
	Ⅳ区	0.04	0.07	11.76	0.01	0.01
	Ⅴ区	0.01	0.02	0.002	0.01	0.25

5.4.2 模型验证

为了验证模型的可行性，增加矿井深部开采过程中涌水量预计的精度，先对矿井已开采水平的预测涌水量与实际涌水量进行对比，然后调整模型以尽量减小预测过程中的误差。各矿井预测涌水量与实际涌水量对比情况如表 5-5 所列。由表可知，几个矿井中预测涌水量与实际涌水量相对误差均较小，拟合效果较为理想，可利用模型进行下一步的预测研究。

表 5-5 各矿井预测涌水量与实际涌水量对比情况

矿井名称	开拓水平/m	预测涌水量/(m^3/d)	实际涌水量/(m^3/d)	绝对误差/(m^3/d)	相对误差/%
焦家金矿	−630	12 567	12 584	−17	−0.14
新城金矿	−680	1 855	1 824	31	1.70
寺庄金矿	−400	5 575	5 580	−5	−0.09
望儿山金矿	−630	19 500	19 533	−33	−0.17

5.4.3 地下水流场与涌水量预测

(1) 地下水流场

计算结果表明，本区第四系孔隙含水层厚度薄，疏干排水改变了地下水系统原有的补、径、排规律，由于第四系孔隙含水层和基岩风化裂隙含水层是当地居民生活、生产的主要取水层，也是矿井充水的间接含水层，长期、持续、大量的矿井排水，使区内地下水水位持续下降，部分地区第四系孔隙水被疏干(图 5-26)。疏干单元主要分布于东西两侧河流边界的地势较高地带及南部山区地带。

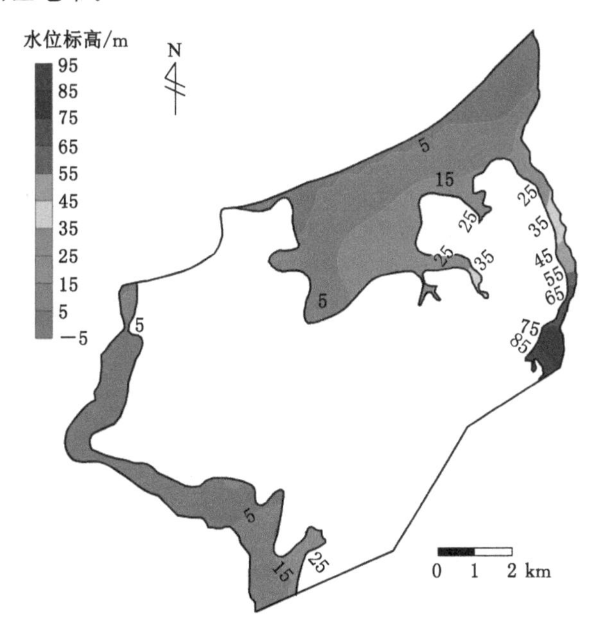

图 5-26 模拟期末第四系孔隙水水位标高等值线图

基岩裂隙水的大体流向为自东南向西北，少量自西北向东南可能为海水沿岸的入渗补给。断层对地下水的流动有一定的阻隔作用,尤其是在焦家断裂带的南段,地下水流向紊乱,趋势不一致。在海岸线部分的中部和北部有海水入侵的现象,其中北部入侵区靠近焦家断裂带,蚀变带裂隙发育,形成天然的导水通道,海水由北部的焦家断裂带、望儿山断裂带等沿断裂及其两侧构造裂隙流入矿井,补给地下水。在海岸线的中部,由于断裂及其次生裂隙发育,海水从海岸线中部经过北西向发育的断裂与裂隙流入矿井,补给地下水。由于矿井的长期排水,模拟期内的水位呈下降趋势,尤其在焦家、望儿山和寺庄金矿已出现明显的降落漏斗。新城金矿地下水水位标高由 15 m 下降到 5 m,降 10 m,无降落漏斗;望儿山金矿地下水水位标高由 50 m 下降到 −27 m,降 77 m,降落漏斗范围 960～2 000 m^2;焦家金矿地下水水位标高由 −15 m 下降到 −57 m,降 42 m,降落漏斗范围 2 370～3 880 m^2;寺庄金矿地下水水位标高由 10 m 下降到 −27 m,降 37 m,降落漏斗范围 100～300 m^2(图 5-27)。

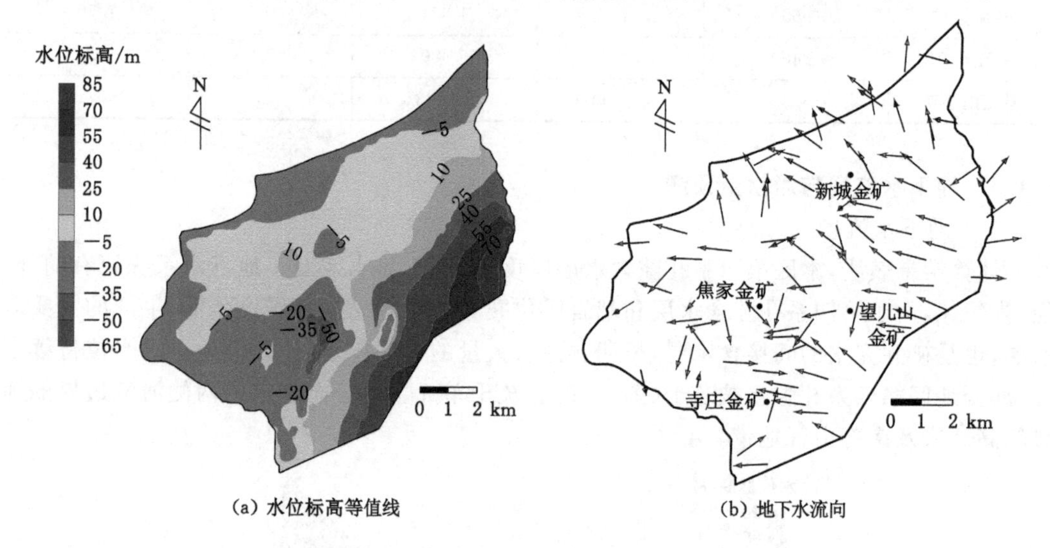

图 5-27　模拟期末基岩裂隙水流场拟合图

地下水均衡是以地下水为对象,研究地下水水量(热量、盐量)的收入与支出之间的数量关系。焦家金矿区模拟区地下水补给项主要是降水入渗、侧向径流补给,地下水排泄项为蒸发及矿井排水,此外两个含水层之间还存在垂向水力联系。研究区焦家断裂带矿床涌水主要来源是基岩裂隙含水层,所以地下水系统均衡主要分析深部含水层地下水。根据数值模拟的结果,对模拟区地下水进行均衡分析,结果如表 5-6 所列。

表 5-6　模拟区地下水均衡分析

均衡项		第四系孔隙含水层/(m^3/月)	基岩裂隙含水层/(m^3/月)	含水层组/(m^3/月)	比例/%	备注
补给	降水入渗量	892	453	1 345	0.47	—
	边界补给量	76 800	207 300	284 100	99.53	—
	越流量	—	105 430	—	—	第四系孔隙含水层越流补给基岩裂隙含水层
	河流渗流量	0	0	0	0	河流长期干涸
	小计	77 692	313 183	285 445	100	—

表 5-6(续)

均衡项		第四系孔隙含水层/(m^3/月)	基岩裂隙含水层/(m^3/月)	含水层组/(m^3/月)	比例/%	备注
排泄	蒸发量	73 654	63 846	137 500	27.79	—
	矿井排水量	—	357 326	357 326	72.21	—
	越流量	105 430	—	—	—	—
	小计	179 084	421 172	494 826	100	—
均衡差		—	—	−209 381	—	—

由均衡项计算可知，模拟区每月地下水系统总补给量为 285 445 m^3，总排泄量为 494 826 m^3，均衡差为−209 381 m^3。在排泄项中，矿井排水量占总排泄量的 72.21%。补给量小于排泄量时，地下水处于负均衡状态。

(2) 涌水量预测

矿井涌水量的预测可分为两部分，一是矿井涌水量随开采深度的增加而发生的变化，二是矿井涌水量在一年中的变化规律。本节对上述模型进行微调，将源汇项中的矿井各开采水平的涌水量采用设置排水沟的排水底板标高的方式体现，以便模拟 1 a 内涌水量动态变化趋势，其他源汇项、边界条件、初始条件、地质参数等均不变。

① 矿井不同开采水平涌水量预测

利用上述的地下水数值模型对焦家金矿区中焦家、新城、望儿山、寺庄 4 个金矿的矿井涌水量进行预测。在目前矿井开采深度的基础上，预测各金矿不同开采水平的矿井涌水量，如表 5-7 所列。

表 5-7 各矿井不同开采水平涌水量预测

开采水平/m	矿井涌水量预测值/(m^3/d)			
	焦家金矿	新城金矿	望儿山金矿	寺庄金矿
−450	—	—	—	6 068
−500	—	—	—	6 561
−550	—	—	—	7 047
−600	—	—	—	7 533
−650	12 807	—	19 884	8 019
−700	13 408	1 921	20 844	8 505
−750	14 009	2 023	21 804	8 991
−800	14 609	2 125	22 764	9 477
−850	15 211	2 226	23 724	9 653
−900	15 812	2 328	24 684	10 449
−950	16 413	2 430	25 644	10 935
−1 000	17 014	2 531	26 604	11 421

由预测得到的各矿井涌水量可知，随着开采深度的增加，涌水量增大，但总体增大幅度

较小,其中望儿山金矿的涌水量增大幅度最大,涌水量也最大,焦家金矿次之,新城金矿的涌水量最小,增加幅度也最小。考虑是由于海水补给量大,随着深度的增加海水入侵加剧,海水与断层下盘构造裂隙水联系更加密切,因此,应做好相关的防治水工作,把矿井开采的突水风险降到最低。

② 各矿井涌水量动态变化预测

假设 5 a 开采一个水平,20 a 可以开采 4 个水平,利用上述的地下水数值模型对焦家金矿区的 4 个金矿在未来 20 a 开采这 4 个水平的涌水量变化趋势进行预测,部分预测结果如图 5-28～图 5-31 所示。

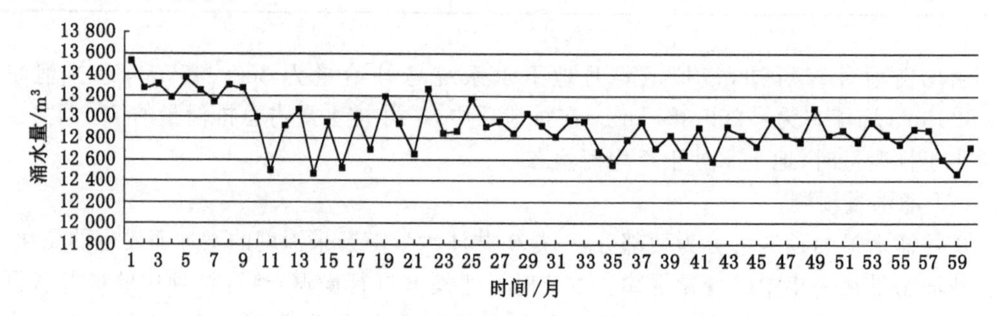

图 5-28　焦家金矿－650 m 水平涌水量预测折线图

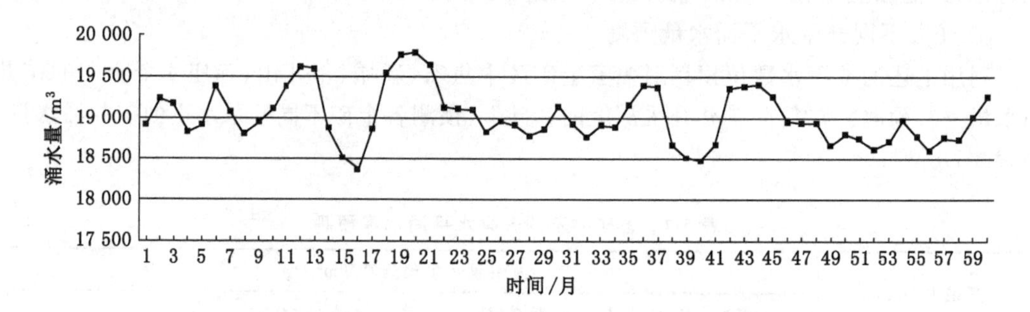

图 5-29　望儿山金矿－650 m 水平涌水量预测折线图

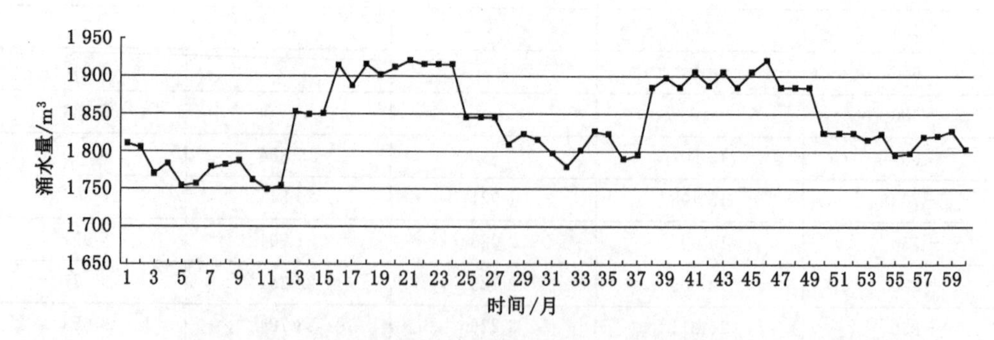

图 5-30　新城金矿－700 m 水平涌水量预测折线图

由图可知,涌水量先在某一固定值附近波动,最后趋于稳定,说明在同一开采水平,随着开采的进行涌水量最终趋于稳定。

推测因寺庄金矿距离朱桥河比较近,有一定规模的导水构造将其连通,朱桥河河水沿着

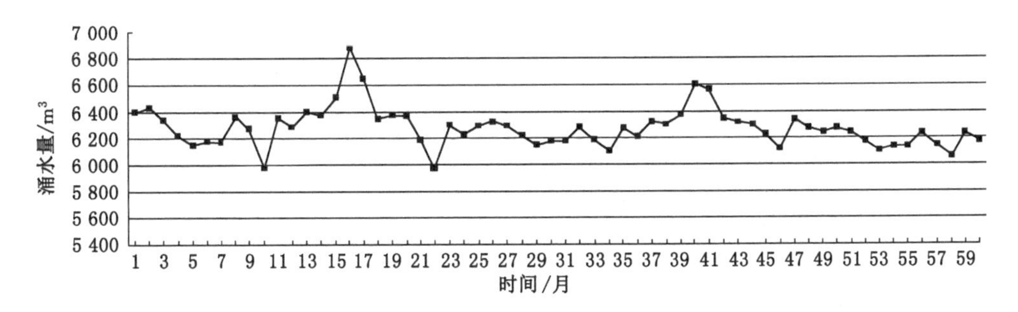

图 5-31 寺庄金矿－450 m 水平涌水量预测折线图

导水裂隙泄漏到了矿井内，朱桥河因此变成了“断头河”。由于河床附近地下水径流较恒定，附近供水水头相对稳定，可以导入矿井的水量相对稳定。另外，寺庄金矿的矿井水 TDS 高于周边金矿的，水化学分析也反映了北西向裂隙可能导致矿井水与海水有一定的水力联系。

5.5 溶质运移

选取焦家金矿区内地下水环境中 Na^+ 浓度、Ca^{2+} 浓度、Mg^{2+} 浓度、Cl^- 浓度、$SO_4{}^{2-}$ 浓度、$HCO_3{}^-$ 浓度共 6 个代表性指标。根据数值模拟结果，可以预测在未来开采水平不断加深的条件下主要离子浓度的变化趋势，进而判断地下水水质的演化趋势和主要地下水水化学作用。

5.5.1 数学模型建立

考虑溶剂和溶质组成的二元体系，取与平衡单元体相同的单元体，研究其中溶质的质量守恒，可得描述饱和带溶质运移的对流-弥散方程[138]：

$$\begin{cases}\dfrac{\partial j}{\partial t}=\dfrac{\partial}{\partial x}\left(D_{xx}\dfrac{\partial j}{\partial x}\right)+\dfrac{\partial}{\partial y}\left(D_{yy}\dfrac{\partial j}{\partial y}\right)+\dfrac{\partial}{\partial z}\left(D_{zz}\dfrac{\partial j}{\partial z}\right)-\dfrac{\partial(u_{xx}j)}{\partial x}-\dfrac{\partial(u_{yy}j)}{\partial y}-\dfrac{\partial(u_{zz}j)}{\partial z}\\ j(x,y,z,0)=c_0\\ j(x,y,z,t)\big|_{\Gamma}=0\end{cases}$$

$$(0\leqslant x<\infty,0\leqslant y<\infty,0\leqslant z<\infty,t>0) \tag{5-5}$$

式中 D_{xx}，D_{yy}，D_{zz} ——x，y，z 三个方向的弥散度，m；

j ——溶质浓度，mg/L；

u_{xx}，u_{yy}，u_{zz} ——x，y，z 三个方向的水流速度，m/d；

t ——模拟时间，d；

c_0 ——初始浓度，mg/L；

Γ ——流量边界条件。

5.5.2 模型求解

模拟采用 GMS 软件中的 MT3D 溶质运移模块建立地下水系统中对流、弥散和化学反应的三维溶质运移模型，在模拟计算时和 MODFLOW 模块一起使用，在上述所建三维地下水数值模型的基础上进行溶质运移模拟，本次仅考虑弥散、对流两种作用以求达到最大风险程度。

弥散度是地下水动力弥散理论中用来描述孔隙介质弥散特征的一个重要参数，具有尺度效应性质,它反映了含水层介质空间结构的非均质性。本次模拟收集了大量国内外在不同试验尺度、试验条件下分别运用解析方法和数值方法所得的 x 方向弥散度资料[139-144],结合评价区的实际条件综合确定:第四系孔隙含水层 x 方向弥散度取 20.00 m,y 方向弥散度取 0.60 m,z 方向弥散度取 0.20 m,孔隙度取 0.09;基岩裂隙含水层 x 方向弥散度取 1.78 m,y 方向弥散度取 0.42 m,z 方向弥散度取 0.10 m,孔隙度取 0.02。

模型区域与涌水量计算的模拟区域一致。选取地下水主要阳离子 Na^+、Ca^{2+}、Mg^{2+} 及主要阴离子 Cl^-、SO_4^{2-}、HCO_3^-,以水质分析报告中阴阳离子浓度为初始值,并预测自 2018 年 20 a 后的各阴阳离子浓度值。

5.5.3 结果分析

假设 5 a 开采一个水平,预测 20 a 后,即焦家金矿开采至 −800 m 水平,新城金矿开采至 −850 m 水平,望儿山金矿开采至 −800 m 水平,寺庄金矿开采至 −600 m 水平时,地下水中主要离子的浓度如图 5-32~图 5-37 所示。

由各阴阳离子初始浓度等值线图可以看出,Na^+ 初始浓度大致自海岸线向内陆逐渐减小,其中在焦家金矿附近的初始浓度略大于其周边区域的。Cl^- 初始浓度自海岸线向内陆逐渐减小,大部分区域大于 250 mg/L,说明存在海水入侵,部分区域大于 1 500 mg/L,说明海水入侵严重。Ca^{2+}、Mg^{2+} 初始浓度大致呈现自东北向西南逐渐减小的趋势。SO_4^{2-} 初始浓度大致呈现东北与西南大,中间小的规律。HCO_3^- 初始浓度大致呈现自东北向西南逐渐减小的趋势。

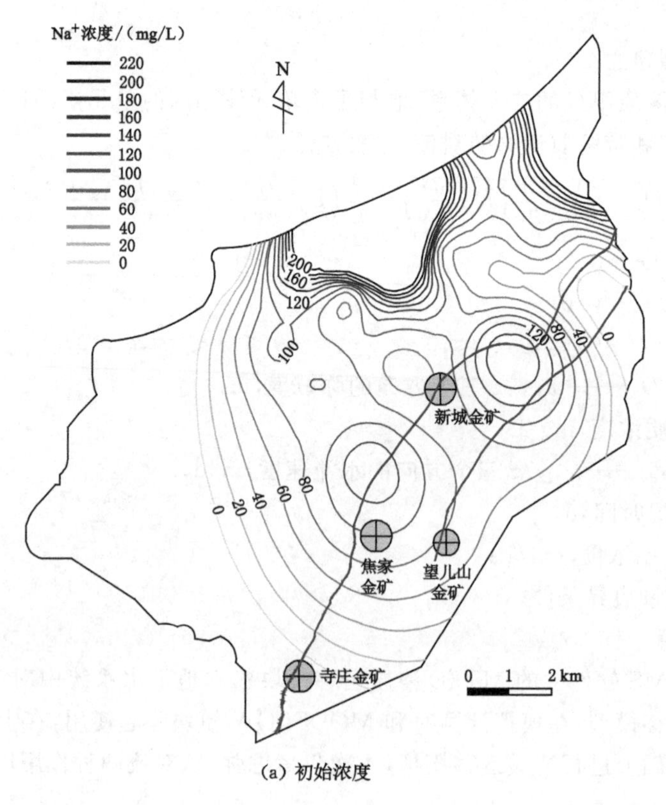

(a) 初始浓度

图 5-32 Na^+ 浓度变化对比图

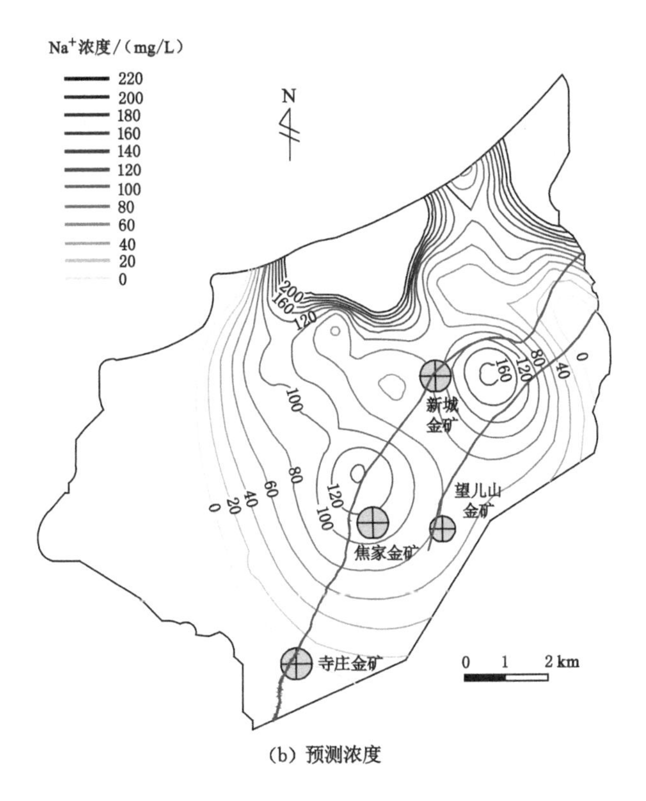

(b) 预测浓度

图 5-32 (续)

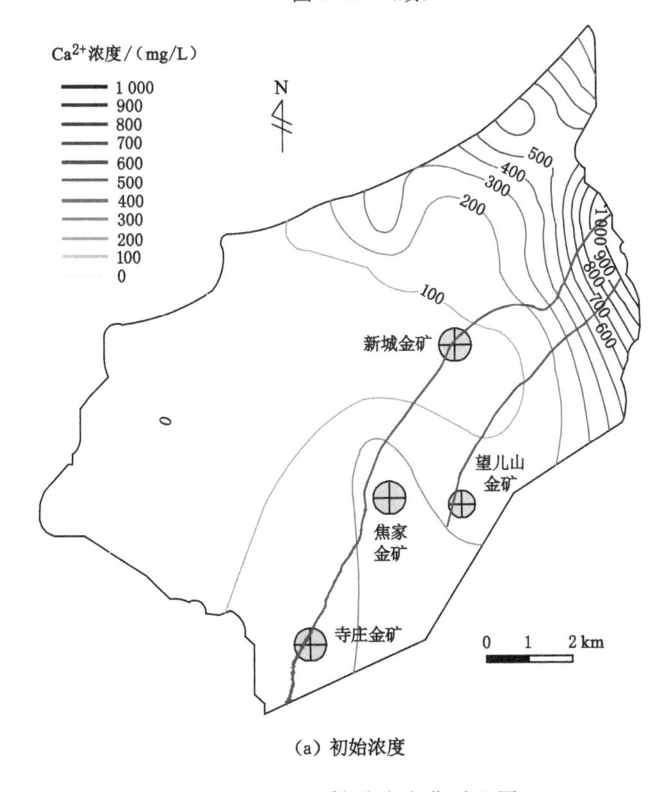

(a) 初始浓度

图 5-33 Ca^{2+}浓度变化对比图

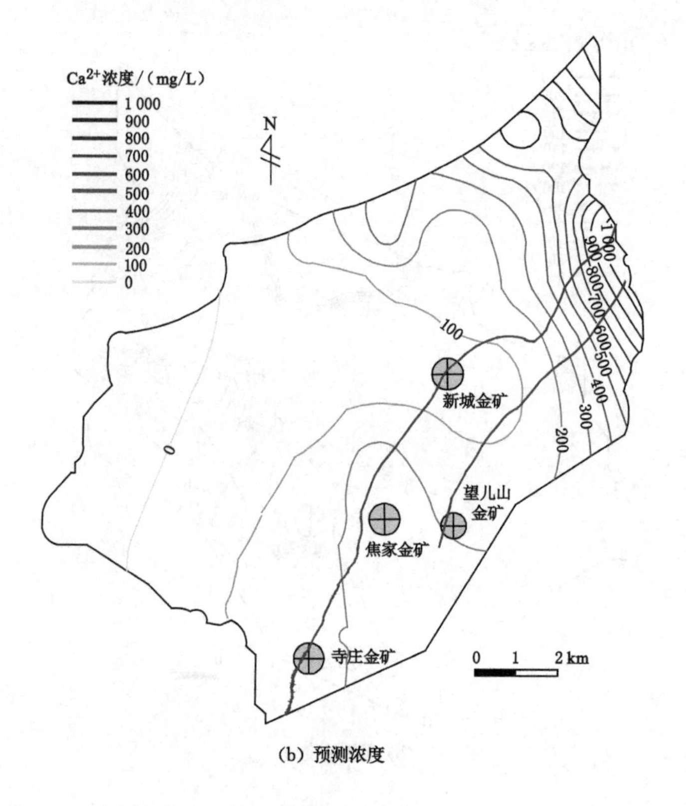

(b) 预测浓度

图 5-33 (续)

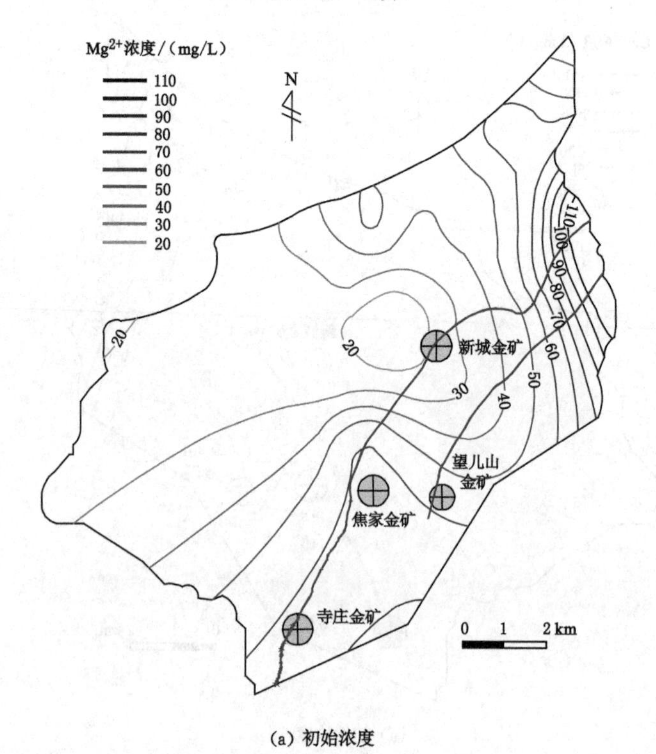

(a) 初始浓度

图 5-34 Mg^{2+} 浓度变化对比图

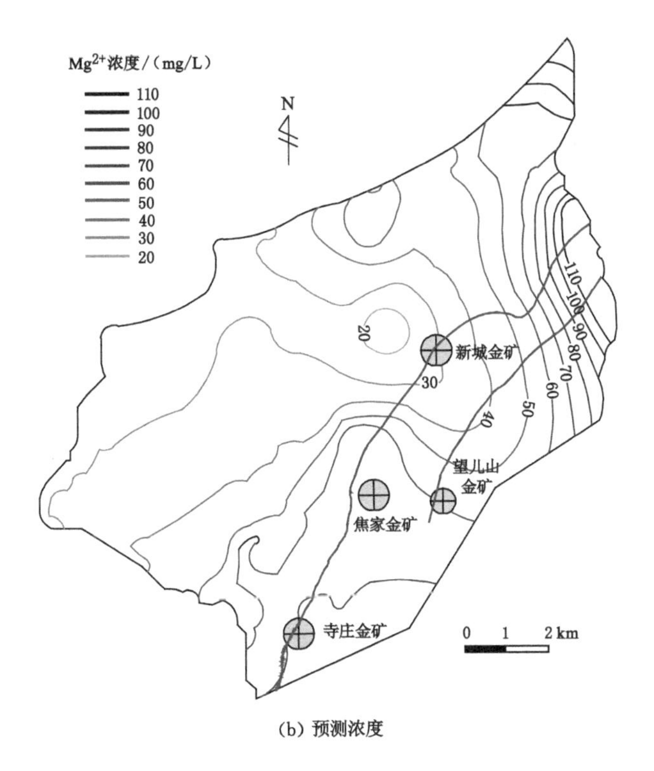

(b) 预测浓度

图 5-34 （续）

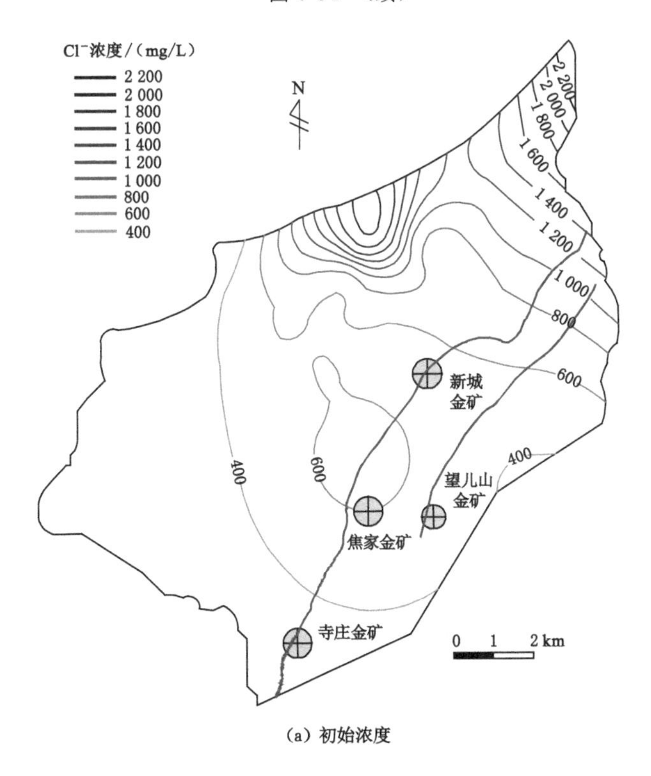

(a) 初始浓度

图 5-35 Cl^- 浓度变化对比图

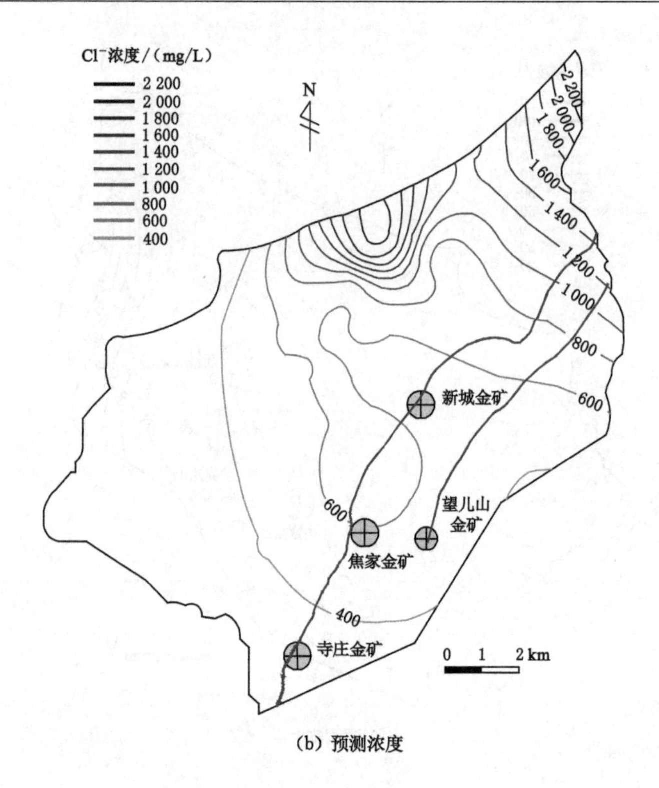

(b) 预测浓度

图 5-35 (续)

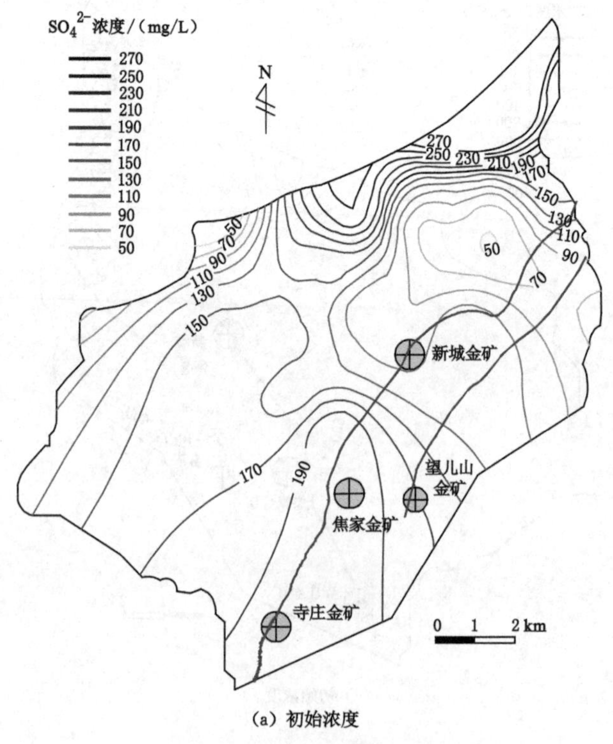

(a) 初始浓度

图 5-36 SO_4^{2-}浓度变化对比图

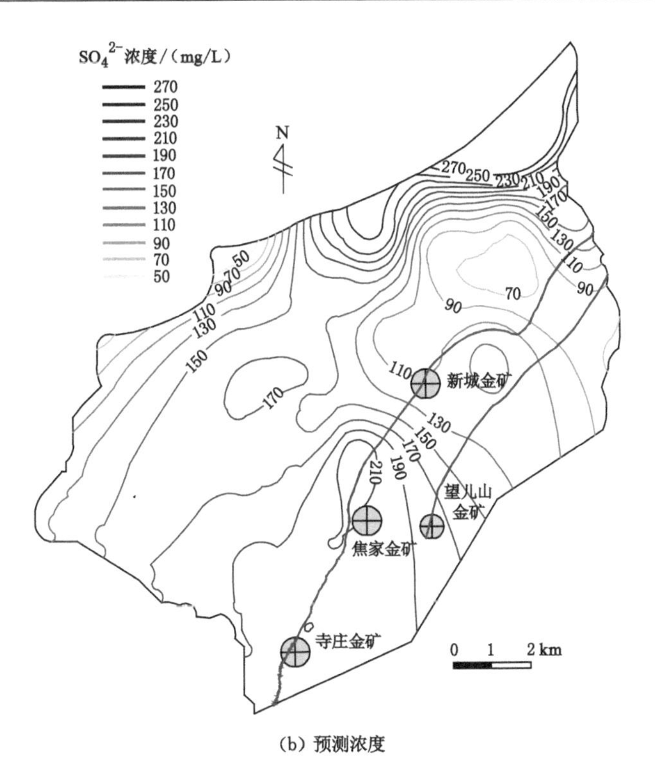

(b) 预测浓度

图 5-36 （续）

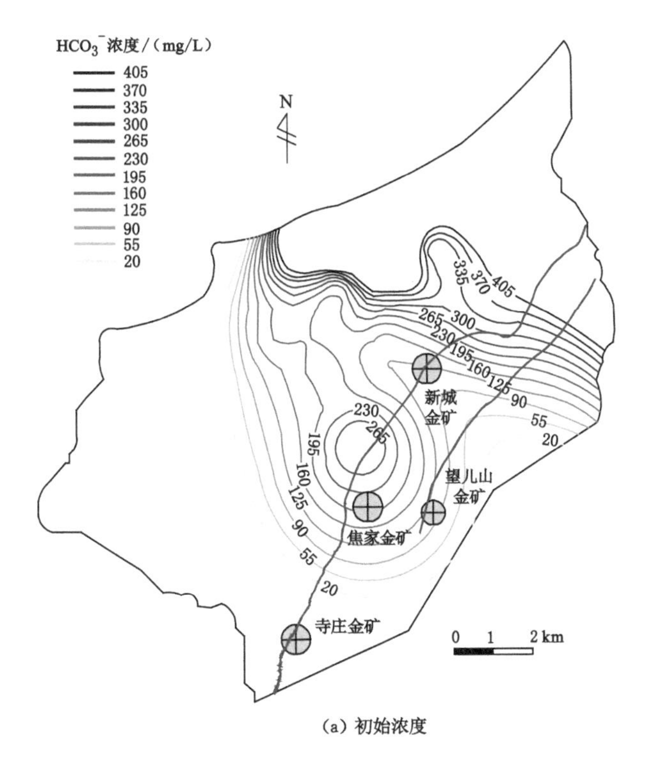

(a) 初始浓度

图 5-37　HCO_3^-浓度变化对比图

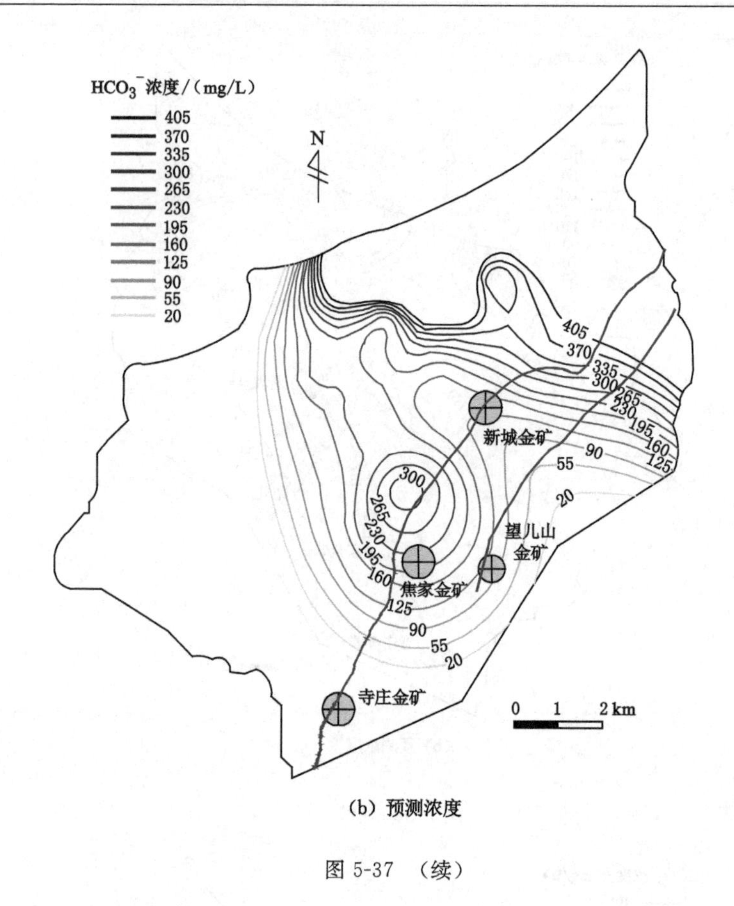

(b) 预测浓度

图 5-37 (续)

对比各阴阳离子初始浓度等值线图与 20 a 后的预测浓度等值线图可以看出，在焦家金矿附近区域的 Na^{+} 浓度局部增大，Mg^{2+} 浓度局部减小，Ca^{2+} 浓度局部减小，说明随着金矿开采深度的增加阳离子交替吸附作用更加强烈。在焦家金矿附近区域的 Cl^{-} 浓度增大，说明随着开采深度增加，海水入侵强度增加。另外，SO_4^{2-} 浓度远小于 Cl^{-} 浓度，说明盐分积累，HCO_3^{-} 浓度远小于 Cl^{-} 浓度，说明易溶盐积累，水质向咸化方向发展。

5.6 本章小结

本章综合焦家金矿区地形、地层、岩性、地质构造条件、水位、水化学等资料建立了三维地下水数值模型，将研究区的地下水系统概化成非均质各向异性、空间双层结构、三维非稳定地下水水流系统，预测分析了不同时段、不同开采深度各主要金矿的矿井涌水量、地下水流场特征、溶质运移规律和海水入侵影响程度。

6 采动围岩运动力学响应机制

前面章节利用三维流体数学模型建立了非均质各向异性、空间双层结构、三维非稳定地下水水流系统。然而地下水的运移离不开围岩应力扰动与导水构造的演化，随着开采深度的增加，山东焦家金矿现已进入深部开采阶段，围岩应力不断增大，开采应力场时空分布更加复杂，采场围岩空间结构被破坏，往往导致矿井水害的发生。本章基于钻孔数据、剖面图和力学实验数据，建立了三维地质力学模型，采用本构模型对上向水平分层回采充填采矿过程进行了模拟，分析了围岩运移、围岩塑性破坏区发育规律及断层活化导水性，探究了采动围岩的力学响应机制。

6.1 模型理论

6.1.1 软件简介

FLAC3D 软件(图 6-1)是由美国 ITASCA 公司研发推出的连续介质力学数值分析软件，是一个三维有限差分程序，使用它时可以用交互方式从键盘输入各种命令，也可以写成命令集文件，类似于批处理，由文件驱动。FLAC3D 软件能够模拟计算三维岩土体及其他介质中工程结构的受力与变形形态，具有强大的计算功能和广泛的模拟能力，尤其在大变形方面的问题分析上独具优势，在全球范围内已经成为岩土工程及相关行业数值模拟的主流软件，在隧道、采矿、边坡及能源等领域应用广泛。

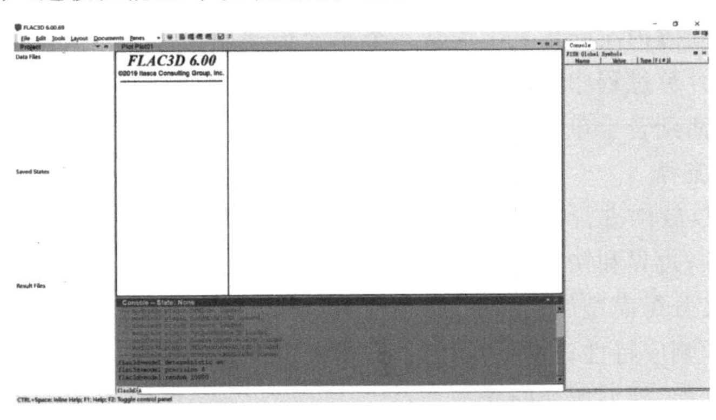

图 6-1 FLAC3D 软件工作界面

FLAC3D 软件可以模拟多种结构形式，如岩体、土体和其他材料形式，通过设置界面单元，可以模拟节理、断层或虚拟的物理边界等，内置 12 个弹塑性材料本构模型，以模拟各种复杂的工程力学行为。借助其强大的绘图功能,能绘制各种图形和表格,可以通过绘制计算时步函数关系曲线来分析、判断体系何时达到平衡与破坏状态,并在瞬态计算或动态计算中进行量化监控,从而通过图形直观地进行各种分析。

6.1.2 模型求解方法

若对问题能找出一个静态解,可以保证在被模拟的物理系统本身是非稳定的情况下,有限差分数值计算仍有稳定解。对于非线性材料,物理不稳定的可能性总是存在的,如顶板岩层的断裂、煤柱的突然垮塌等。在现实中,系统的某些应变能会转变为动能,并从力源向周围扩散。有限差分方法可以直接模拟这个过程,因为惯性项包括动能的产生与耗散。相反,不含有惯性项的算法必须采取某些数值手段来处理物理不稳定问题。尽管这种做法可有效防止数值解的不稳定问题,但所取的"路径"可能并不真实。

图 6-2 是显式有限差分计算流程图。计算过程首先调用运动方程,由初始应力和边界力计算出新的速度和位移。然后,由速度计算出应变率,进而获得新的应力或力。每个循环为一个时步,图 6-2 中的每个图框是通过那些固定的已知值,对所有单元和节点变量进行计算更新。

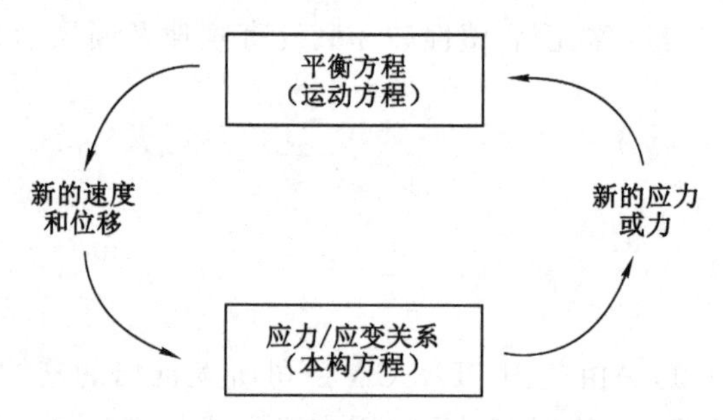

图 6-2 显式有限差分计算流程图

例如,从已计算出的一组速度,计算出对应每个单元的新的应力。该组速度被假设为"冻结"在框图中,即新计算出的应力不影响这些速度。这样做似乎不尽合理,因为如果应力发生某些变化,将对相邻单元产生影响并使它们的速度发生改变。然而,如果选取的时步非常小,则在此时步间隔内实际信息不能从一个单元传递到另一个单元。每个循环只占一个时步,相邻单元在计算过程中的确互不影响,则对"冻结"速度的假设得到验证。经过几个循环后,扰动可能传播到若干单元。

6.1.3 模型求解流程

采用 FLAC3D 软件进行数值模拟时,有三个基本部分必须指定,即:有限差分网格;本构关系和材料特性;边界和初始条件。

网格用来定义分析模型的几何形状;本构关系和与之对应的材料特性用来反映模型在外力作用下的力学响应特性;边界和初始条件用来定义模型的初始状态(即边界条件发生变化或者受到扰动之前,模型所处的状态)。

在定义完这些条件之后,即可进行求解获得模型的初始状态,接着执行开挖或变更其他模拟条件,进而求解获得模型对模拟条件变更后做出的响应。图 6-3 给出了 FLAC3D 软件的一般求解流程。

对于多单元模型复杂问题,如动力分析、多场耦合分析等的模拟,可以按这一求解流程,

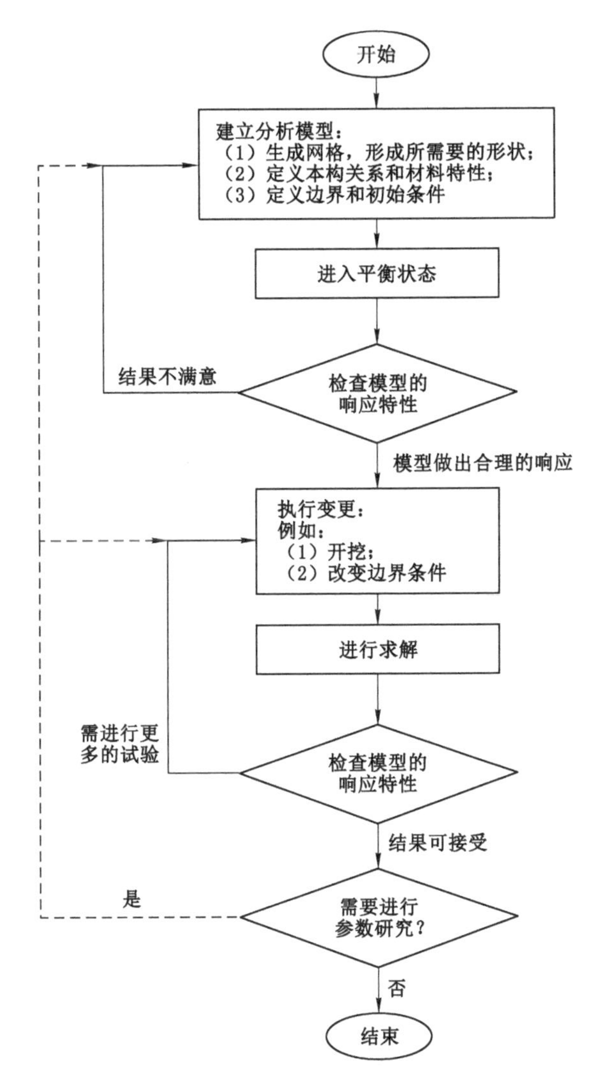

图 6-3 FLAC3D 软件的一般求解流程

先采用简单模型(单元数较少的模型)观察类似模拟条件下的响应,接着再进行复杂问题的模拟以使之更有效率。

6.2 力学建模

6.2.1 本构模型

当使用本构模型来描述岩土材料的力学行为时,岩土材料的三个特点即物理不稳定性、非线性材料的路径相关性和非线性应力应变反馈,均可通过 FLAC3D 软件提供的显式/动态求解方法得以解决。该方法允许数值分析随着岩土系统以真实行为进行演化而不需要考虑数值的非稳定问题。本节采用的本构模型包括空模型和莫尔-库仑塑性模型,更符合岩石的力学破坏过程及开采过程。

(1) 空模型

空模型用于表示被移除或挖掘的材料，空网格内的应力自动设置为 0，空模型对应的材料在后续模拟研究中可以被设置成不同的材料模型，通过这种方式可以模拟开挖后回填过程。

(2) 莫尔-库仑塑性模型

① 弹性增量定律

弹性增量定律用以描述岩体失稳时在剪切作用下的力学响应。莫尔-库仑准则有三个主应力，分别是最大主应力 σ_1、中间主应力 σ_2 和最小主应力 σ_3，对应的三个应变分别是 ε_1、ε_2 和 ε_3。三维广义虎克定律增量表达式(式中上标 e 表示真应变)如下：

$$\begin{cases}\Delta\sigma_1 = \alpha_1\Delta\varepsilon_1^e + \alpha_2(\Delta\varepsilon_2^e + \Delta\varepsilon_3^e)\\ \Delta\sigma_2 = \alpha_1\Delta\varepsilon_2^e + \alpha_2(\Delta\varepsilon_1^e + \Delta\varepsilon_3^e)\\ \Delta\sigma_3 = \alpha_1\Delta\varepsilon_3^e + \alpha_2(\Delta\varepsilon_1^e + \Delta\varepsilon_2^e)\end{cases} \tag{6-1}$$

采用 S_i 表达增量方程如下：

$$\begin{cases}S_1(\Delta\varepsilon_1^e,\Delta\varepsilon_2^e,\Delta\varepsilon_3^e) = \alpha_1\Delta\varepsilon_1^e + \alpha_2(\Delta\varepsilon_2^e + \Delta\varepsilon_3^e)\\ S_2(\Delta\varepsilon_1^e,\Delta\varepsilon_2^e,\Delta\varepsilon_3^e) = \alpha_1\Delta\varepsilon_2^e + \alpha_2(\Delta\varepsilon_1^e + \Delta\varepsilon_3^e)\\ S_3(\Delta\varepsilon_1^e,\Delta\varepsilon_2^e,\Delta\varepsilon_3^e) = \alpha_1\Delta\varepsilon_3^e + \alpha_2(\Delta\varepsilon_1^e + \Delta\varepsilon_2^e)\end{cases} \tag{6-2}$$

式中　α_1,α_2——材料的参数，表达式见式(6-3)。

$$\begin{cases}\alpha_1 = K + \dfrac{4}{3}G\\ \alpha_2 = K - \dfrac{2}{3}G\end{cases} \tag{6-3}$$

式中　G——剪切模量；

K——体积模量。

② 复合失稳准则及流动法则

莫尔-库仑强度准则在 (σ_1,σ_3) 平面内的表示如图 6-4 所示(拉应力为正值，压应力为负值)。

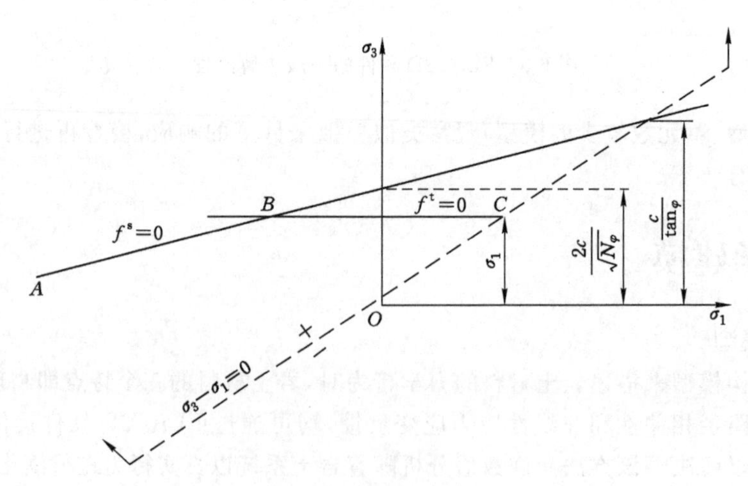

图 6-4　莫尔-库仑强度准则

$f(\sigma_1,\sigma_3) = 0$ (失稳包络线)的定义如下：

从 A 点至 B 点基于失稳强度 $f^s=0$ 定义：

$$f^s=\sigma_1-\sigma_3N_\varphi+\frac{2c}{\sqrt{N_\varphi}} \tag{6-4}$$

式中　c——内聚力；

N_φ——与 φ 有关的比值，$N_\varphi=\dfrac{1+\sin\varphi}{1-\sin\varphi}$；

φ——内摩擦角。

从 B 点至 C 点基于拉伸失稳准则 $f^t=0$ 定义：

$$f^t=\sigma_3-\sigma^t \tag{6-5}$$

式中　σ^t——抗拉强度。

由于材料的抗拉强度不能超过 (σ_1,σ_3) 平面内直线 $f^s=0$ 与 $\sigma_1=\sigma_3$ 的交点对应的 σ_3，因此抗拉强度最大值的表达式为：

$$\sigma_{\max}^t=\frac{c}{\tan\varphi} \tag{6-6}$$

g^s 和 g^t 为两个势函数，分别表示剪切塑性流动和张拉塑性流动。函数 g^s 符合非关联法则，表达式如下：

$$g^s=\sigma_1-\sigma_3N_\psi \tag{6-7}$$

式中　N_ψ——与 ψ 有关的比值，$N_\psi=\dfrac{1+\sin\psi}{1-\sin\psi}$；

ψ——剪胀角。

函数 g^t 符合关联法则，表达式如下：

$$g^t=-\sigma_3 \tag{6-8}$$

函数 $h(\sigma_1,\sigma_2)=0$ 定义为 (σ_1,σ_3) 平面内 $f^s=0$，$f^t=0$ 间的斜线。如图 6-5 所示，根据坐标系中的正域和负域来选择函数，其流动法则表达式如下：

$$h=\sigma_3-\sigma^t+\alpha^P(\sigma_1-\sigma^P) \tag{6-9}$$

式中　α^P,σ^P——常量，表达式见式(6-10)。

$$\alpha^P=\sqrt{1+N_\varphi{}^2}+N_\varphi,\sigma^P=\sigma^tN_\varphi-\frac{2c}{\sqrt{N_\varphi}} \tag{6-10}$$

假设某一弹性点发生屈服，表明点处于 (σ_1,σ_3) 平面中 $h=0$ 的正域或负域，若位于正域内，则该点为剪切屈服状态，且应力点在曲线 $f^s=0$ 上；若位于负域内，表示该点为拉伸屈服状态，且应力点在曲线 $f^t=0$ 上。

6.2.2　采动条件下断层活化

为了研究金矿采动条件下顶板断层活化导水的力学作用机制，本节将断层面假定为断层上、下盘的接触面，将断层上、下盘假定为弹性体，采动条件下断层受力情况如图 6-6(图中 α 为断层面倾角；σ_n 为断层面上的正应力；τ 为断层面上的剪应力；σ_x 为单元体受到的水平方向的静应力；σ_z 为单元体受到的垂直方向的静应力；σ_x^m 为单元体受到的水平方向的动载应力；σ_z^m 为单元体受到的垂直方向的动载应力)所示。

以断层上盘为研究对象，假设单元体受到的水平和垂直方向的动载应力分别为：

$$\sigma_x^m=\sigma_1\sin(\omega_1t) \tag{6-11}$$

$$\sigma_z^m=\sigma_2\sin(\omega_2t+\beta) \tag{6-12}$$

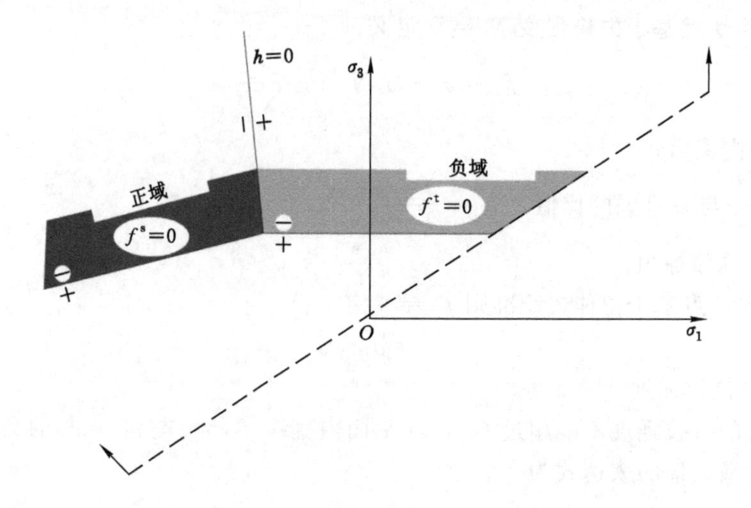

图 6-5　莫尔-库仑模型中用于定义流动法则的域

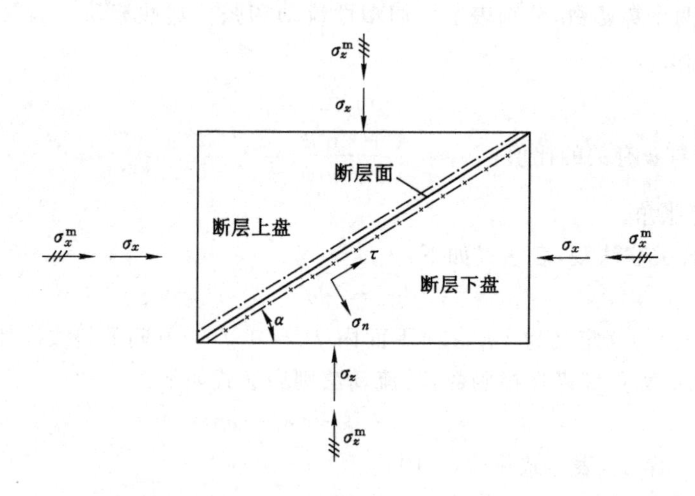

图 6-6　采动条件下断层受力情况

式中　t——时间；

σ_1——水平方向动载应力幅值；

σ_2——垂直方向动载应力幅值；

ω_1——水平方向动载频率；

ω_2——垂直方向动载频率；

β——两个方向的动载应力的相位差。

由上式可知，垂直与水平方向的动载应力是随时间而发生交替变化的。

可得动载作用下单元体的应力状态：

$$\sigma_x{}' = \sigma_x + \sigma_x^m = \sigma_x + \sigma_1 \sin(\omega_1 t) \tag{6-13}$$

$$\sigma_z{}' = \sigma_z + \sigma_z^m = \sigma_z + \sigma_2 \sin(\omega_2 t + \beta) \tag{6-14}$$

进而可得断层面上的正应力和剪应力：

$$\sigma_n = \frac{1}{2}(\sigma_z{}' + \sigma_x{}') + \frac{1}{2}(\sigma_z{}' - \sigma_x{}')\cos 2\alpha$$

$$= [\sigma_z + \sigma_2 \sin(\omega_2 t + \beta)]\cos^2\alpha + [\sigma_x + \sigma_1 \sin(\omega_1 t)]\sin^2\alpha \tag{6-15}$$

$$\tau = \frac{1}{2}(\sigma_z' - \sigma_x')\sin 2\alpha$$

$$= [\sigma_z + \sigma_2 \sin(\omega_2 t + \beta) - \sigma_x - \sigma_1 \sin(\omega_1 t)]\sin\alpha\cos\alpha \tag{6-16}$$

断层活化的主要原因是断层面上剪应力的增大或正应力的减小，由上式可得，在动载的影响下，断层面正应力经历了增大、减小的交替复杂周期变化，当正应力达到最大值时，断层的压实程度最大，最不易活化，当正应力达到最小值时，断层压实程度最小，最容易活化[53,73,145]。

根据莫尔-库仑准则可得断层面最大摩擦强度 τ_s 表达式：

$$\tau_s = c + \sigma_n \tan\varphi \tag{6-17}$$

式中　φ ——断层面内摩擦角；

c ——断层面内聚力。

动载应力波传播到断层面上的岩层时，当断层面摩擦强度大于断层面上的最大剪应力时，断层不发生滑动，不会形成导水通道，而当断层面上的剪应力大于或等于断层面最大摩擦强度时，断层发生滑动，断层的活化可能形成导水通道，导致矿井突水。因此，联立式(6-15)～式(6-17)，可得当断层面满足式(6-18)时，断层会发生滑动，断层活化可能会使原本不导水的断层发展成为导水断层，进而形成导水通道，为地下水的运移等创造了条件，可能会引发突水事故。

$$\sigma_2 \sin(\omega_2 t + \beta)\left(1 - \frac{\tan\varphi}{\tan\alpha}\right) - \sigma_1 \sin(\omega_1 t)(1 + \tan\alpha\tan\varphi) \geqslant$$

$$\left(\frac{\sigma_z}{\tan\alpha} + \sigma_x \tan\alpha\right)\tan\varphi - \sigma_z + \sigma_x + \frac{c}{\sin\alpha\cos\alpha} \tag{6-18}$$

由上式可以看出，断层的拉张与压剪作用随时间复杂交替进行，所引起的断层的张开和闭合比原始应力状态下的更为复杂，断层的活化与否与断层面倾角、水平方向和垂直方向动载应力幅值和频率、断层面内摩擦角和内聚力、水平方向和垂直方向单元体所受静应力有关。

6.2.3　围岩失稳准则

① 金矿巷道开挖后，会引起围岩内应力的重分布，在采空区周围形成应力集中区，利用莫尔-库仑强度准则建立如下屈服条件[146]：

$$\delta_\theta = \frac{1 + \sin\varphi}{1 - \sin\varphi}\delta_r + \frac{2c\cos\varphi}{1 - \sin\varphi} \tag{6-19}$$

式中　δ_θ, δ_r ——围岩屈服破坏时径向和切向的应力；

c, φ ——岩体的内聚力和内摩擦角。

当围岩满足上述屈服条件时，岩体被破坏，发生塑性变形，如果没有支护力，上覆塑性区就会脱离围岩向下垮落，接着产生新的塑性区与垮落。在巷道周边附近塑性区切向应力方向上的半径 R 的计算公式如下：

$$R = \alpha \cdot \left[\frac{P_0 + c\cot\varphi}{P_i + c\cot\varphi} \cdot \frac{1 - \sin\varphi}{1 + \sin\varphi}\right]^{\frac{1 - \sin\varphi}{2\sin\varphi}} \tag{6-20}$$

式中　P_0 ——原岩应力；

α ——开采进路的半径，即巷道或工作面中心到边缘的距离；

P_i ——支护力。

② 围岩强度应力比 S 是地下开采围岩分类的限定性判据。按照围岩强度应力比 S 的大小可以判别能否发生岩爆以及发生岩爆的强烈程度，通常情况下，S 小于 2.5 时，有强烈岩爆；S 为 2.5～5.0 时，有中等岩爆；S 大于 5.0 时，不会有岩爆。其计算公式如下：

$$S=\frac{R_b K_r}{\sigma_m}, K_r=\left(\frac{v_{pm}}{v_{pr}}\right)^2 \tag{6-21}$$

式中　R_b ——岩石单轴饱和抗压强度；

K_r ——岩体完整性系数；

σ_m ——围岩的最大主应力；

v_{pm} ——岩体纵波速度；

v_{pr} ——室内岩石(块)纵波速度。

6.3　三维模型建立

6.3.1　研究区概况

焦家金矿位于焦家断裂带西南段(图 6-7)，采矿方法以水平分层充填采矿法为主，充填材料主要为选矿厂尾砂。本次圈定的研究区位于 80 勘探线以南、160 勘探线以北、120ZK42 钻孔以西、112ZK604 钻孔以东，整个研究区被变辉长岩覆盖(图 6-8)。

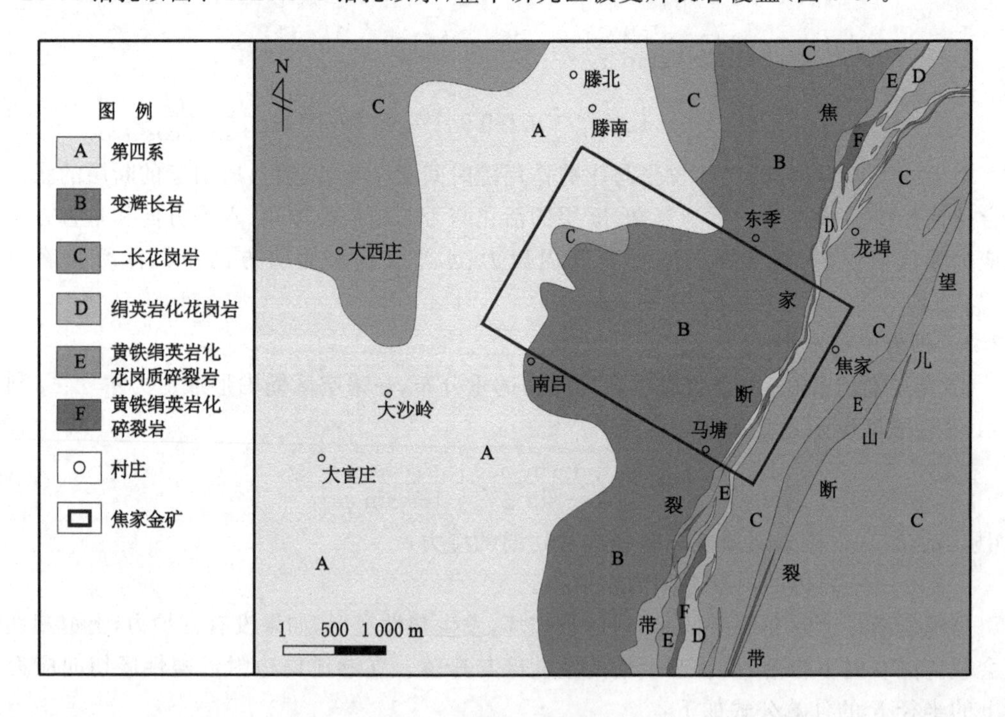

图 6-7　焦家金矿位置图

根据研究区岩性和岩石力学特征，除断层泥外，将研究区垂向划分为 8 层(表 6-1)，自上到下分别是变辉长岩、黄铁绢英岩化花岗岩(断层上盘)、黄铁绢英岩化花岗质碎裂岩(断层上盘)、黄铁绢英岩化碎裂岩(断层上盘)、黄铁绢英岩化碎裂岩(断层下盘)、黄铁绢英岩化花岗质碎裂岩(断层下盘)、黄铁绢英岩化花岗岩(断层下盘)、二长花岗岩。

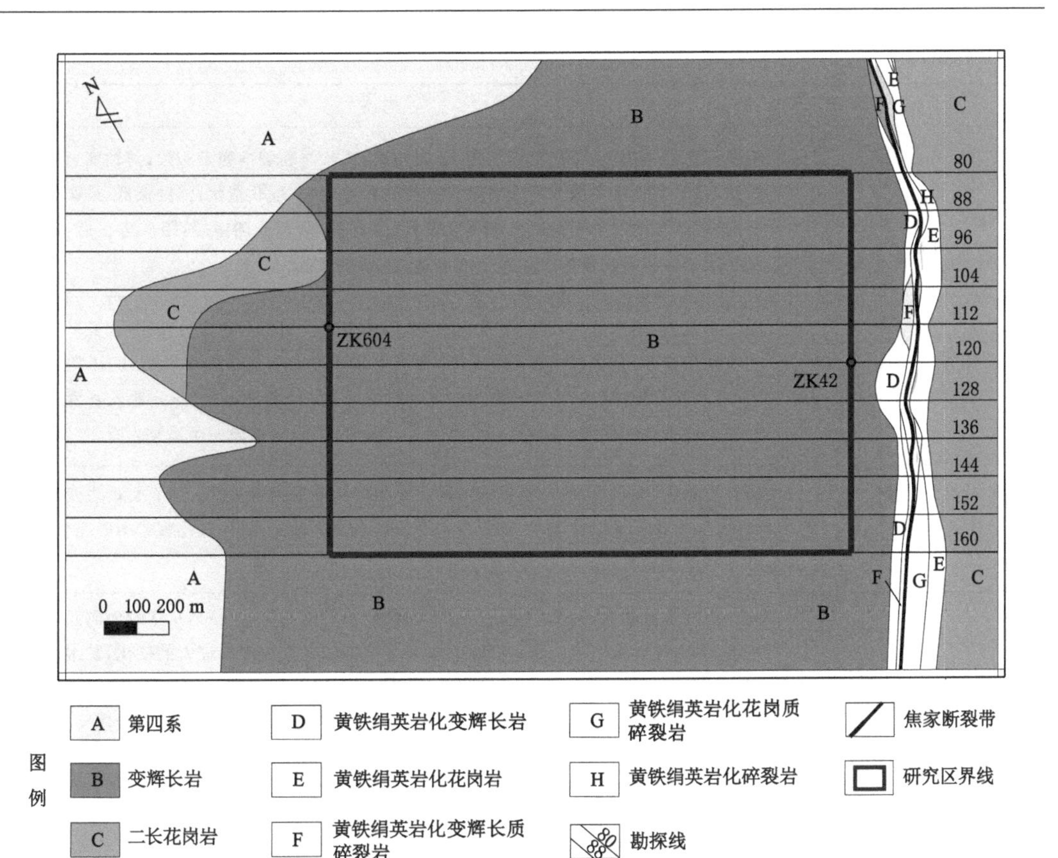

图 6-8 研究区位置图

表 6-1 研究区地层特征

岩性	厚度/m	描述
变辉长岩(M)	36～465	无钻孔漏水，几乎无水，岩层厚度变化大，由主断层向西逐渐增大后逐渐减小。岩石质量好，岩体完整，属坚硬岩石，岩石的硬度较大，属整体块状结构
黄铁绢英岩化花岗岩(A-G1)	5～991	偶尔有钻孔漏水，漏水量很少，岩层厚度变化大，由主断层向西逐渐增大，富水性不均匀是其显著特点。岩层的地质年代久远，经历了多次构造变动，裂隙比较发育，但多为扭性、压扭性裂隙，连通性较差。岩石的硬度较大，岩石质量以好为主，部分为中等，岩体较完整或中等完整，属整体块状结构，强度较高，属坚硬岩石
黄铁绢英岩化花岗质碎裂岩(G-C1)	2～231	漏水量适中，与黄铁绢英岩化碎裂岩为渐变过渡关系，连续带状分布，岩石质量以好为主，部分为中等，岩体较完整或中等完整，属整体块状结构，强度较低，属半坚硬岩石
黄铁绢英岩化碎裂岩(C1)	0.74～71.00	岩石距主裂面较近，构造裂隙发育，多为扭性、压扭性裂隙，透水性、导水性较差，强度较高，属坚硬～半坚硬岩石，岩体较完整或中等完整。其为较好的富水部位

表 6-1(续)

岩性	厚度/m	描述
断层泥	<0.1	主要标志层是黑色、深灰色断层泥,分布连续,产状与断裂蚀变带一致,与蚀变岩接触界线清晰,具有良好的隔水性。断层泥黏粒的质地均匀,呈软塑状,强度极低,是矿床的主要软弱面,该面的分布范围大,走向 12°,倾向北西,倾角北陡南缓,距矿床很近,对矿床及区域岩体稳定的影响很大。其透水性、富水性很弱
黄铁绢英岩化碎裂岩(C2)	0.02～38.00	漏失水量大,涌水量大,即使是重力水,水量也很大。由于多次应力作用,蚀变矿物遭受到较强烈破碎,黄铁矿呈浸染状分布,并具不同程度的裂纹。多存在扭性、压扭性结构面,透水性、导水性较差,含水层内的富水性极不均匀,变化较大,部分地段发育有成矿后期小的张性结构面,具有良好的导水性。强度较高,属坚硬～半坚硬岩石
黄铁绢英岩化花岗质碎裂岩(G-C2)	1.6～106.0	漏失水量大,涌水量大,与黄铁绢英岩化碎裂岩为渐变过渡关系。岩石受动力变质作用而破碎,岩石质量以好为主,部分为中等。岩石强度较高,岩体较完整或中等完整,属坚硬～半坚硬岩石
黄铁绢英岩化花岗岩(A-G2)	4～316	偶尔出现水量漏失,漏失水量小。厚度变化较小呈连续带状分布,从主裂面向西厚度略有增大,岩层含构造裂隙水,透水性、富水性随裂隙发育程度有较大的变化,富水性不均匀是其显著特点。岩层的地质年代久远,经历了多次构造变动,裂隙比较发育,但多为扭性、压扭性裂隙,连通性较差。岩石的硬度较大,岩石质量以好为主,部分为中等,岩体较完整或中等完整,属整体块状结构,强度较高,属坚硬岩石
二长花岗岩(G)	>1 000	揭露深度大于 1 000 m,岩体的厚度大,岩石的硬度大,岩石质量极好,岩体完整,属整体结构,强度高,属中等坚硬岩石。无漏失水,透水性、富水性很弱

6.3.2 模型概化

由于 FLAC3D 软件在建立计算模型时,采用键入数据/命令行文件方式,建立较复杂的地质模型耗时费力,本次借助 Surfer 17、Rhino 6 软件和 Griddle 插件,实现建模过程的自动化,并且可进一步提高三维数值仿真计算的精确度、可靠度。在 Rhino 6 软件中可以方便地建立复杂的三维地质模型,并对划分的网格进行调试、检查、修改等,在此基础上可生成 .f3grid 模型文件,导入 FLAC3D 软件中进行后续模拟。该方法能最大限度地恢复地下应力场的原始状态,弥补了经验公式理论的不足和深部开采相似材料模拟的局限,更符合实际。

本次在统计分析钻孔柱状图、剖面图等的基础上,采用 1∶1 的比例,建立 x 方向长度为 1 800 m,y 方向长度为 1 500 m,z 方向顶板为地面、底板至－1 500 m 的三维地质模型。首先采用克里金插值方法,基于 Surfer 17 软件生成各地层的等值线图(图 6-9～图 6-16),而后导入 Rhino 6 软件进行三维建模(图 6-17)。由图可知,地势东高西低,但高程变化不大,总体没有大的起伏。M 地层厚度自东南向西北先增大后减小,中间部位的厚度最大,东南与西北边缘处厚度小。A-G1、G-C1、C1、C2、G-C2、A-G2 地层总体东南高西北低,并保持大致一致的趋势。

采用以六面体为主、四面体为辅的网格生成模式(图 6-18、图 6-19),可以很好地处理转折角和地层间的过渡区域,其中 p 为节点,四面体和六面体为单元。假设要建立一个在 x 方向上实际坐标为－5～5 m,在 y 方向上实际坐标为－10～10 m,在 z 方向上实际坐标为－5～5 m

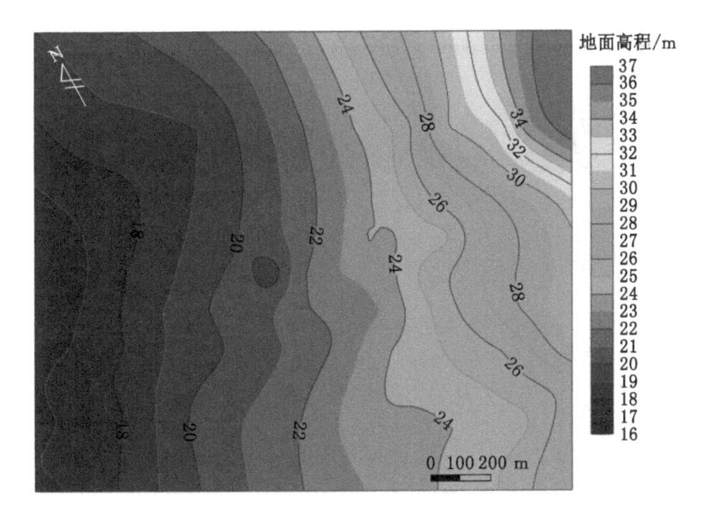

图 6-9 地面高程等值线图

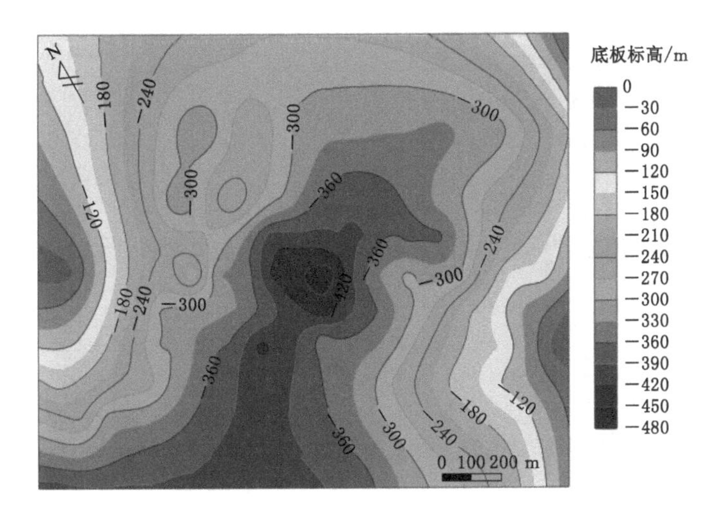

图 6-10 M 地层底板标高等值线图

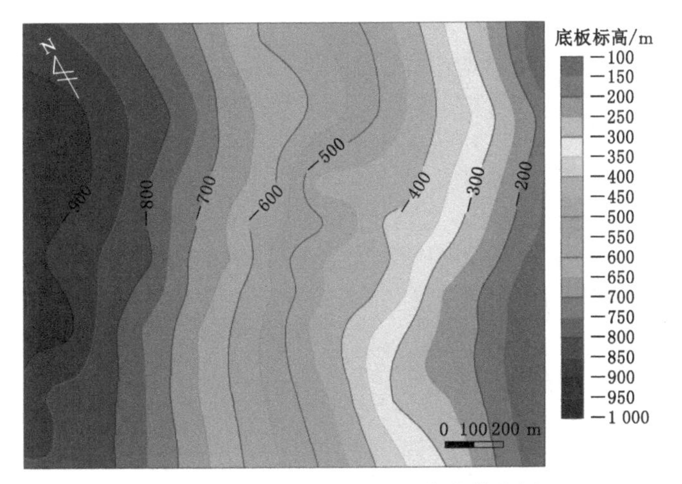

图 6-11 A-G1 地层底板标高等值线图

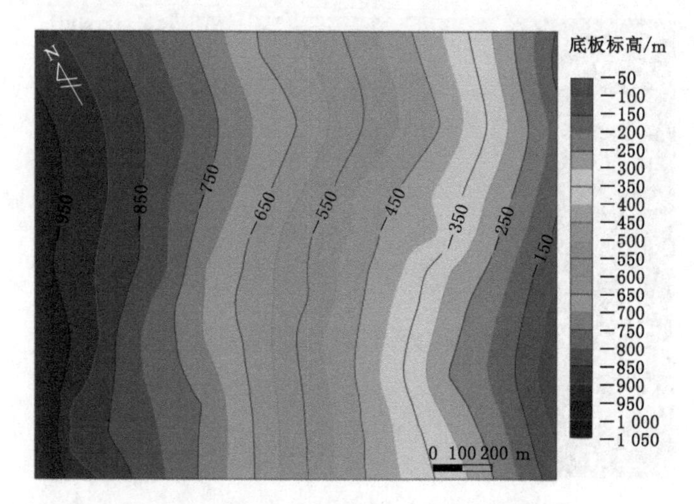

图 6-12 G-C1 地层底板标高等值线图

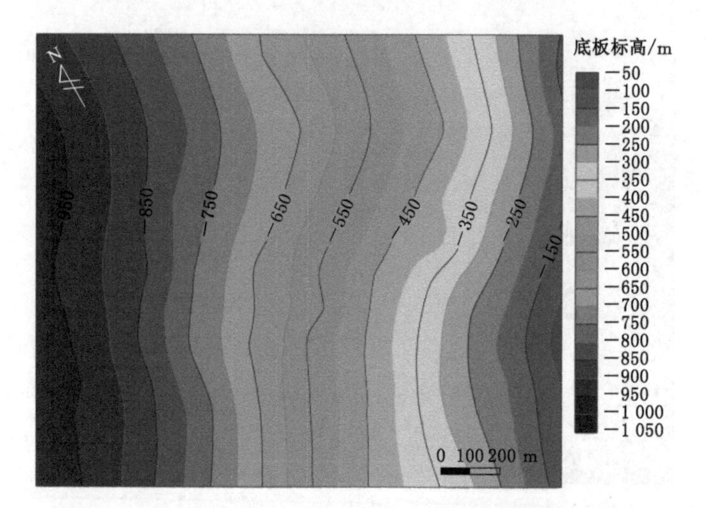

图 6-13 C1 地层底板标高等值线图

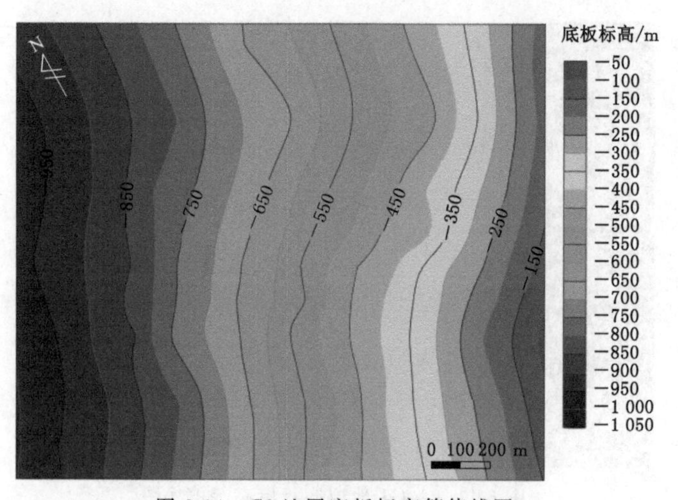

图 6-14 C2 地层底板标高等值线图

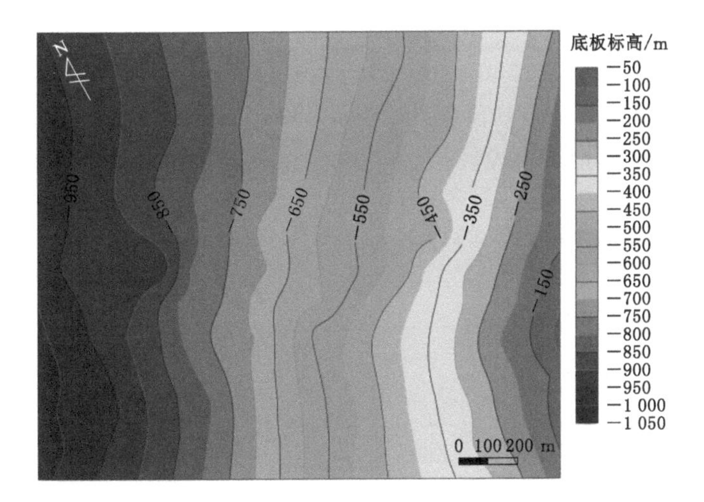

图 6-15　G-C2 地层底板标高等值线图

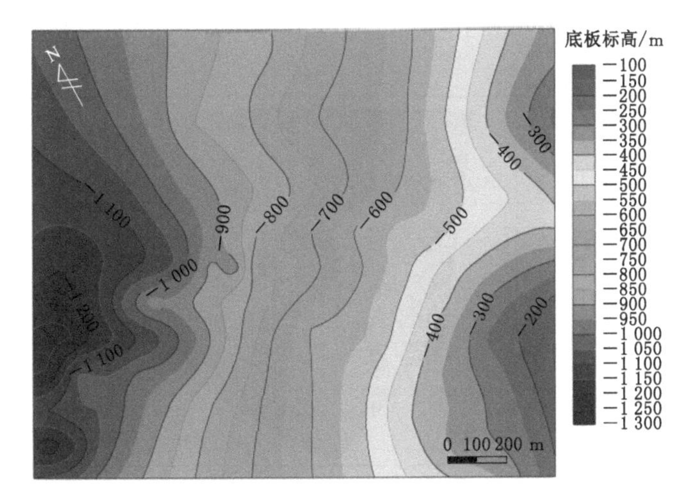

图 6-16　A-G2 地层底板标高等值线图

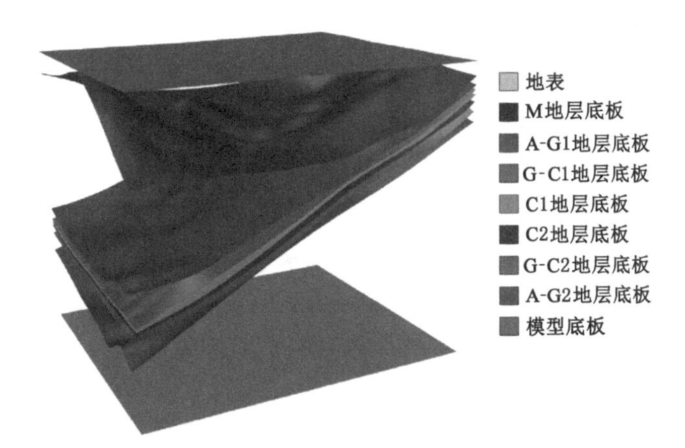

图 6-17　Rhino 6 软件所建三维模型

的六面体单元,则它们的实际坐标依次为 $p_0(-5,-5,-10)$,$p_1(5,-5,-10)$,$p_2(-5,5,-10)$,$p_3(5,5,-10)$,$p_4(-5,-5,10)$,$p_5(5,-5,10)$,$p_6(-5,5,10)$,$p_7(5,5,10)$。若要建立一个顶点为 p_0',在 z 方向上中心到顶点实际坐标为 0~5 m 的正四面体单元,则它们的实际坐标依次为 $p_0'(0,0,5)$,$p_1'\left(\frac{5\sqrt{2}}{3},\frac{5\sqrt{6}}{3},-\frac{5}{3}\right)$,$p_2'\left(-\frac{10\sqrt{2}}{3},0,-\frac{5}{3}\right)$,$p_3'\left(\frac{5\sqrt{2}}{3},-\frac{5\sqrt{6}}{3},-5\sqrt{3}\right)$。本模型共划分为 1 617 318 个单元体,总计 956 775 个节点(图 6-20)。

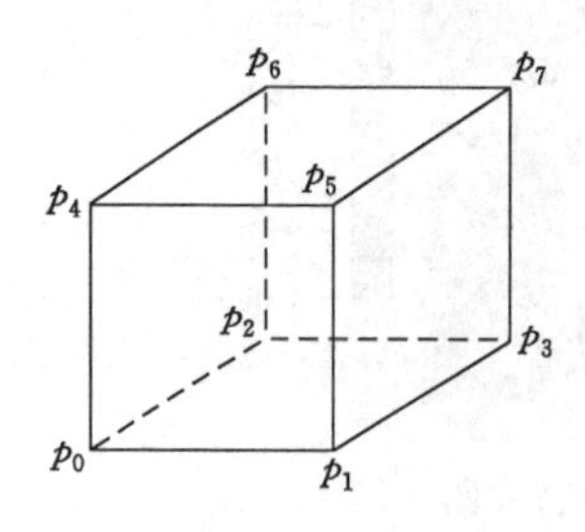

图 6-18　组成网格的六面体

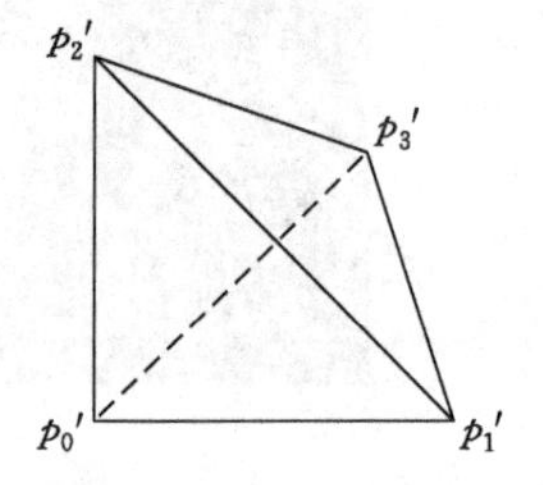

图 6-19　组成网格的四面体

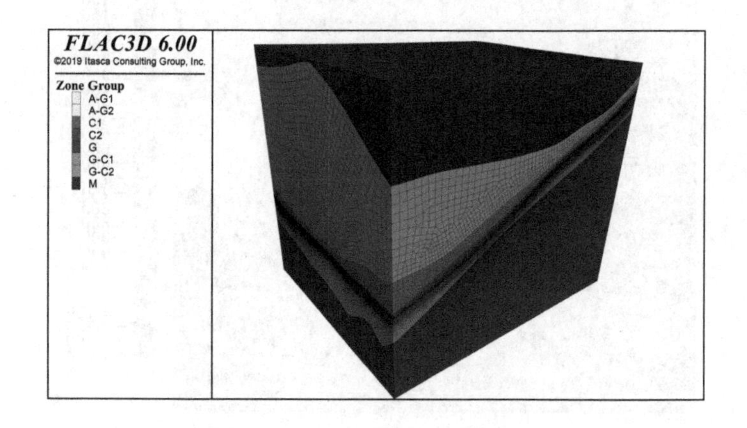

图 6-20　研究区三维地质模型

考虑到金矿采场分层高 3 m、长 90 m,对开挖的 C2 及 G-C2 地层进行网格加密,直到边长为 1 m,以方便断层附近重点区域的研究。因断层泥厚度小于 0.1 m,厚度很小且覆盖整个研究区,因此概化为断层面,使用 FLAC3D 软件中的接触面模拟断层,在 C1 和 C2 地层间建立接触面,如图 6-21 所示。

6.3.3　生成初始应力场

本次在模型的 x 方向边界和 y 方向边界施加水平位移约束条件,在模型的底面边界施加垂直位移约束条件,设置初始应力场的节点速度和位移都为 0,采用自重应力场作为数值模拟的初始应力场,重力加速度取 9.8 m/s^2(图 6-22)。随着深度的增加压应力逐渐增大,断层附近应力场分布不连续,压应力西高东低。经过实验所得的各岩体和充填材料的力学参数如表 6-2 所列。自重应力生成时监测的最大不平衡力逐渐无限接近于 0,说明模型收敛效果良好,可以用于后续开挖模拟(图 6-23,图中纵坐标轴为最大不平衡力,单位 N,横坐标轴为模型运行的步长)。

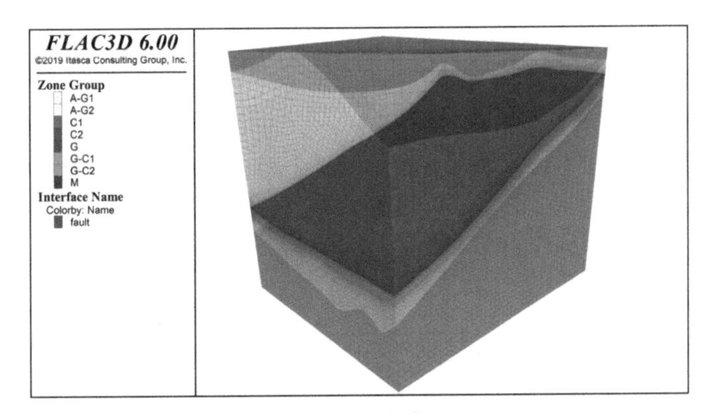

图 6-21 研究区焦家主裂面

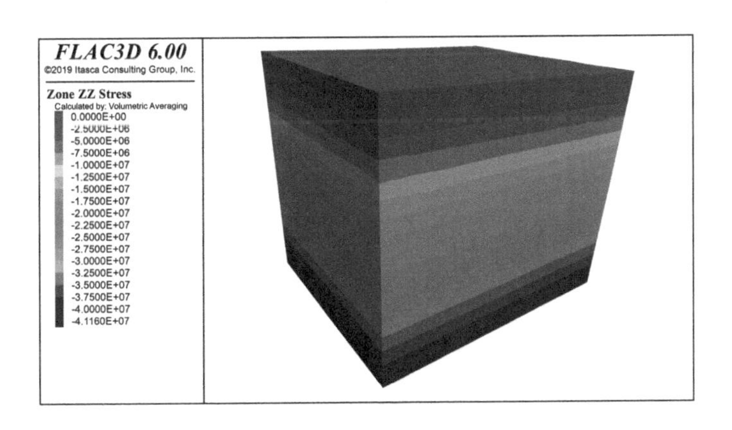

图 6-22 主应力 z 方向的初始应力场(单位:Pa)

表 6-2 各岩体和充填材料的力学参数

名称	体积弹性模量/(×10¹⁰ Pa)	剪切弹性模量/(×10¹⁰ Pa)	抗拉强度/(×10⁶ Pa)	内聚力/(×10⁶ Pa)	内摩擦角/(°)	密度/(×10³ kg/m³)	法向刚度/(×10¹⁰ Pa)	切向刚度/(×10¹⁰ Pa)
M	5.48	1.63	5.90	12.00	38	2.80	—	—
A-G1	1.20	1.00	1.70	10.00	39	2.80	—	—
G-C1	3.70	2.40	4.10	9.70	38	2.80	—	—
C1	4.60	1.30	3.70	6.80	38	2.80	—	—
主裂面	—	—	1.50	4.00	38	—	3.00	3.00
C2	5.10	1.34	4.00	6.90	38	2.80	—	—
G-C2	5.30	2.40	4.20	11.00	38	2.80	—	—
A-G2	2.60	1.10	5.00	17.00	40	2.80	—	—
G	2.70	2.10	8.30	16.00	40	2.80	—	—
充填材料	0.42	0.30	0.60	0.76	37	2.50	—	—

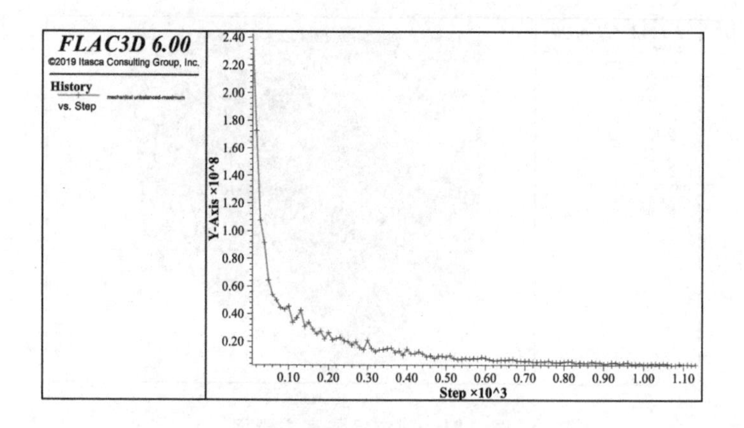

图 6-23　最大不平衡力监测

6.3.4　开采过程模拟

焦家金矿矿体分布主要受断裂蚀变带控制，矿体主要产于主断裂下盘内的碎裂岩和绢英岩带内，采矿以上向水平分层充填采矿法为主。该矿共分为 6 个开采水平，按照开采顺序分别是−700 m、−750 m、−800 m、−850 m、−900 m、−950 m 水平。每个开采水平包括 15 个水平分层，每个水平分层长度为 90 m，与 x 方向一致，采场分层高度为 3 m，采用“隔一采一”的开采方式(图 6-24)，即先采分层的 1,3,5,…,29 条(步骤一)，充填 1,3,5,…,29 条(步骤二)，开采 2,4,6,…,30 条(步骤三)，充填 2,4,6,…,30 条(步骤四)。以−700 m 水平为例，共分为−703～−700 m、−706～−703 m、−709～−706 m、−712～−709 m、−715～−712 m、−718～−715 m、−721～−718 m、−724～−721 m、−727～−724 m、−730～−727 m、−733～−730 m、−736～−733 m、−739～−736 m、−742～−739 m、−745～−742 m 共 15 个水平分层采场，自下而上开采，即 1 分层为−745～−742 m，以此类推。z 方向的开采高度范围为−745～−700 m，共 45 m，x 方向开采范围沿断层下盘与采场走向长度一致，共 90 m，y 方向范围以 120 勘探线为中心向两边各延 30 m，总长 60 m。开采模型二维、三维简图分别如图 6-25、图 6-26 所示。

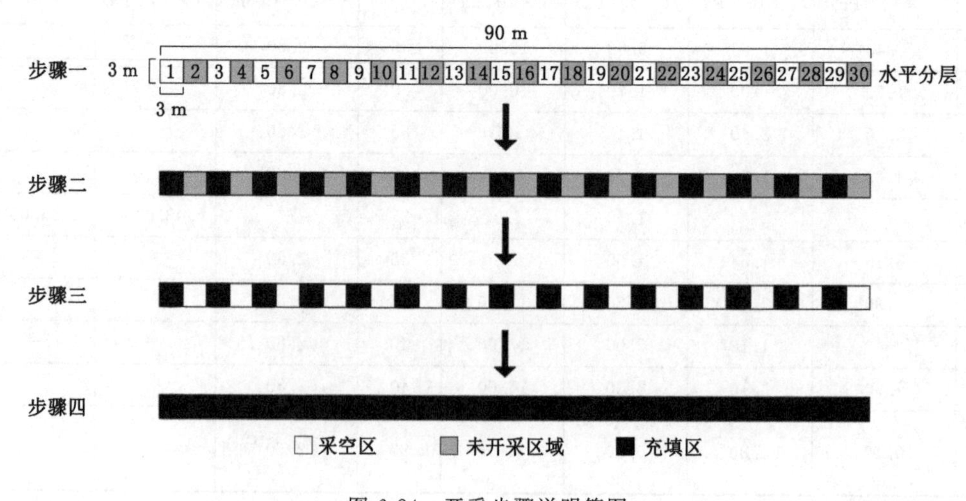

图 6-24　开采步骤说明简图

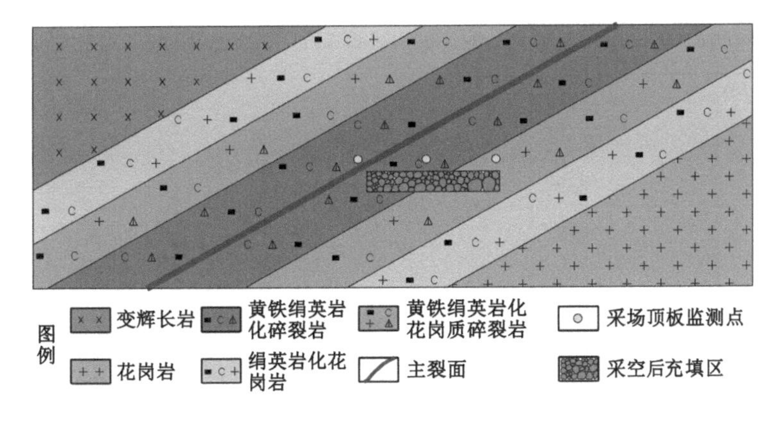

图 6-25 开采模型二维简图

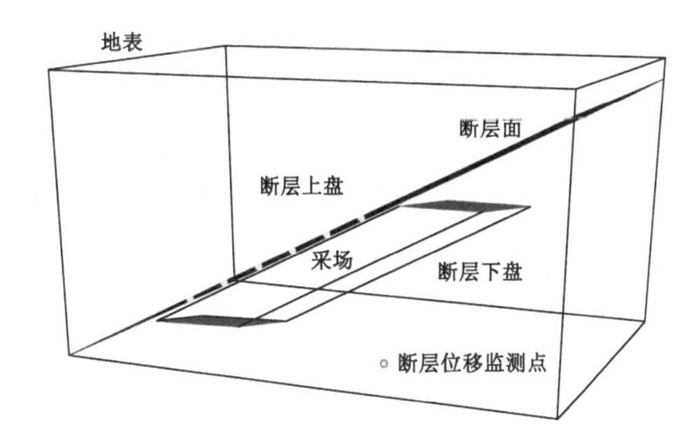

图 6-26 开采模型三维简图

6.4 结果分析讨论

6.4.1 采动围岩运移变化特征

由于 y 方向的开采是以 120 勘探线为中心的，所以结果以 y 方向经过 120 勘探线切片方式展示。随着开采的进行，最大不平衡力最后无限接近于 0，说明模型收敛，可以进行结果分析(图 6-27，图中纵坐标轴为最大不平衡力，单位 N，横坐标轴为模型运行的步长)。

由图 6-28 可以看出，由于采用“隔一采一”的分层开采方式，采场垂直方向位移分布不均匀，呈向左倾斜的抛物线形状，整体中间部分位移较大而两边位移较小，向上最大垂直位移为 4.5 mm。断层两边垂直方向位移分布不连续，采场断层上盘位移明显大于断层下盘位移。

由图 6-29(图中纵坐标轴为各类顶板岩层垂直方向位移，单位 m，横坐标轴为模型运行的步长)可以看出，1 分层顶板垂直方向位移随着开采的进行逐渐增大，其中：顶板黄铁绢英岩化花岗质碎裂岩(G-C2)的位移最小，最大值为 0.20 mm；顶板断层上盘黄铁绢英岩化碎裂岩(C1)初始位移最大，最终位移中等，为 1.3 mm；顶板断层下盘黄铁绢英岩化碎裂岩(C2)初始位移中等，最终位移最大，为 1.68 mm。此外，在进行步骤三开采时，断层上、下盘黄铁绢英岩化碎裂岩的位移急剧增大。

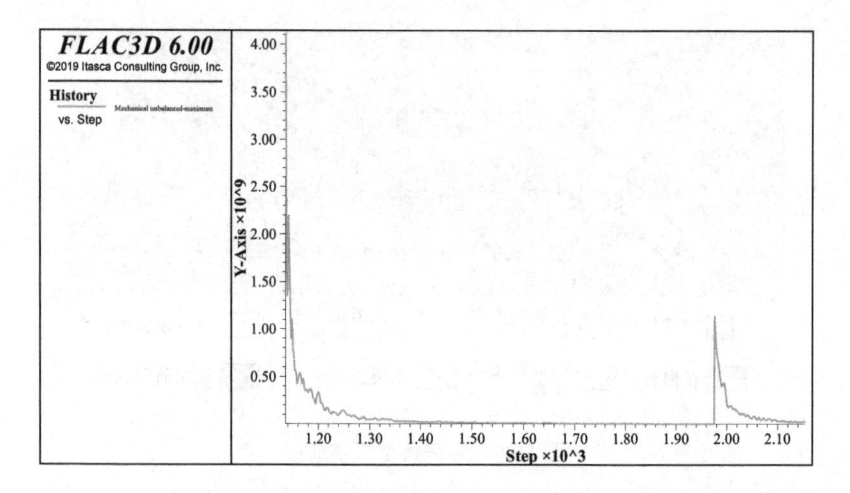

图 6-27　开采－700 m 水平 1 分层最大不平衡力监测

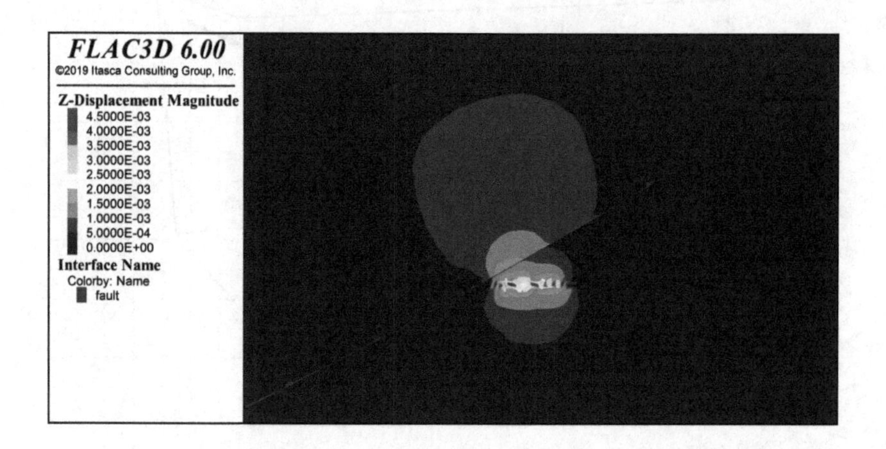

图 6-28　开采－700 m 水平 1 分层垂直方向位移分布(单位:m)

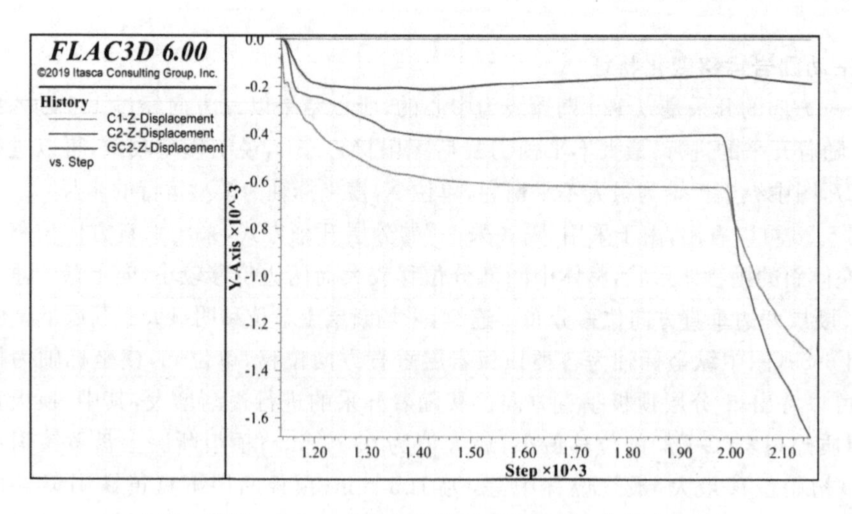

图 6-29　开采－700 m 水平 1 分层顶板垂直方向位移变化特征

由图 6-30～图 6-47 可以看出，在整个采场中，中间位置的垂直方向位移大而两边的垂直方向位移小，整体呈抛物线形，断层两边垂直方向位移分布不连续，采场断层上盘垂直方向位移明显大于断层下盘垂直方向位移，说明断层发生轻微滑动。每开采一个新的水平时，抛物线形的垂直方向位移分布云图根据断层的倾角变化向左倾斜，此外，由于采用自下而上的分层开采方式，在新开采的水平分层形成了一个新的小抛物线形垂直方向位移云图，随着分层开采的进行两个抛物线最终合为一体。开采－700 m 水平 1～5 分层、－700 m 水平 6～10 分层、－700 m 水平 11～15 分层、－750 m 水平 1～5 分层、－750 m 水平 6～10 分层、－750 m 水平 11～15 分层、－800 m 水平 1～5 分层、－800 m 水平 6～10 分层、－800 m 水平 11～15 分层、－850 m 水平 1～5 分层、－850 m 水平 6～10 分层、－850 m 水平 11～15 分层、－900 m 水平 1～5 分层、－900 m 水平 6～10 分层、－900 m 水平 11～15 分层、－950 m 水平 1～5 分层、－950 m 水平 6～10 分层、－950 m 水平 11～15 分层垂直方向位移最大值分别约为 21.4 mm、28.7 mm、32.6 mm、37.1 mm、39.7 mm、45.4 mm、49.6 mm、52.0 mm、54.0 mm、56.7 mm、58.4 mm、59.5 mm、61.2 mm、62.5 mm、64.8 mm、66.2 mm、66.8 mm、68.7 mm。

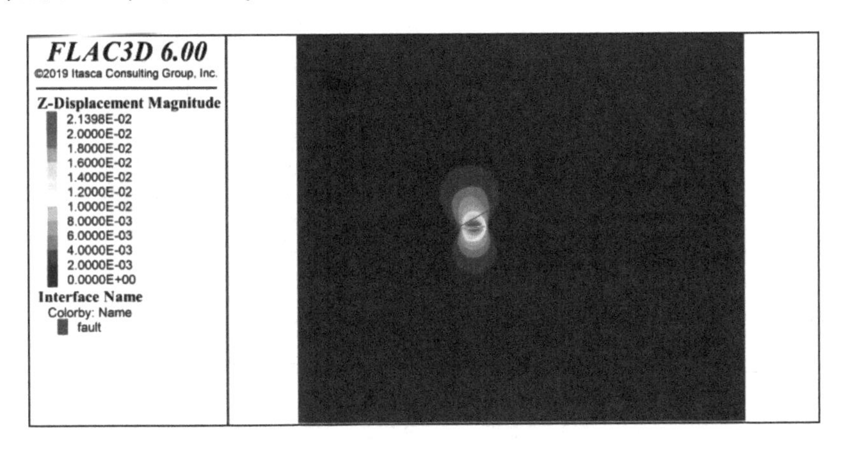

图 6-30 开采－700 m 水平 1～5 分层垂直方向位移分布(单位:m)

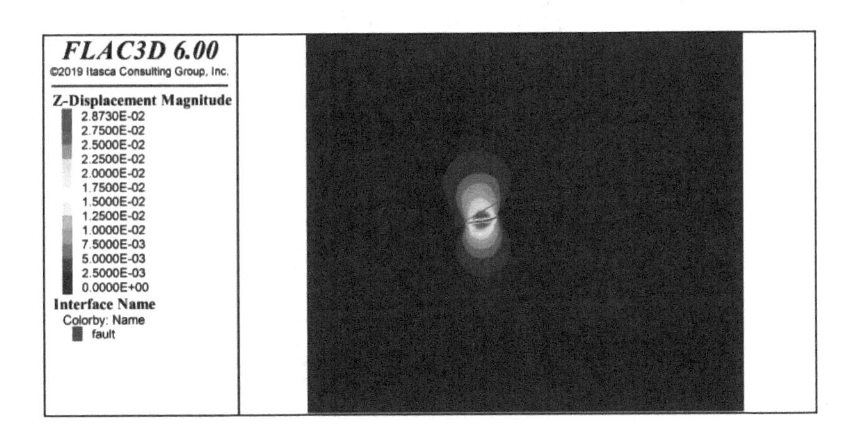

图 6-31 开采－700 m 水平 6～10 分层垂直方向位移分布(单位:m)

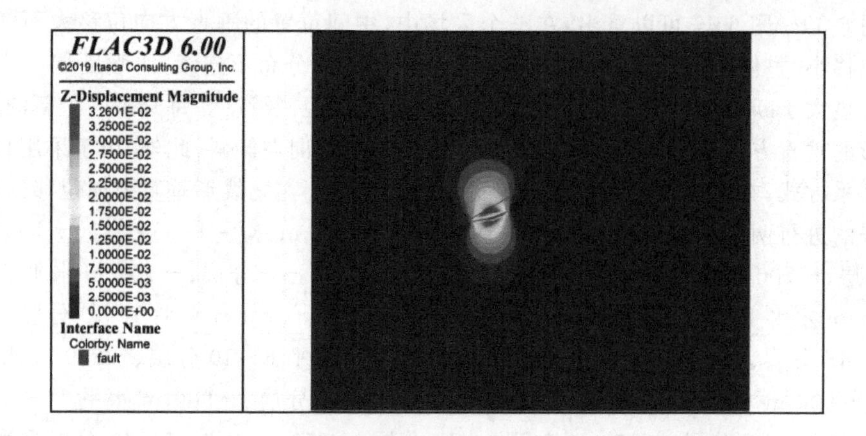

图 6-32　开采－700 m 水平 11～15 分层垂直方向位移分布(单位:m)

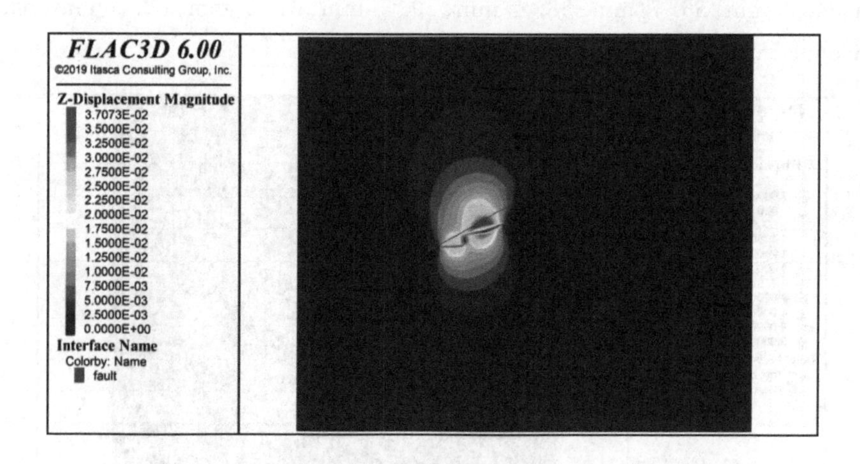

图 6-33　开采－750 m 水平 1～5 分层垂直方向位移分布(单位:m)

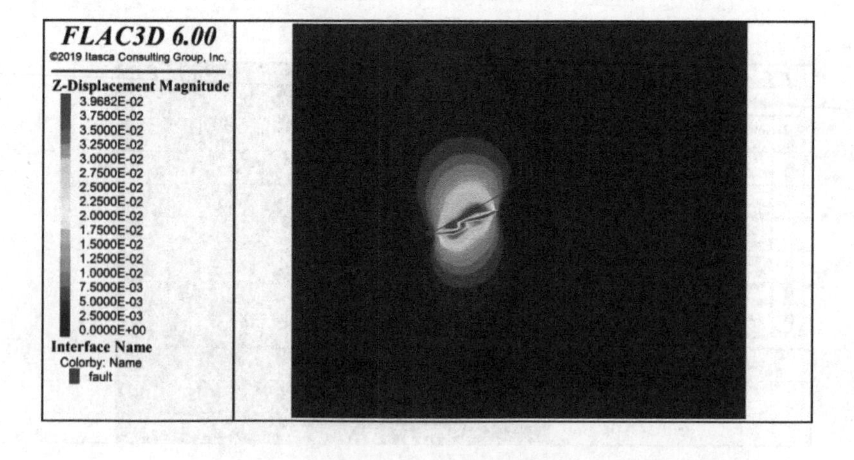

图 6-34　开采－750 m 水平 6～10 分层垂直方向位移分布(单位:m)

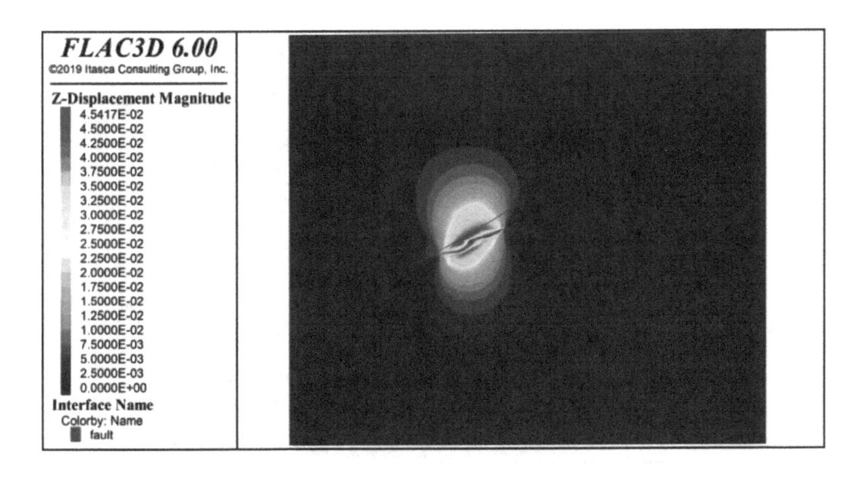

图 6-35　开采－750 m 水平 11～15 分层垂直方向位移分布(单位:m)

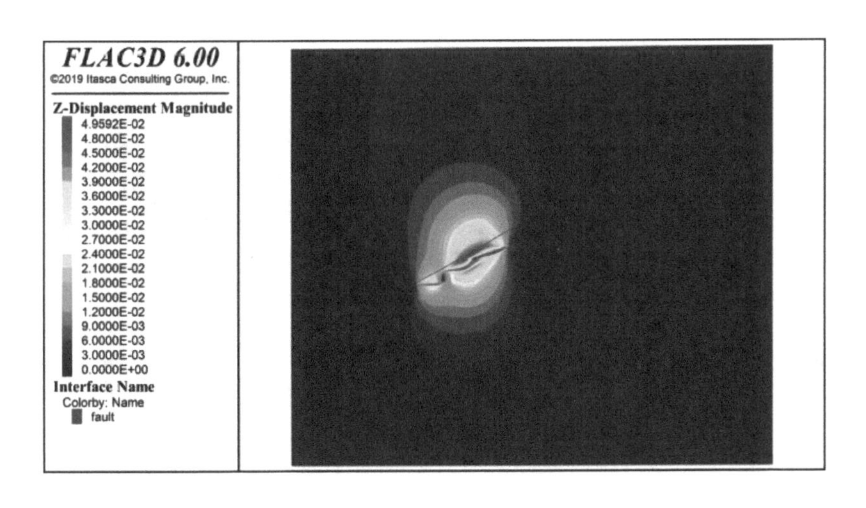

图 6-36　开采－800 m 水平 1～5 分层垂直方向位移分布(单位:m)

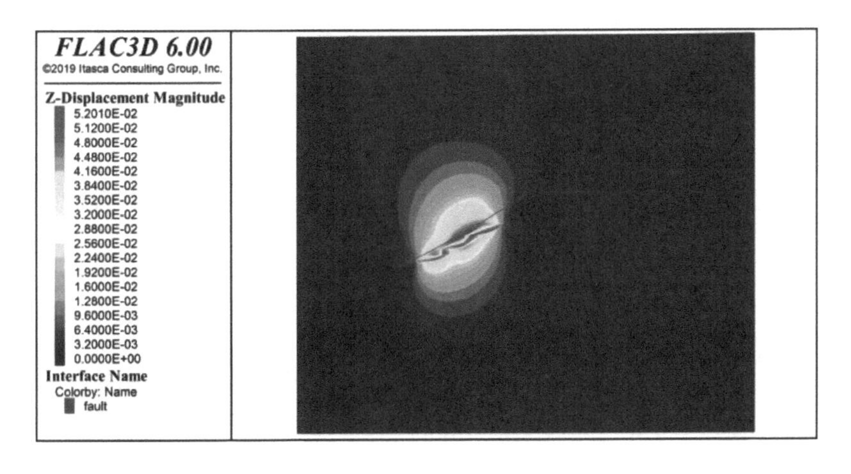

图 6-37　开采－800 m 水平 6～10 分层垂直方向位移分布(单位:m)

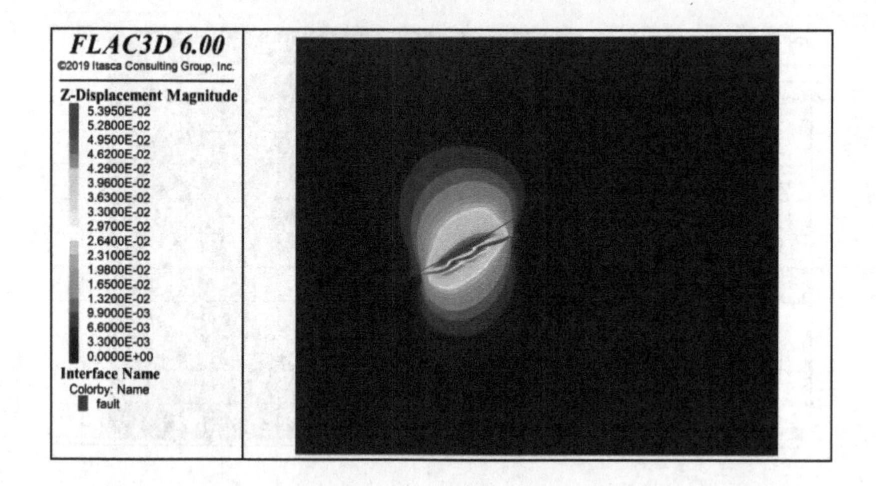

图 6-38　开采－800 m 水平 11～15 分层垂直方向位移分布(单位:m)

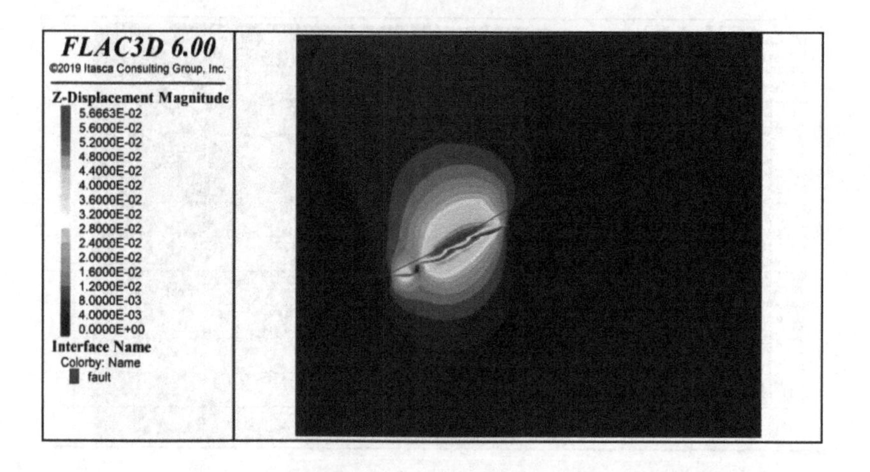

图 6-39　开采－850 m 水平 1～5 分层垂直方向位移分布(单位:m)

图 6-40　开采－850 m 水平 6～10 分层垂直方向位移分布(单位:m)

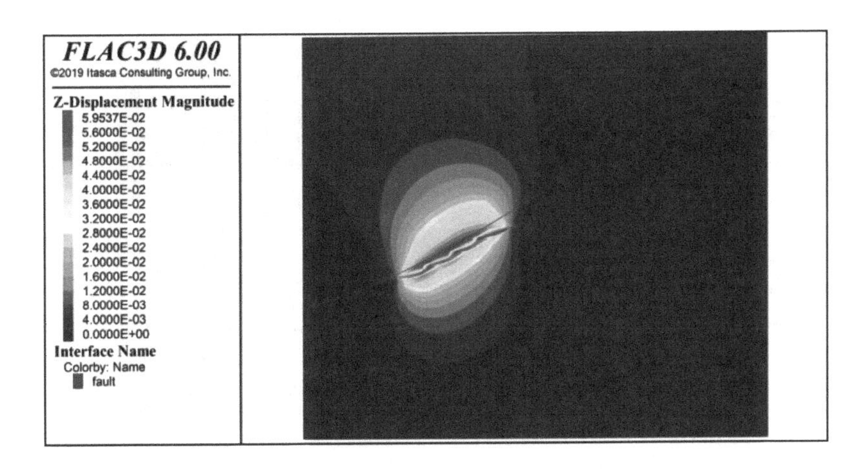

图 6-41　开采－850 m 水平 11～15 分层垂直方向位移分布(单位:m)

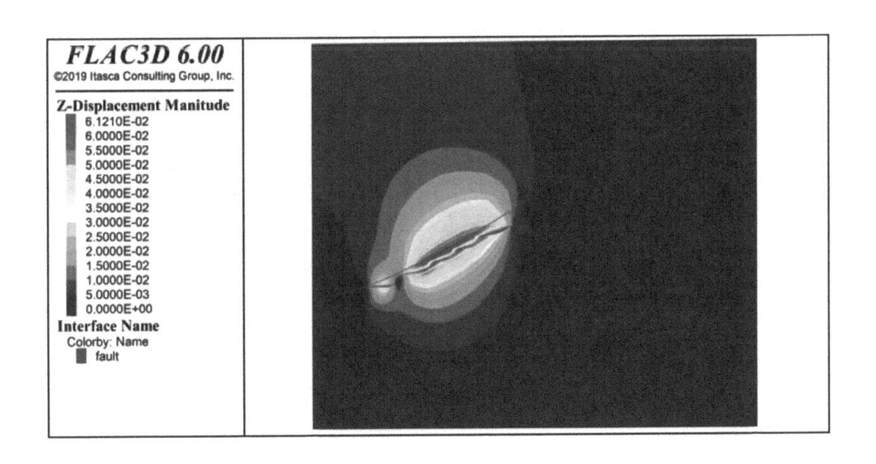

图 6-42　开采－900 m 水平 1～5 分层垂直方向位移分布(单位:m)

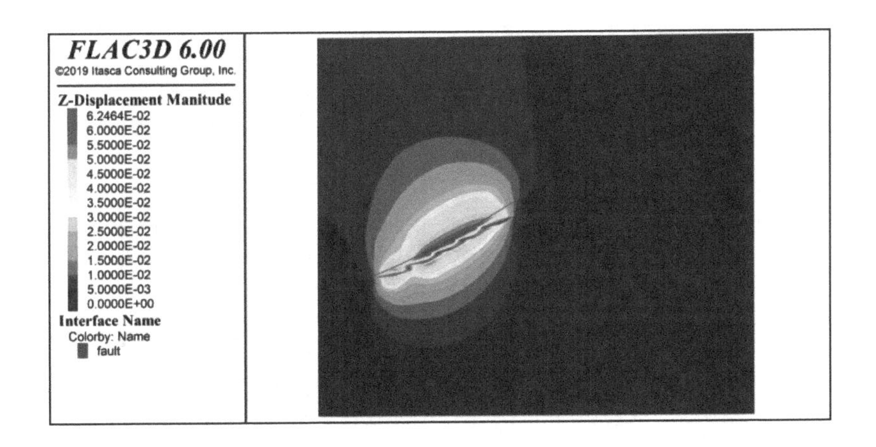

图 6-43　开采－900 m 水平 6～10 分层垂直方向位移分布(单位:m)

图 6-44　开采－900 m 水平 11～15 分层垂直方向位移分布(单位:m)

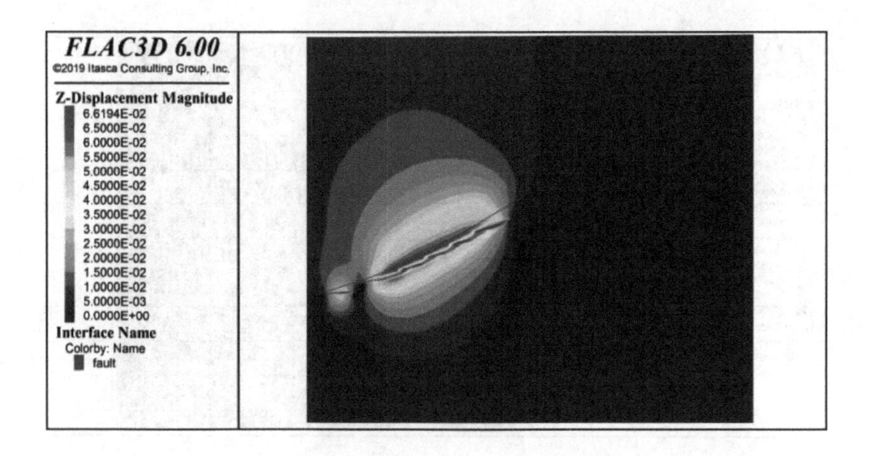

图 6-45　开采－950 m 水平 1～5 分层垂直方向位移分布(单位:m)

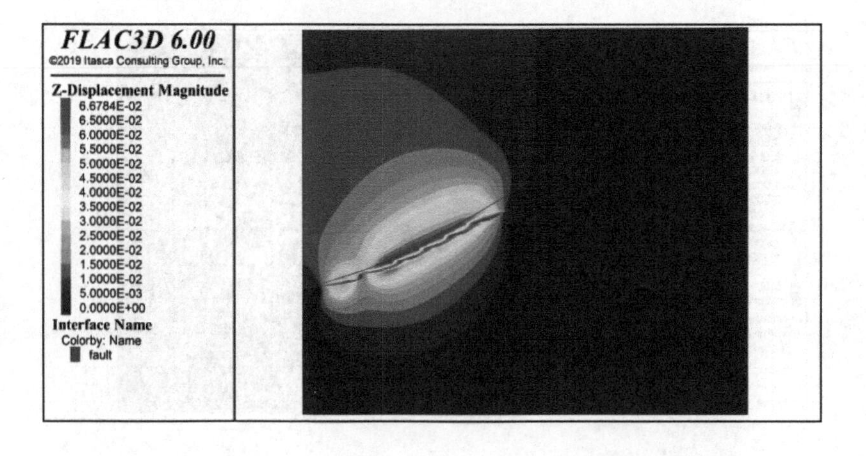

图 6-46　开采－950 m 水平 6～10 分层垂直方向位移分布(单位:m)

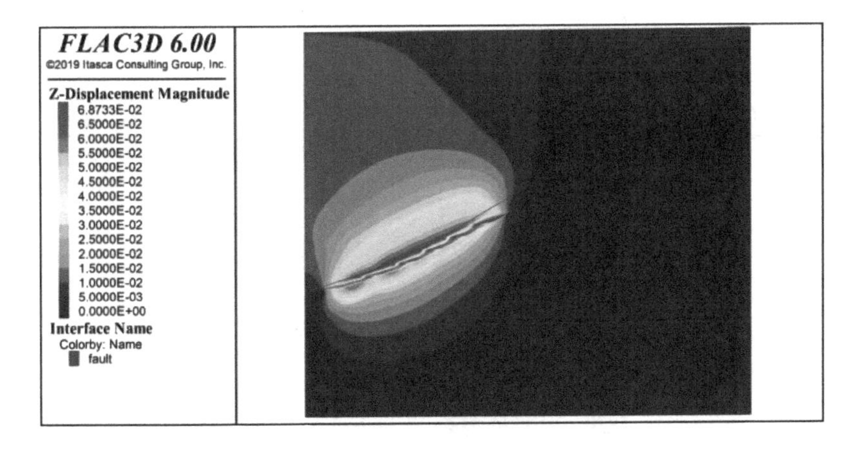

图 6-47　开采－950 m 水平 11～15 分层垂直方向位移分布(单位:m)

在开采－750 m 水平 11～15 分层时出现地表沉降,沉降位移在 2.5 mm 之内,位于整体采场垂直位置的中部。随着开采的进行,地表沉降区域变人且向左比向右发展快。当开采至－800 m 水平 11～15 分层时,地表沉降区域位于整体采场垂直位置的中部偏左,沉降位移在 3.3 mm 之内。开采后整体地表沉降位移极小,在 5 mm 内。

6.4.2　采动围岩应力场时空分布特征

由图 6-48 可以看出,由于采用"隔一采一"的开采方式,应力释放不均匀,间隔明显。由图 6-49 可以看出,断层倾向应力在靠近断层处比远离断层处大,在采场起点两端形成应力集中区,自集中区向上、下依次减小。断层倾斜方向应力集中区最大负向切应力(即沿断层走向向下)约为 2.6 MPa,最大正向切应力(即沿断层走向向上)约为 1.3 MPa。所以本次监测相应开采水平的 5 分层上部的断层剪切方向位移大小变化情况。

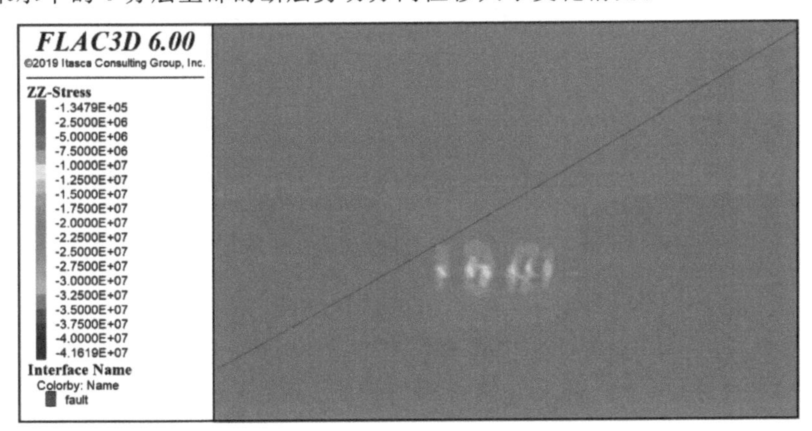

图 6-48　开采－700 m 水平 1 分层垂直应力分布(单位:Pa)

由图 6-50～图 6-67 可以看出,随着金矿的开采,原岩应力重新分布。在金矿开挖后充填的采场的前、后方形成应力集中区,其中靠近断层一端的压应力小于远离断层一端的压应力。除－700 m 水平以外,其他水平在最初开采时形成 4 个应力集中区,随着开采的进行,中间两个应力集中区合并后消失。总体压应力自开采分层向上逐渐增大,形状类似抛物线,

图 6-49　开采－700 m 水平 1 分层断层倾向应力分布(单位:Pa)

且每新开采一个水平时,应力分布分为两个区域,彼此有一定联系又相互独立,左侧部分似抛物线,右侧部分似向右倾斜的抛物线。由于采用自下而上的分层开采方式,在新开采的水平分层形成一个新的小抛物线形应力云图,随着分层开采的进行两个抛物线最终合为一体,且开采水平越深,断层倾角越小,两个抛物线合并所用的时间越长。

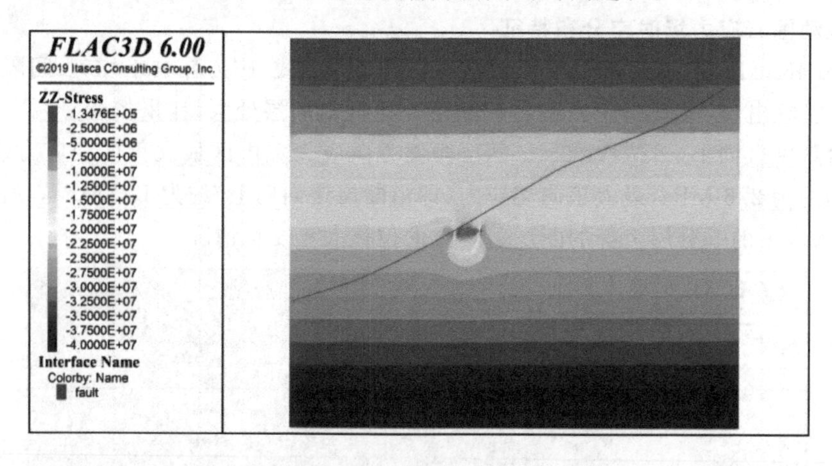

图 6-50　开采－700 m 水平 1～5 分层垂直应力分布(单位:Pa)

开采－700 m 水平 1～5 分层时,采场前方集中应力约为 35.0 MPa,后方集中应力约为 40.0 MPa;开采－700 m 水平 6～10 分层时,采场前方集中应力约为 37.5 MPa,后方集中应力约为 43.5 MPa;开采－700 m 水平 11～15 分层时,采场前方集中应力约为 37.5 MPa,后方集中应力约为 41.6 MPa。

开采－750 m 水平 1～5 分层时,形成了 4 个应力集中区,采场最前方集中应力约为 40.0 MPa,最后方集中应力约为 41.6 MPa,正后方集中应力约为 40.0 MPa,后上方集中应力约为 41.6 MPa;开采－750 m 水平 6～10 分层时,采场最前方集中应力约为 42.7 MPa,最后方集中应力约为 42.5 MPa;开采－750 m 水平 11～15 分层时,采场前方集中应力约为 43.6 MPa,后方集中应力约为 42.5 MPa。

开采－800 m 水平 1～5 分层时,形成了 4 个应力集中区,采场最前方集中应力约为

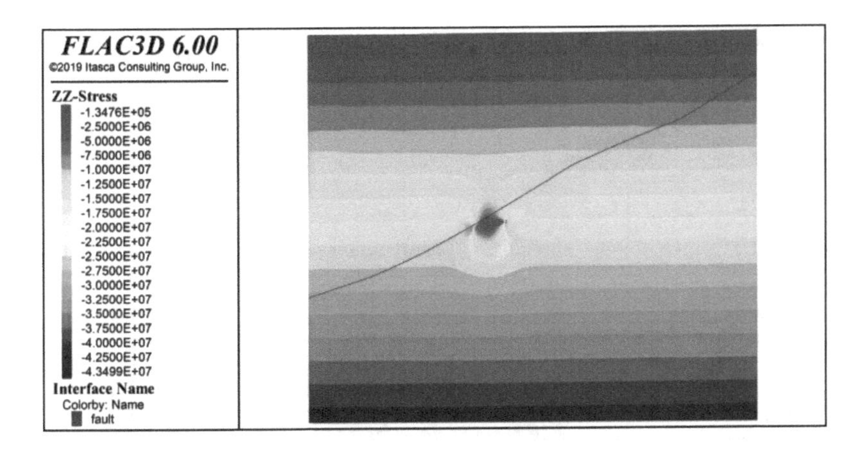

图 6-51　开采－700 m 水平 6～10 分层垂直应力分布(单位:Pa)

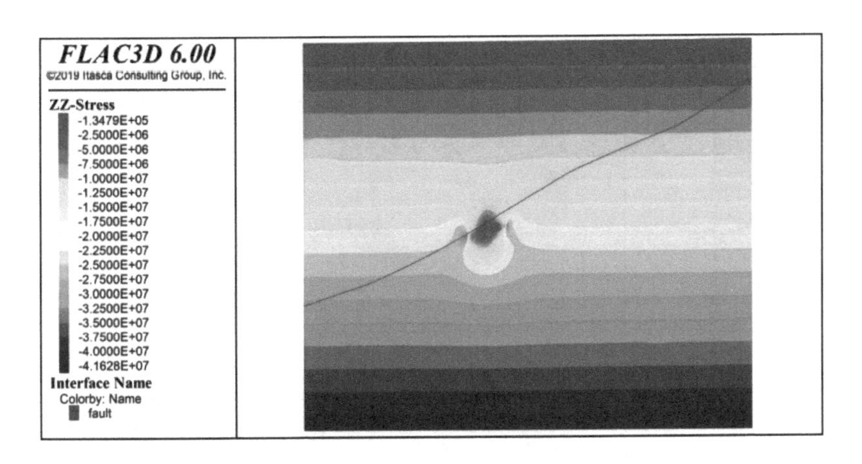

图 6-52　开采－700 m 水平 11～15 分层垂直应力分布(单位:Pa)

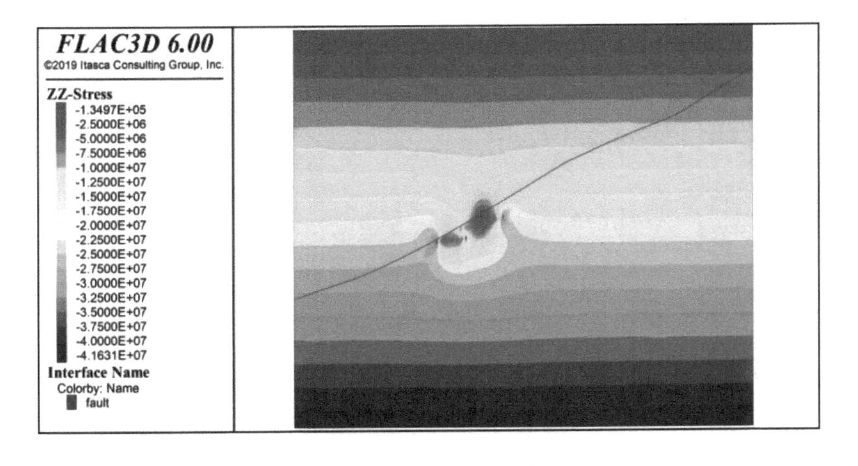

图 6-53　开采－750 m 水平 1～5 分层垂直应力分布(单位:Pa)

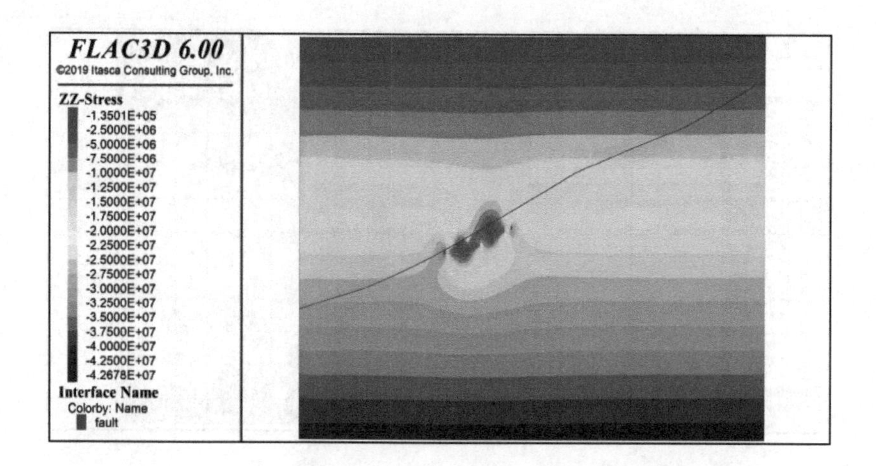

图 6-54　开采－750 m 水平 6～10 分层垂直应力分布(单位:Pa)

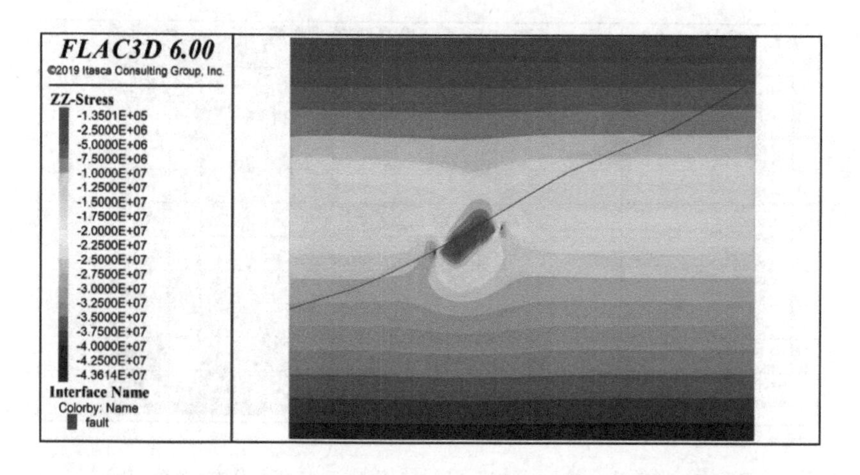

图 6-55　开采－750 m 水平 11～15 分层垂直应力分布(单位:Pa)

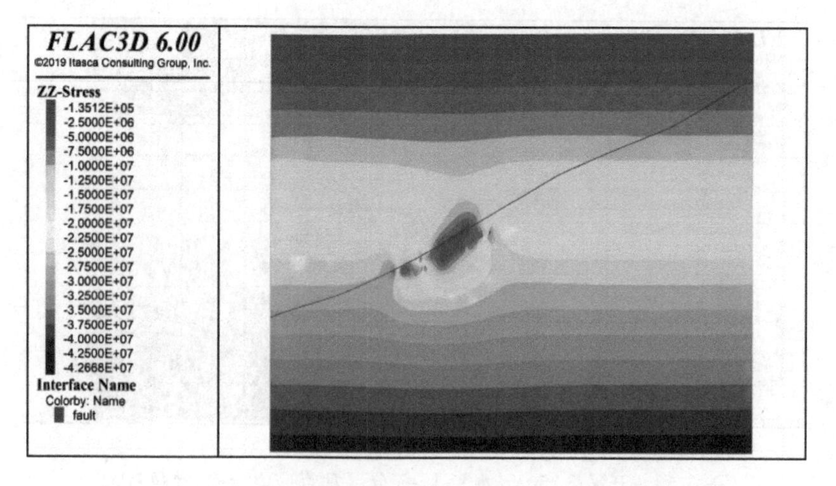

图 6-56　开采－800 m 水平 1～5 分层垂直应力分布(单位:Pa)

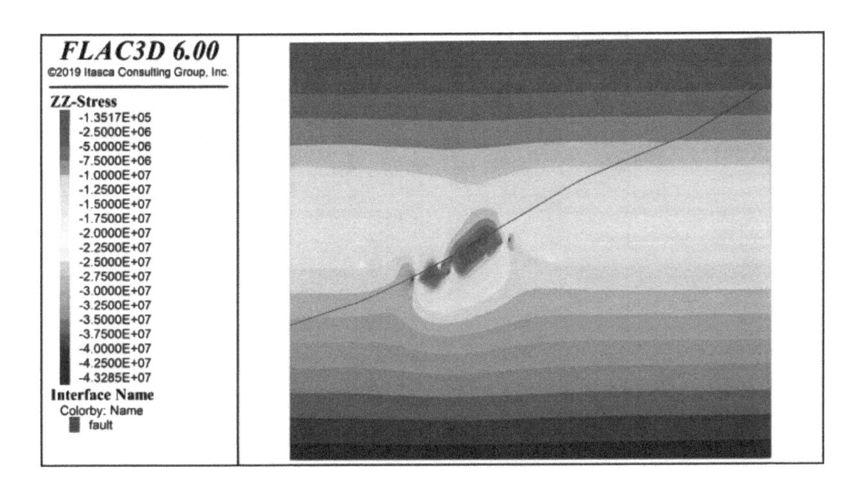

图 6-57　开采−800 m 水平 6～10 分层垂直应力分布(单位:Pa)

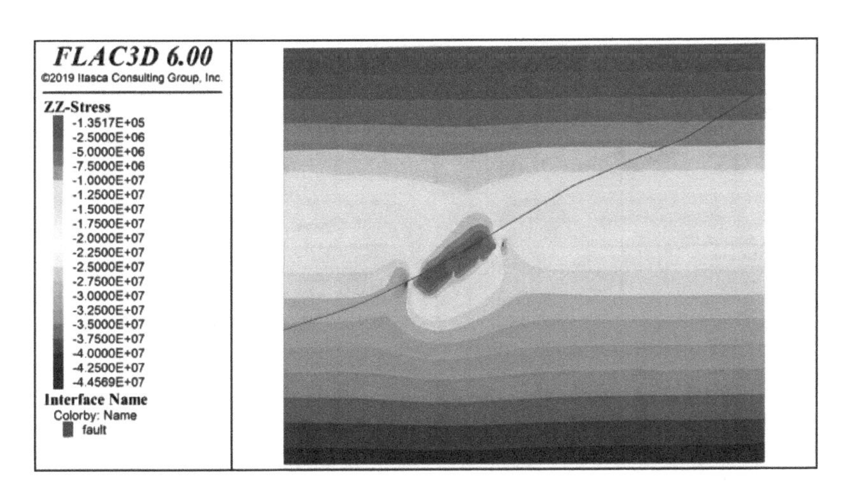

图 6-58　开采−800 m 水平 11～15 分层垂直应力分布(单位:Pa)

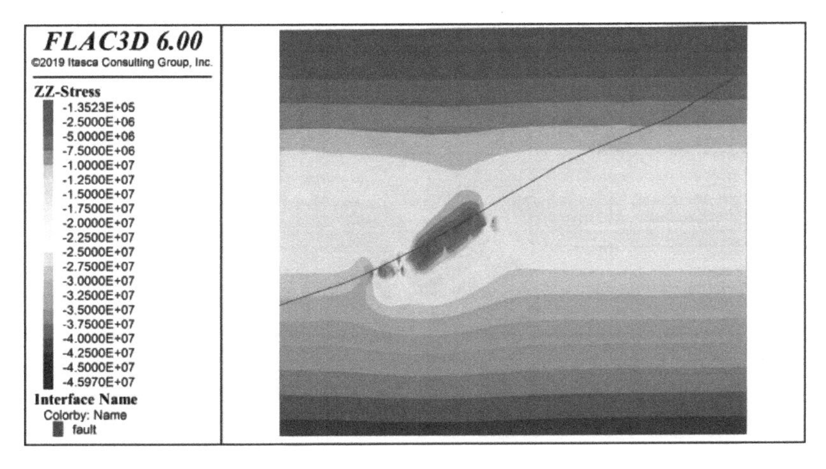

图 6-59　开采−850 m 水平 1～5 分层垂直应力分布(单位:Pa)

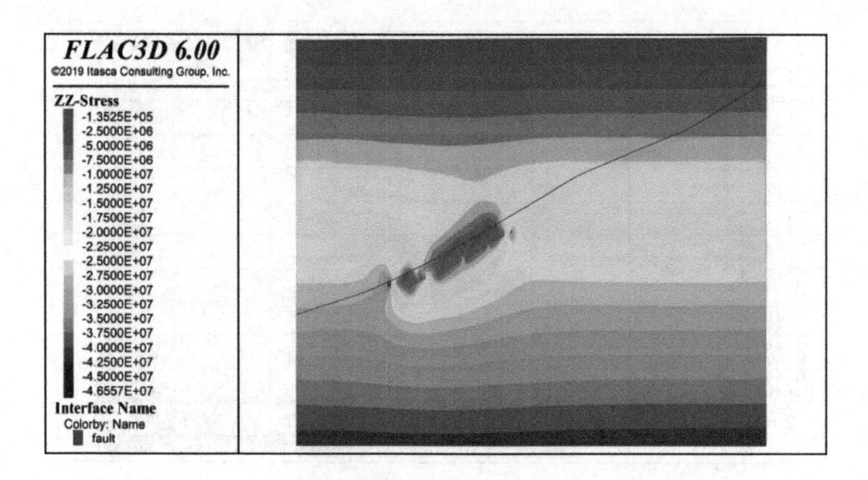

图 6-60　开采－850 m 水平 6～10 分层垂直应力分布(单位:Pa)

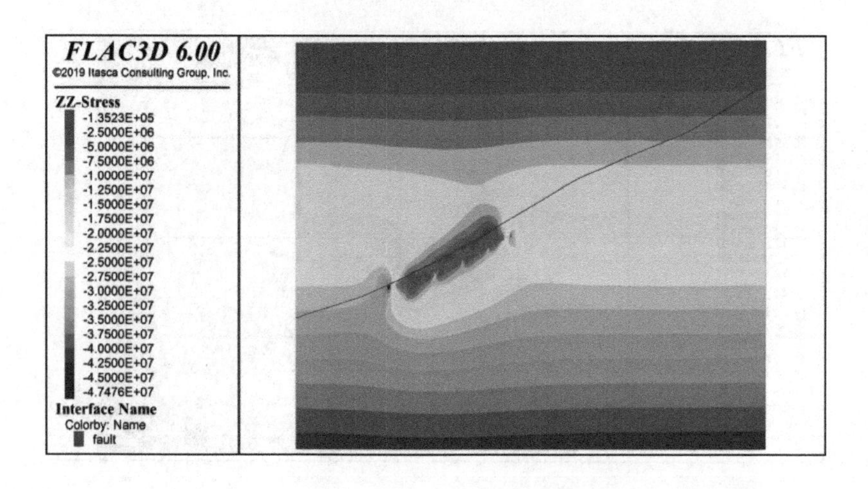

图 6-61　开采－850 m 水平 11～15 分层垂直应力分布(单位:Pa)

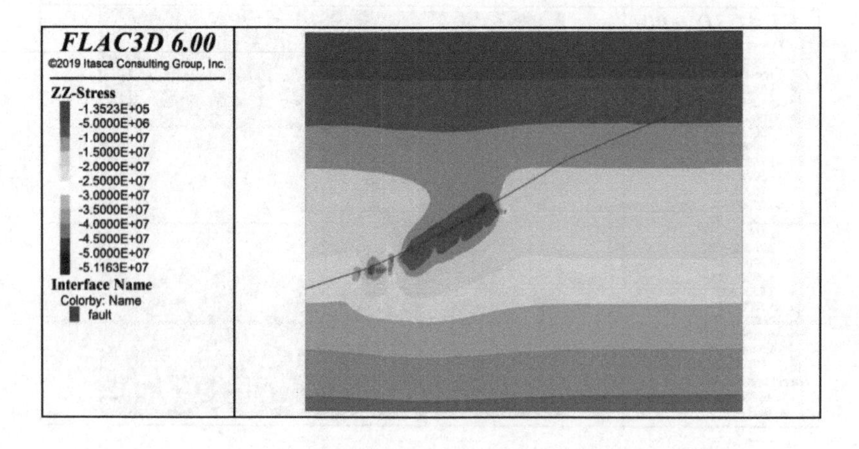

图 6-62　开采－900 m 水平 1～5 分层垂直应力分布(单位:Pa)

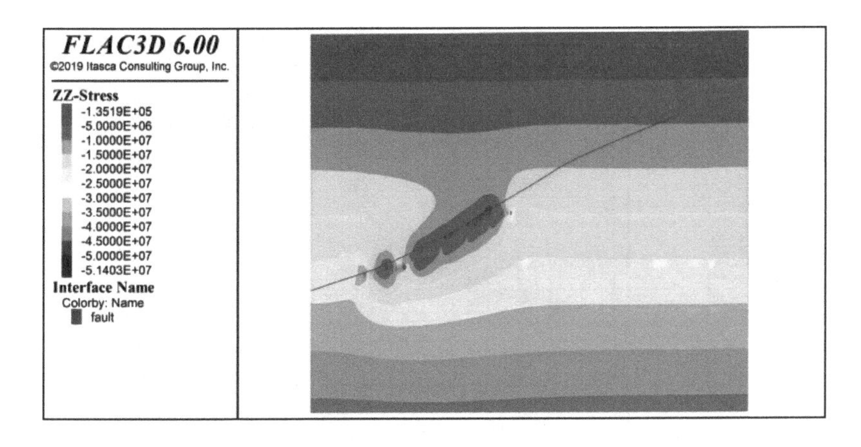

图 6-63 开采－900 m 水平 6～10 分层垂直应力分布(单位:Pa)

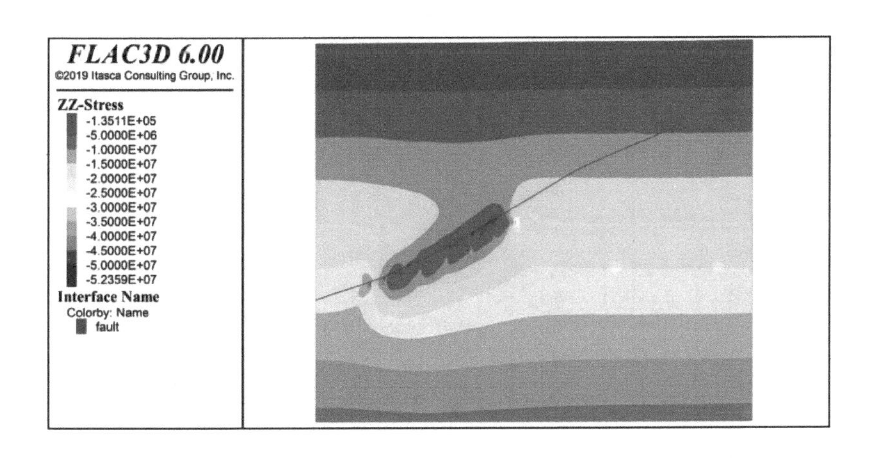

图 6-64 开采－900 m 水平 11～15 分层垂直应力分布(单位:Pa)

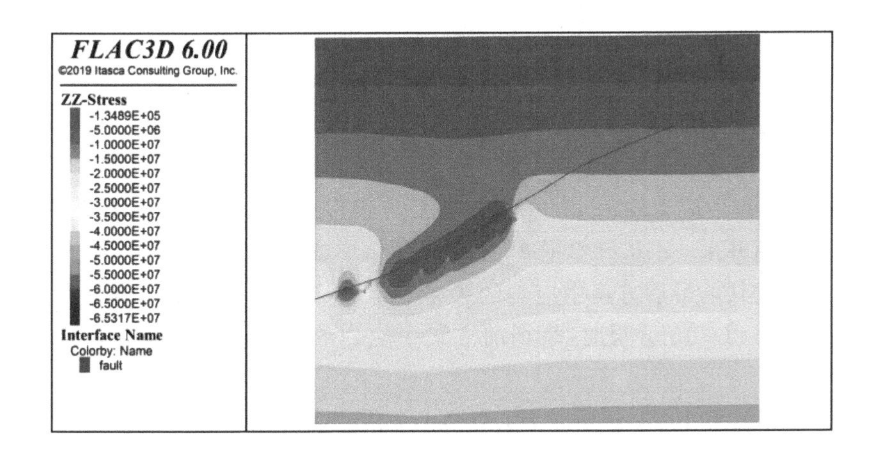

图 6-65 开采－950 m 水平 1～5 分层垂直应力分布(单位:Pa)

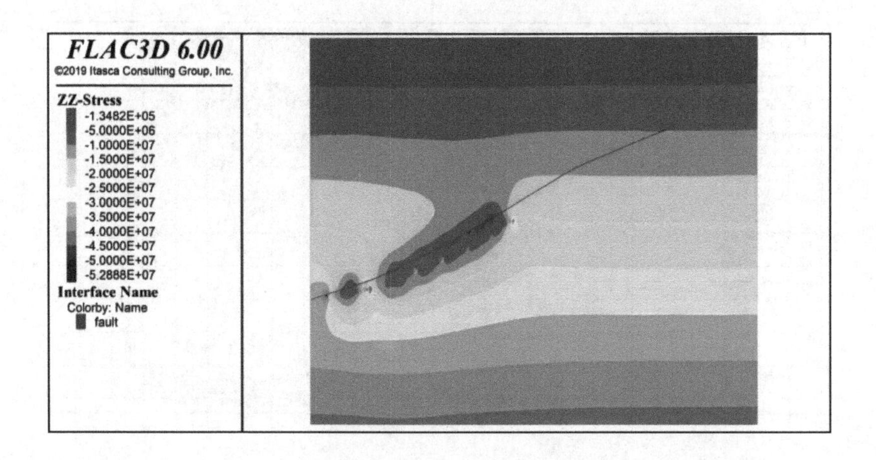

图 6-66　开采－950 m 水平 6～10 分层垂直应力分布(单位:Pa)

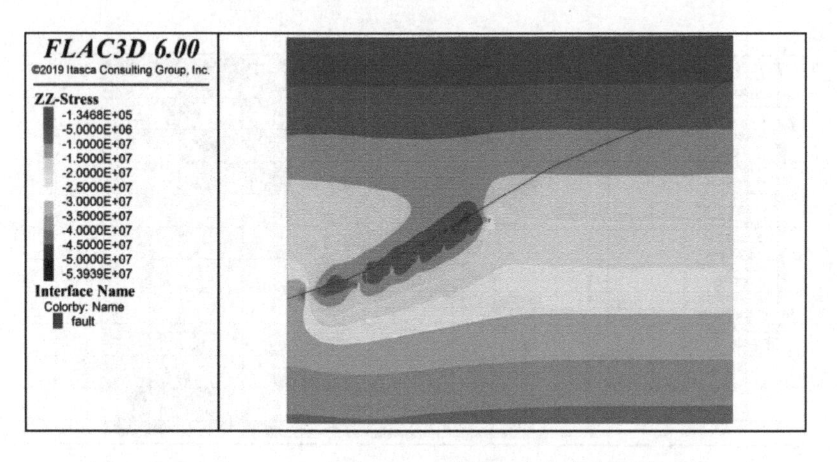

图 6-67　开采－950 m 水平 11～15 分层垂直应力分布(单位:Pa)

40.0 MPa,最后方集中应力约为 42.7 MPa,正后方集中应力约为 37.5 MPa,后上方集中应力约为 40.0 MPa;开采－800 m 水平 6～10 分层时,采场前方集中应力约为 42.5 MPa,后方集中应力约为 43.3 MPa;开采－800 m 水平 11～15 分层时,采场前方集中应力约为 44.6 MPa,后方集中应力约为 44.6 MPa。

开采－850 m 水平 1～5 分层时,形成了 4 个应力集中区,采场最前方集中应力约为 45.0 MPa,最后方集中应力约为 45.0 MPa,正后方集中应力约为 46.0 MPa,后上方集中应力约为 42.5 MPa;开采－850 m 水平 6～10 分层时,形成了 3 个应力集中区,采场最前方集中应力约为 46.6 MPa,最后方集中应力约为 45.0 MPa,正后方集中应力约为 32.5 MPa;开采－850 m 水平 11～15 分层时,采场前方集中应力约为 47.5 MPa,后方集中应力约为 45.0 MPa。

开采－900 m 水平 1～5 分层时,形成了 4 个应力集中区,采场最前方集中应力约为 50.0 MPa,最后方集中应力约为 45.0 MPa,正后方集中应力约为 51.2 MPa,后上方集中应力约为 51.2 MPa;开采－900 m 水平 6～10 分层时,形成了 3 个应力集中区,采场最前方集中应力约为 51.4 MPa,最后方集中应力约为 45.0 MPa,正后方集中应力约为 40.0 MPa;开采

－900 m 水平 11～15 分层时，采场前方集中应力约为 52.4 MPa，后方集中应力约为 45.0 MPa。

开采－950 m 水平 1～5 分层时，形成了 4 个应力集中区，采场最前方集中应力约为 45.0 MPa，最后方集中应力约为 45.0 MPa，正后方集中应力约为 65.3 MPa，后上方集中应力约为 57.3 MPa；开采－950 m 水平 6～10 分层时，形成了 4 个应力集中区，采场最前方集中应力约为 50.0 MPa，最后方集中应力约为 45.0 MPa，正后方集中应力约为 52.9 MPa，后上方集中应力约为 40.0 MPa；开采－950 m 水平 11～15 分层时，采场前方集中应力约为 53.9 MPa，后方集中应力约为 45.0 MPa。

6.4.3 塑性破坏区发育特征

由图 6-68 可以看出，靠近断层的塑性破坏区分布范围比远离断层的塑性破坏区分布范围略大，塑性破坏区的总体高度为 13.5 m。

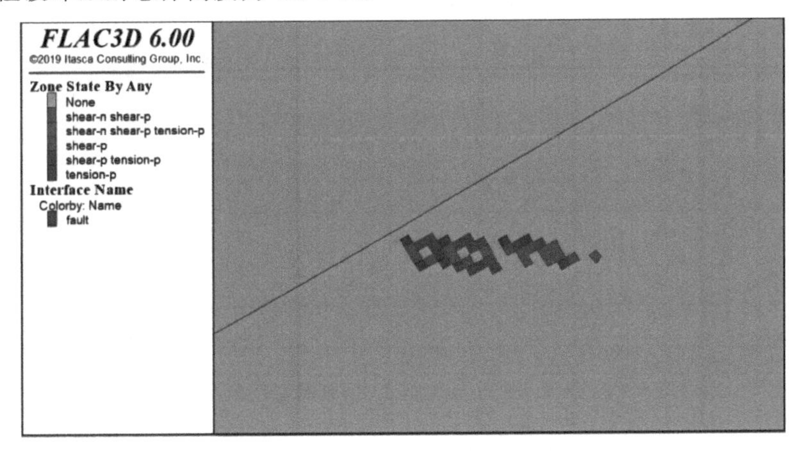

图 6-68 开采－700 m 水平 1 分层塑性破坏区分布

由图 6-69(图中纵坐标轴为围岩应力强度比，横坐标轴为模型运行的步长)可以看出，黄铁绢英岩化花岗质碎裂岩(G-C2)和断层上、下盘黄铁绢英岩化碎裂岩(C1、C2)应力强度比在 2.5～5.0 之间，为中等岩。其中 G-C2 围岩应力强度比最大，最后趋近于 4.12，最安全；C1 围岩应力强度比最小，最后趋近于 3.10，最危险；C2 围岩应力强度比适中，最后趋近于 3.92。

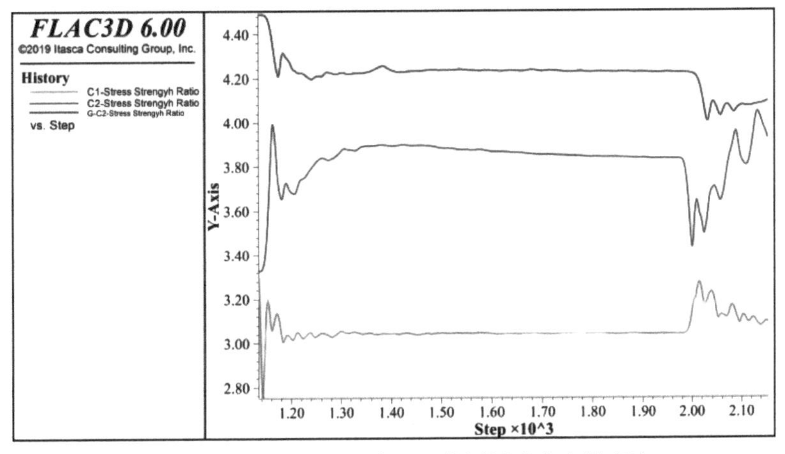

图 6-69 开采－700 m 水平 1 分层围岩应力强度比

由图 6-70～图 6-87 可以看出，塑性破坏区沿断层下盘呈条带状分布，由于采场沿断层下盘分布，随着开采的进行，在采场的右端形成突变区。开采－750 m 水平 11～15 分层时，采场顶端塑性破坏区延续到断层面；开采－900 m 水平 1～5 分层时，－939 m 水平的塑性破坏区延续到断层面；开采－950 m 水平 1～5 分层时，－986～－980 m 水平的塑性破坏区延续到断层面；开采－950 m 水平 6～10 分层时，－977～－965 m 水平的塑性破坏区延续到断层面；开采－950 m 水平 11～15 分层时，－953 m 水平的塑性破坏区延续到断层面。塑性破坏区延续到断层面破坏了断层的隔水性能，裂隙水可能沿断层破碎带进入矿井而发生突水。随着开采深度的增加，围岩应力不断增加，塑性破坏区与断层面的联系增加，涌(突)水强度增加，更易发生突水事故。

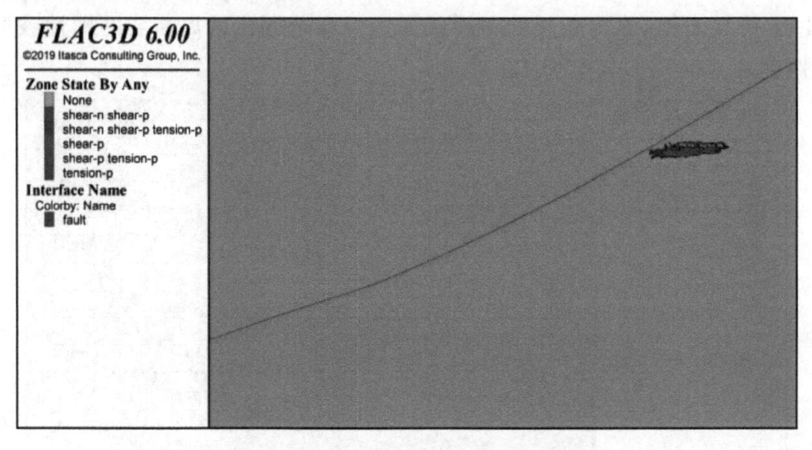

图 6-70　开采－700 m 水平 1～5 分层塑性破坏区分布

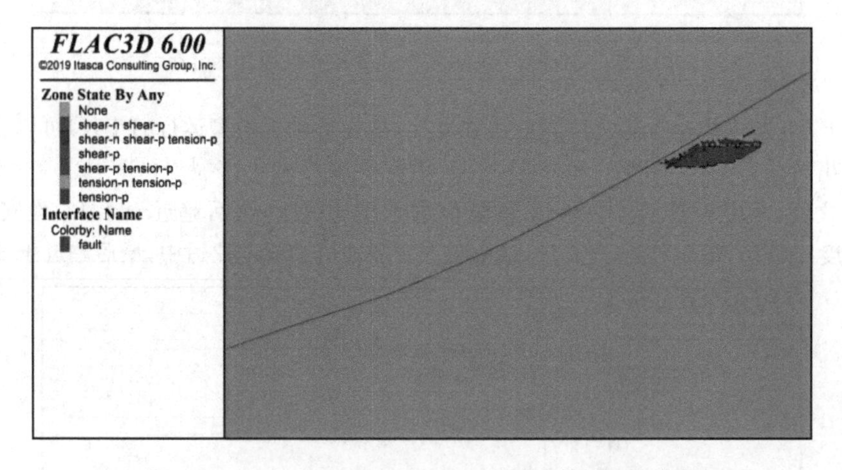

图 6-71　开采－700 m 水平 6～10 分层塑性破坏区分布

开采－700 m 水平 1～5 分层时，塑性破坏区沿断层下盘呈近平行四边形分布，发育高度为 27.3 m，顶板塑性破坏区高度发展幅度较小，可以看出，随着金矿开挖工程的进行，由于断层泥呈软塑性，强度低，采场靠近断层的塑性破坏区范围要比远离断层的塑性破坏区范围大，引起断层的轻微滑动，对矿床和区域岩石的稳定性有很大的影响。中间塑性破坏区范围比靠右侧区域的塑性破坏区范围微大，推测是由于金矿顶板随着时间推移无法支撑，中间

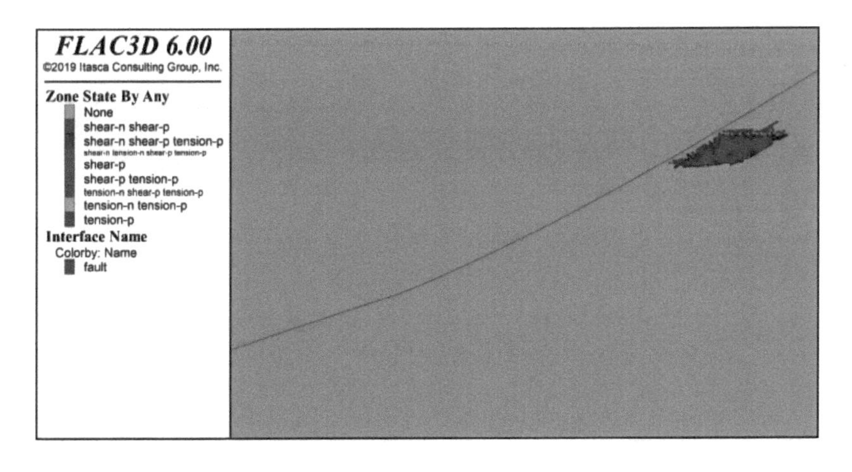

图 6-72　开采－700 m 水平 11～15 分层塑性破坏区分布

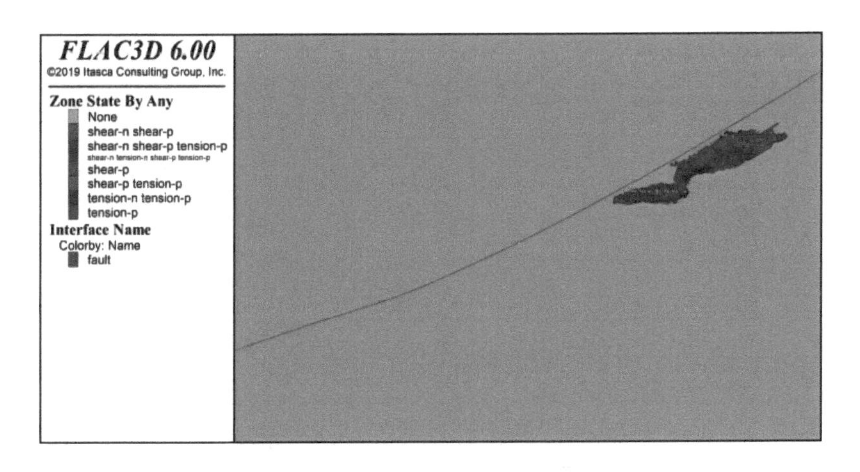

图 6-73　开采－750 m 水平 1～5 分层塑性破坏区分布

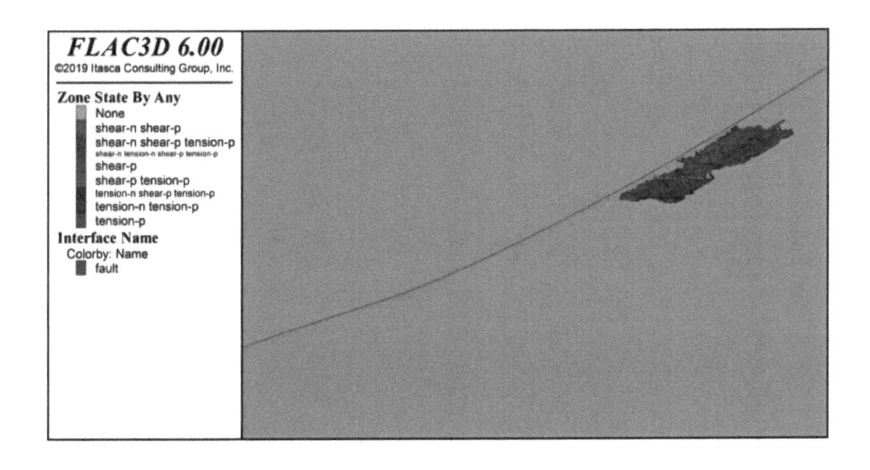

图 6-74　开采－750 m 水平 6～10 分层塑性破坏区分布

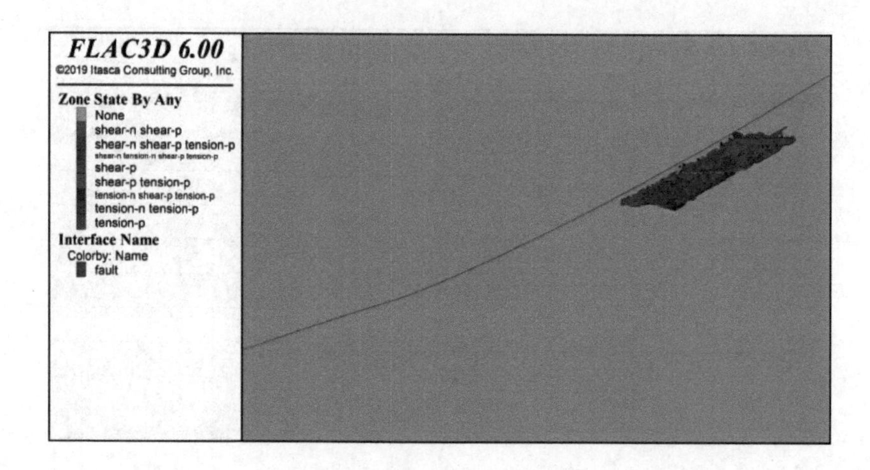

图 6-75　开采－750 m 水平 11～15 分层塑性破坏区分布

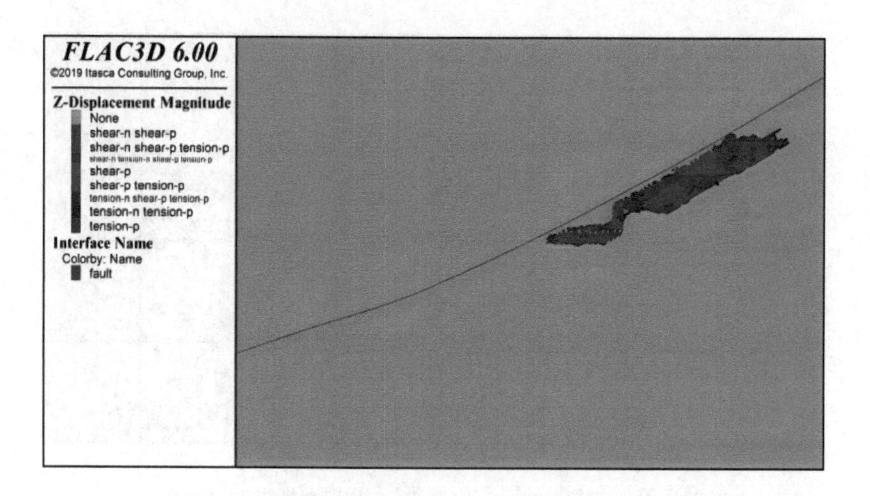

图 6-76　开采－800 m 水平 1～5 分层塑性破坏区分布

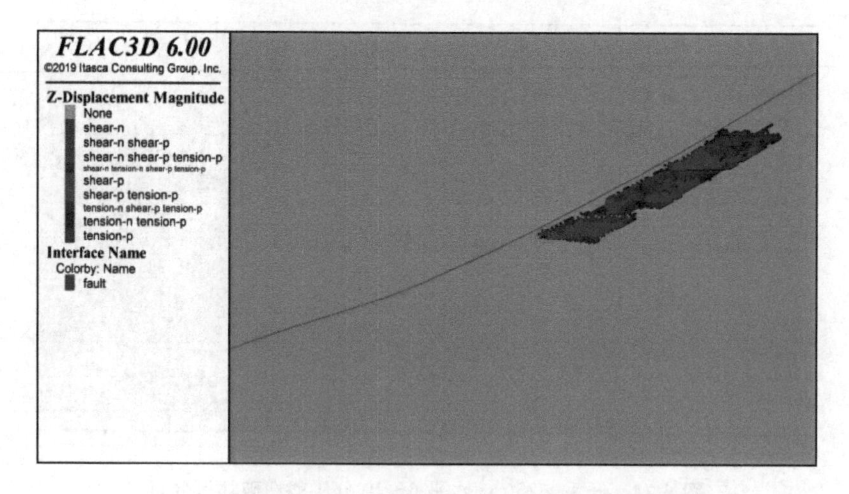

图 6-77　开采－800 m 水平 6～10 分层塑性破坏区分布

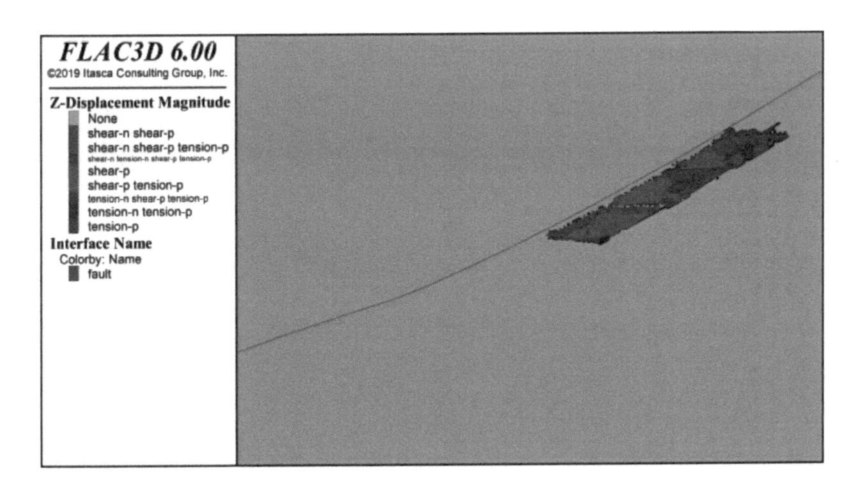

图 6-78 开采－800 m 水平 11～15 分层塑性破坏区分布

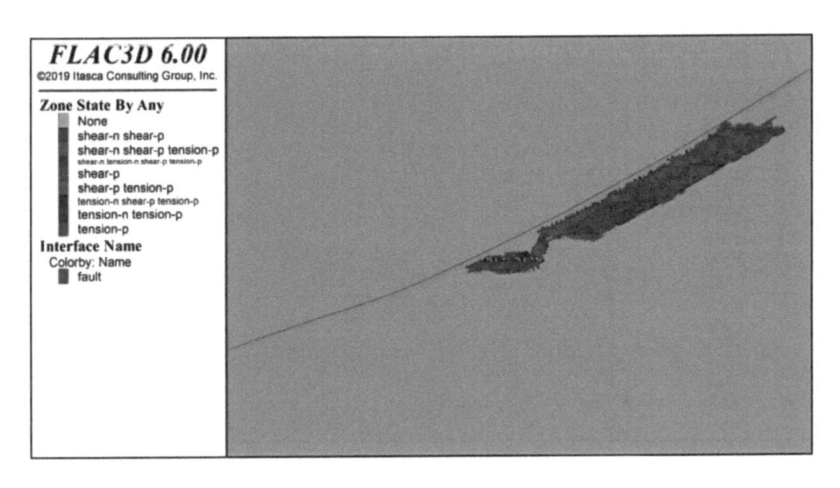

图 6-79 开采－850 m 水平 1～5 分层塑性破坏区分布

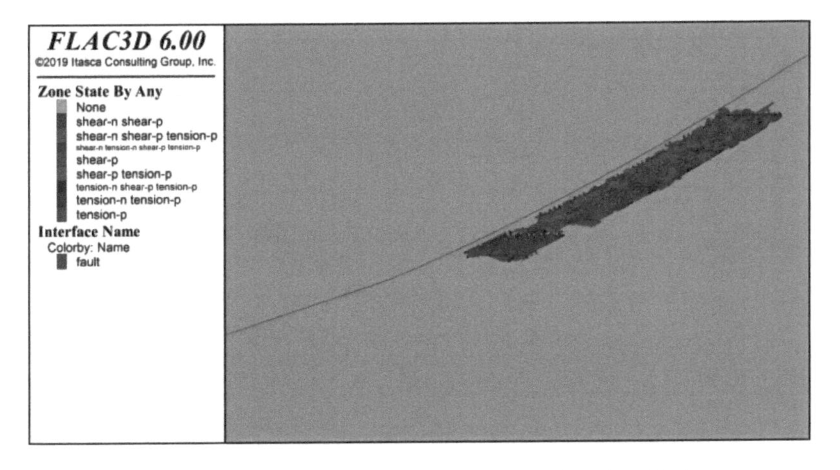

图 6-80 开采－850 m 水平 6～10 分层塑性破坏区分布

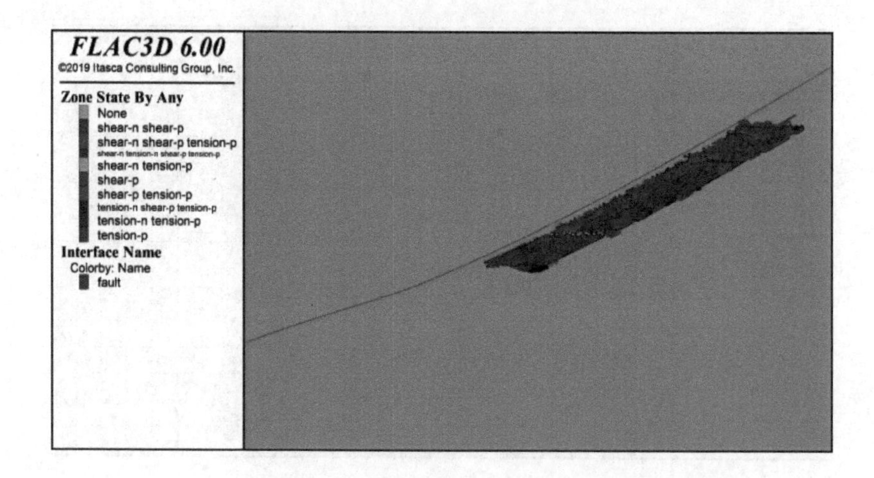

图 6-81　开采－850 m 水平 11～15 分层塑性破坏区分布

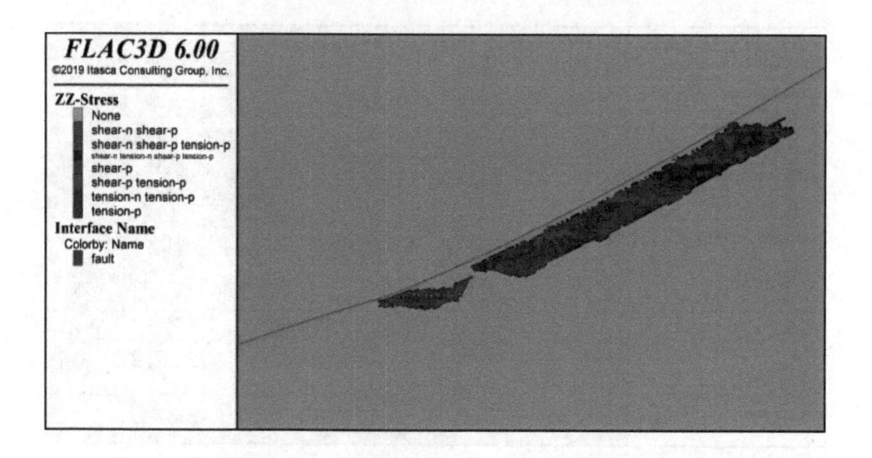

图 6-82　开采－900 m 水平 1～5 分层塑性破坏区分布

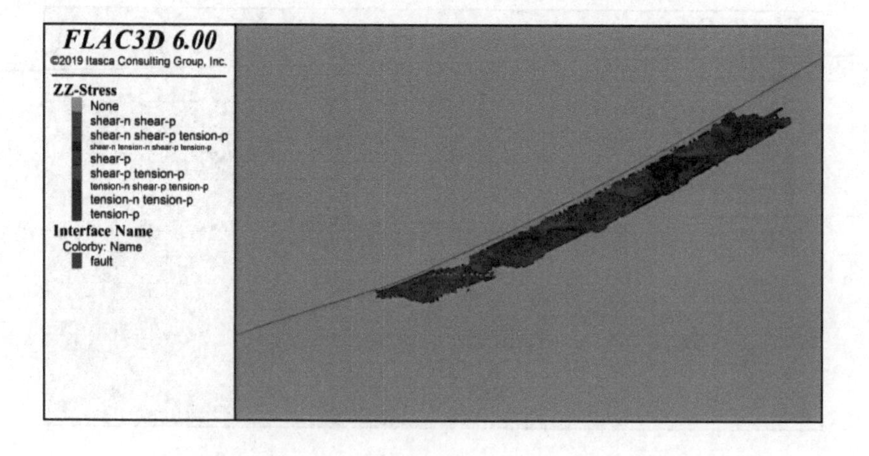

图 6-83　开采－900 m 水平 6～10 分层塑性破坏区分布

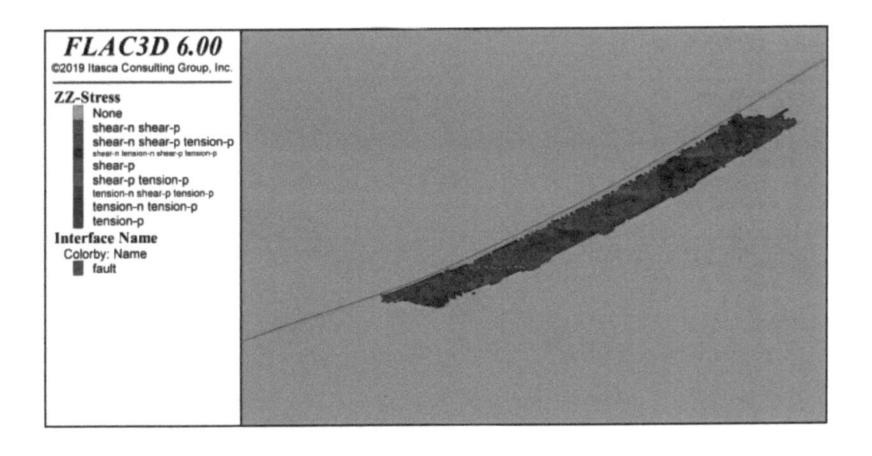

图 6-84　开采－900 m 水平 11～15 分层塑性破坏区分布

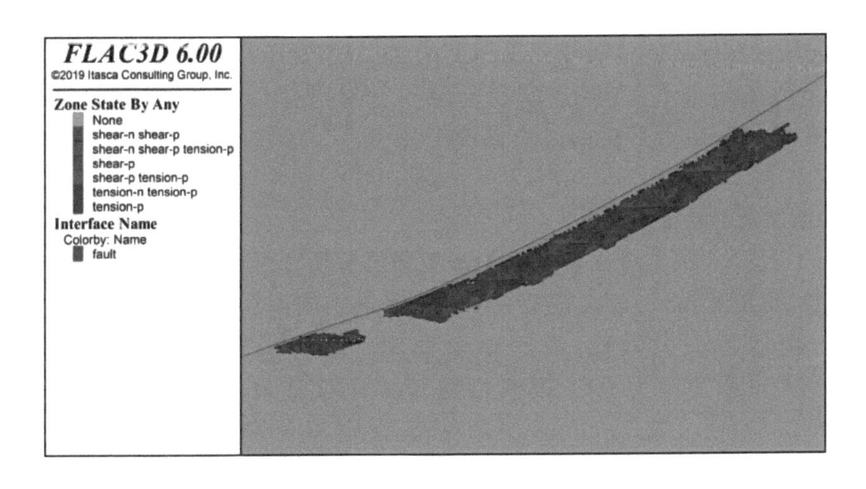

图 6-85　开采－950 m 水平 1～5 分层塑性破坏区分布

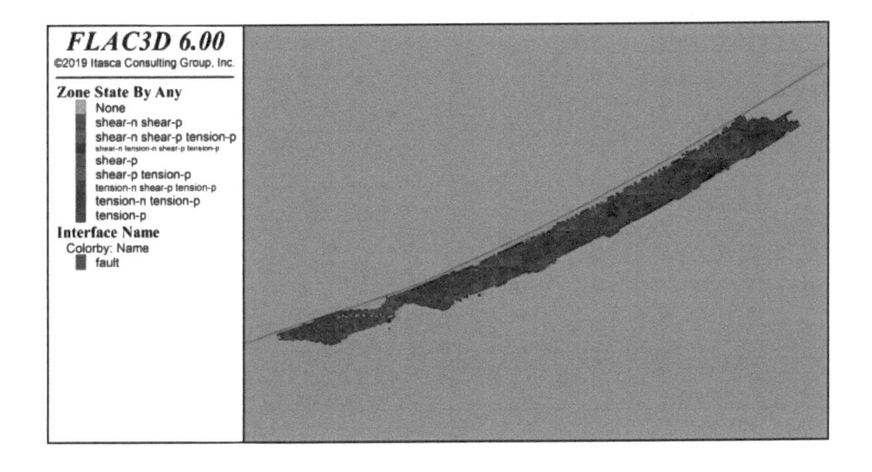

图 6-86　开采－950 m 水平 6～10 分层塑性破坏区分布

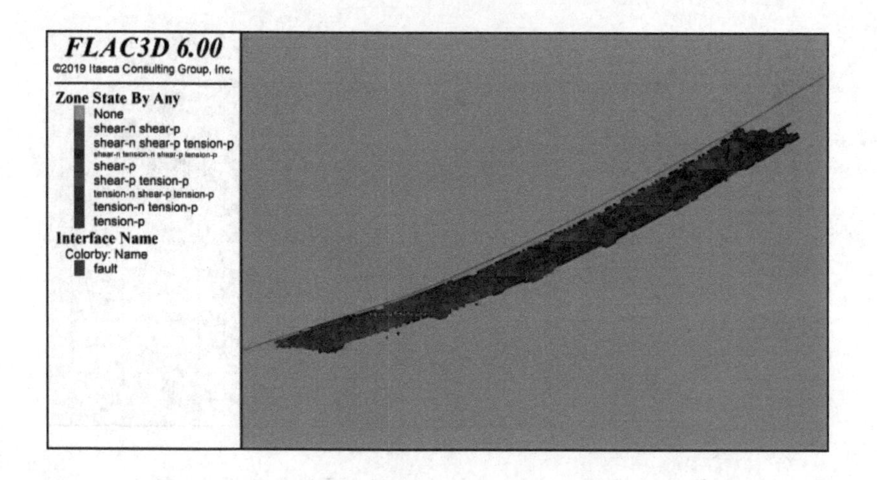

图 6-87　开采－950 m 水平 11～15 分层塑性破坏区分布

采场充填空间增大所导致的。随着开采深度的增加，塑性破坏区发育，开采－700 m 水平 6～10 分层、－700 m 水平 11～15 分层、－750 m 水平、－800 m 水平、－850 m 水平、－900 m 水平、－950 m 水平时的发育高度分别为 57.9 m、70.0 m、120.0 m、171.9 m、226.1 m、276.6 m、325.3 m。

6.4.4　采动断层滑动特征

由图 6-88～图 6-92(图中纵坐标轴为顶板断层剪切方向位移，单位 m，横坐标轴为模型运行的步长)可以看出，一般在开采一个新水平的初期断层剪切方向的位移最大，随后减小后增大，到达另一个峰值，最后趋于稳定。开采－750 m、－800 m、－850 m、－900 m、－950 m 水平 5 分层顶板断层剪切方向位移最大值分别约为 0.230 mm、0.236 mm、0.238 mm、0.215 mm、0.435 mm，稳定值分别为 0.172 mm、0.168 mm、0.172 mm、0.142 mm、0.421 mm。可以看出在开采－950 m 水平 5 分层时断层剪切方向的位移较大。

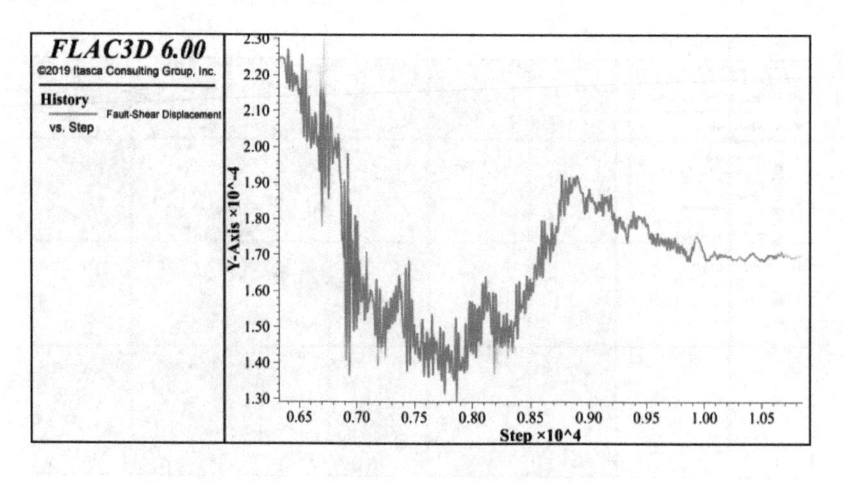

图 6-88　开采－750 m 水平 5 分层顶板断层剪切方向位移

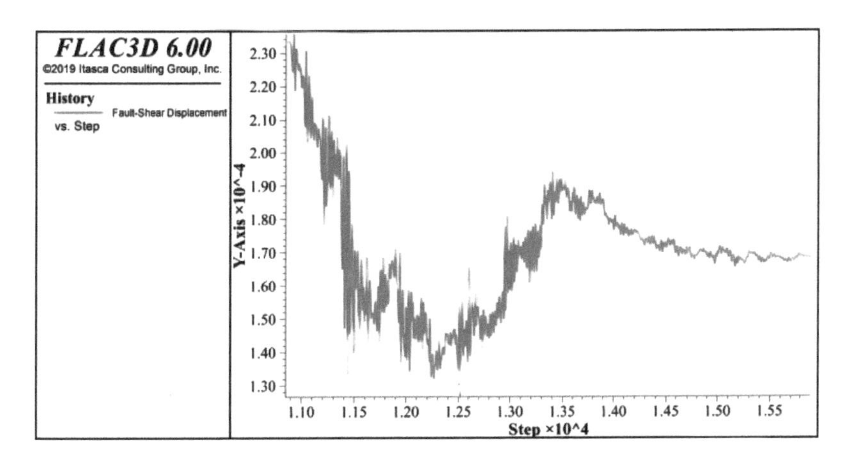

图 6-89　开采一800 m 水平 5 分层顶板断层剪切方向位移

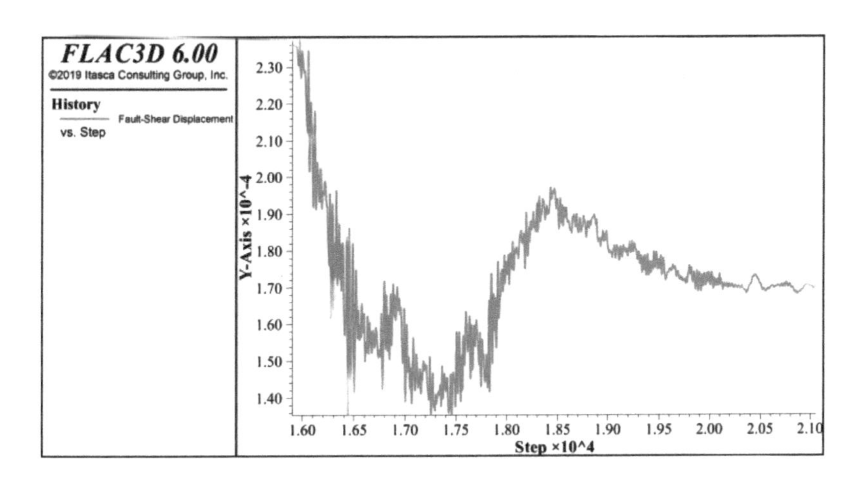

图 6-90　开采一850 m 水平 5 分层顶板断层剪切方向位移

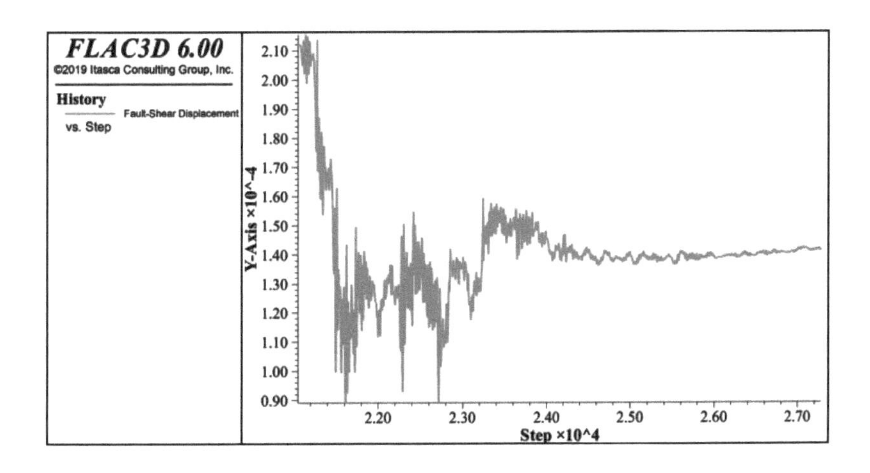

图 6-91　开采一900 m 水平 5 分层顶板断层剪切方向位移

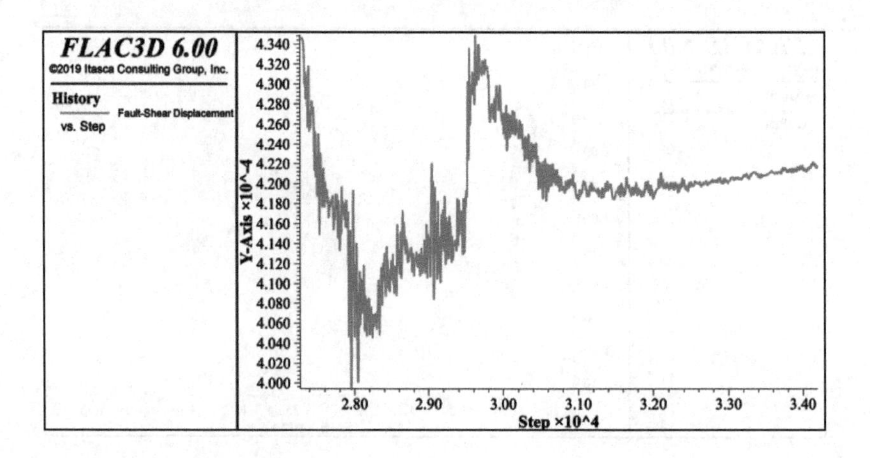

图 6-92　开采－950 m 水平 5 分层顶板断层剪切方向位移

6.5　力学参数敏感性分析

采用控制变量法分析岩体力学参数的敏感性，以确定哪些力学参数对岩石破坏影响最大，并确定这些参数对矿山安全的影响。影响岩石破坏的主要参数如下：体积模量、剪切模量、抗拉强度、内聚力和内摩擦角。通过根据各自的特性从低到高设置 5 个梯度来分析上述 5 个参数。梯度范围是指模型的极限范围，各参数的梯度如表 6-3 所列，例如，体积模量的参数确定方法是顶板岩石最大值和最小值范围内的梯度增加值，其他参数通过类比确定。

表 6-3　岩石力学参数敏感性分析

参数	体积模量/($\times10^{10}$ Pa)	剪切模量/($\times10^{10}$ Pa)	抗拉强度/($\times10^{6}$ Pa)	内聚力/($\times10^{6}$ Pa)	内摩擦角/(°)
体积模量/($\times10^{10}$ Pa)	1	1	1	5	37
	2	1	1	5	37
	3	1	1	5	37
	4	1	1	5	37
	5	1	1	5	37
剪切模量/($\times10^{10}$ Pa)	1	1	1	5	37
	1	2	1	5	37
	1	3	1	5	37
	1	4	1	5	37
	1	5	1	5	37
抗拉强度/($\times10^{6}$ Pa)	1	1	1	5	37
	1	1	2	5	37
	1	1	3	5	37
	1	1	4	5	37
	1	1	5	5	37

表 6-3(续)

参数	体积模量/($\times 10^{10}$ Pa)	剪切模量/($\times 10^{10}$ Pa)	抗拉强度/($\times 10^{6}$ Pa)	内聚力/($\times 10^{6}$ Pa)	内摩擦角/(°)
内聚力/($\times 10^{6}$ Pa)	1	1	1	1	37
	1	1	1	2	37
	1	1	1	3	37
	1	1	1	4	37
	1	1	1	5	37
内摩擦角/(°)	1	1	1	5	37
	1	1	1	5	38
	1	1	1	5	39
	1	1	1	5	40
	1	1	1	5	41

首先，找出模型中顶板层各参数的最大值和最小值。然后将最大值和最小值之间的差值分成 4 个相等的部分，每个参数的值构成图 6-93～图 6-97 中的横坐标。最后，令一个参数的数值梯度增加，而其他参数的值保持不变，绘制岩石顶板位移随参数增加的变化趋势，从而判断每个参数对模型的敏感性。

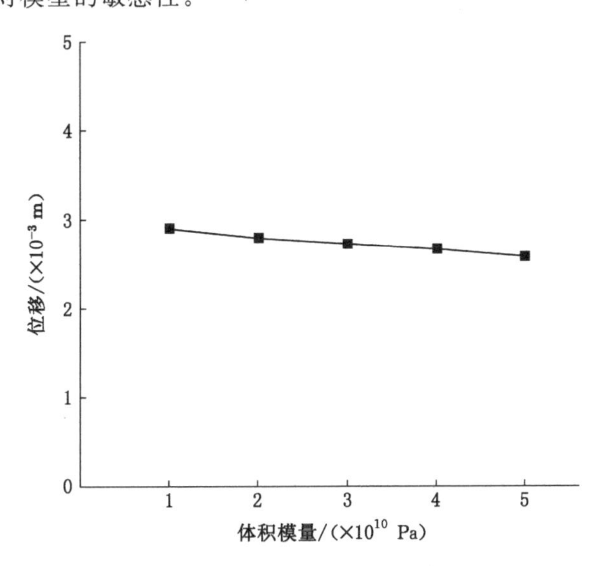

图 6-93　岩体体积模量与位移关系曲线图

由图 6-93 可以看出，随着体积模量的增加，顶板岩体的位移略有变化，拟合线大致水平。顶板岩体的最大位移为 2.90 mm，最小位移为 2.59 mm，减小量为 0.31 mm，减小了 10.7%。由图 6-94 可以看出，随着剪切模量的增加，顶板岩体的位移变化不大，拟合线近似水平。顶板岩体的最大位移为 3.00 mm，最小位移为 2.53 mm，减小量为 0.47 mm，减小了 15.7%。由图 6-95 可以看出，随着抗拉强度的增加，顶板岩体的位移逐渐减小，破坏强度逐渐减小。顶板岩体的最大位移为 3.10 mm，最小位移为 2.45 mm，减小量为 0.65 mm，减小

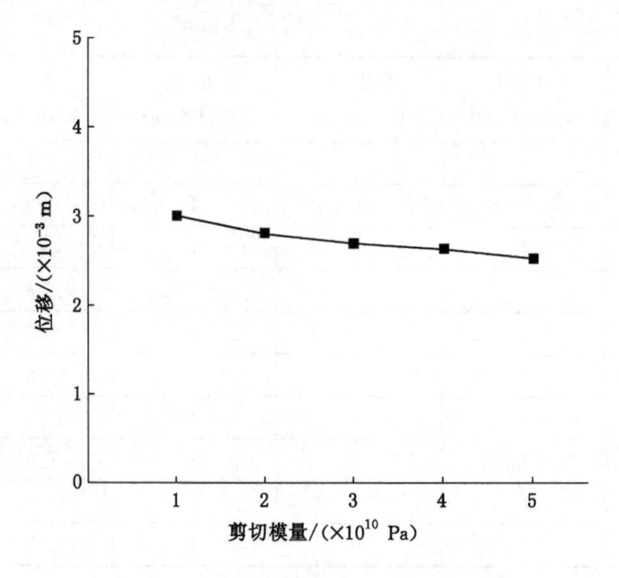

图 6-94 岩体剪切模量与位移关系曲线图

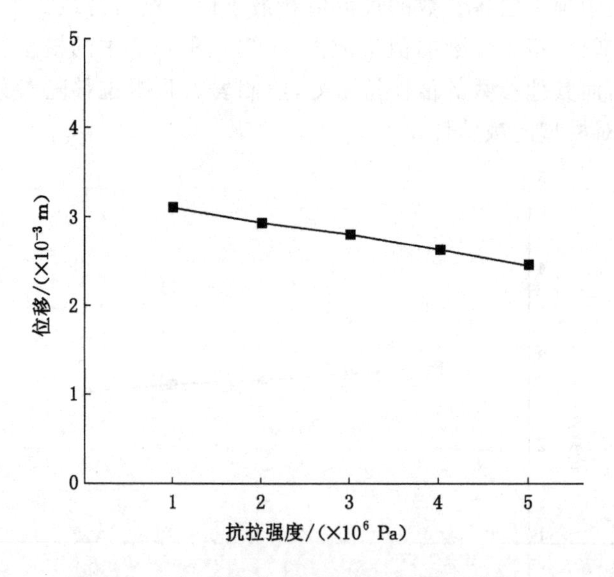

图 6-95 岩体抗拉强度与位移关系曲线图

了 21.0%。由图 6-96 可以看出,随着内聚力的增加,顶板岩体的位移逐渐减小,破坏强度逐渐减小。顶板岩体的最大位移为 4.00 mm,最小位移为 1.20 mm,减小量为 2.80 mm,减小了 70.0%。由图 6-97 可以看出,随着内摩擦角的增加,顶板岩体的位移增大,破坏强度增大。顶板岩体的最小位移为 2.00 mm,最大位移为 3.50 mm,增大量为 1.50 mm,增大了 75.0%。

根据不同力学参数下位移的变化范围,岩石破坏的最大影响参数是岩体的内摩擦角,最小影响参数是体积模量。敏感性从大到小的顺序是内摩擦角＞内聚力＞抗拉强度＞剪切模量＞体积模量。

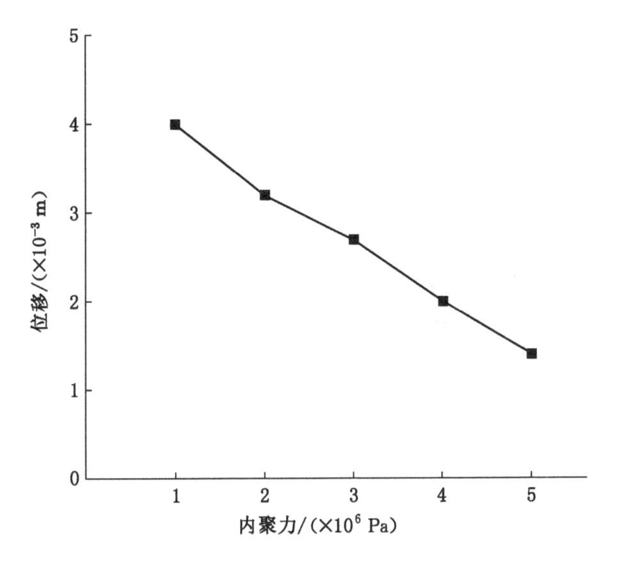

图 6-96 岩体内聚力与位移关系曲线图

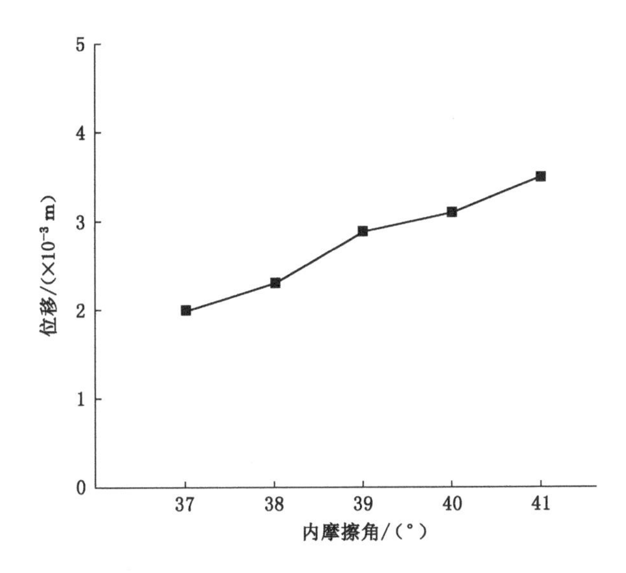

图 6-97 岩体内摩擦角与位移关系曲线图

6.6 本章小结

本章采用 FLAC3D 软件，借助 Surfer 17、Rhino 6 软件和 Griddle 插件以及克里金插值法建立了三维地质模型，并利用本构模型对金矿的开采过程进行模拟，分析了采场开采不同水平分层的围岩运移变化特征、围岩应力场时空分布特征、塑性破坏区发育特征和采动断层滑动特征规律，并采用控制变量法分析了岩体力学参数的敏感性，确定了对岩石破坏影响最大的力学参数，同时确定了这些参数对顶板岩体位移的影响程度。

7 涌(突)水强度综合评价

前几章分别采用多种方法研究了焦家金矿区的涌(突)水水源、地下水流场变化特征和采动围岩应力力学响应机制等,本章结合前几章的研究成果,综合考虑顶板涌(突)水的影响因素,选取单位涌水量、断层分维值、渗透系数、水动力条件系数($\gamma Ca^{2+}/\gamma Cl^{-}$)、含水层厚度和水压为影响因子,对焦家金矿的涌(突)水强度进行定量综合评价,以及时为金矿开采顶板涌(突)水做出预警。

7.1 影响因子

7.1.1 富水性指标

单位涌水量是抽水试验时井孔内水位每下降 1 m 时的涌水量,是刻画含水层富水性强弱、划分水文地质类型的重要指标之一,一般若小于或等于 0.1 L/(s·m),则富水性弱;若大于 0.1 L/(s·m)而小于或等于 1 L/(s·m),则富水性中等;若大于 1 L/(s·m)而小于或等于 5 L/(s·m),则富水性强;若大于 5 L/(s·m),则富水性极强。单位涌水量数据可通过抽水试验得到,用其可作为含水层富水性的判别指标。

由图 7-1 可以看出,断层上盘构造裂隙含水层单位涌水量均小于 0.1 L/(s·m),范围在 0.005~0.095 L/(s·m)之间,富水性弱。其中在研究区的中西部的单位涌水量最大。

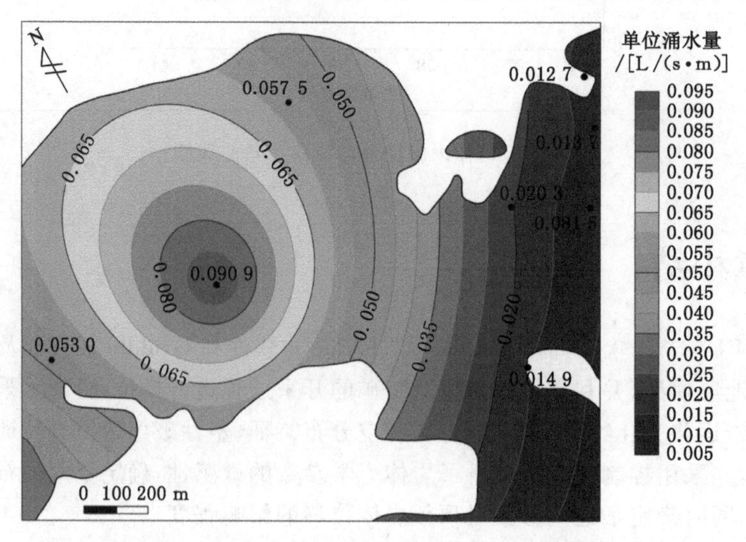

图 7-1 断层上盘构造裂隙含水层单位涌水量等值线图

由图 7-2 可以看出,断层下盘构造裂隙含水层单位涌水量范围在 0～0.105 L/(s·m)之间,富水性弱至中等。其中在研究区的中西部和东部地区形成集中区,单位涌水量较大,且中西部为中等富水区,单位涌水量最大。

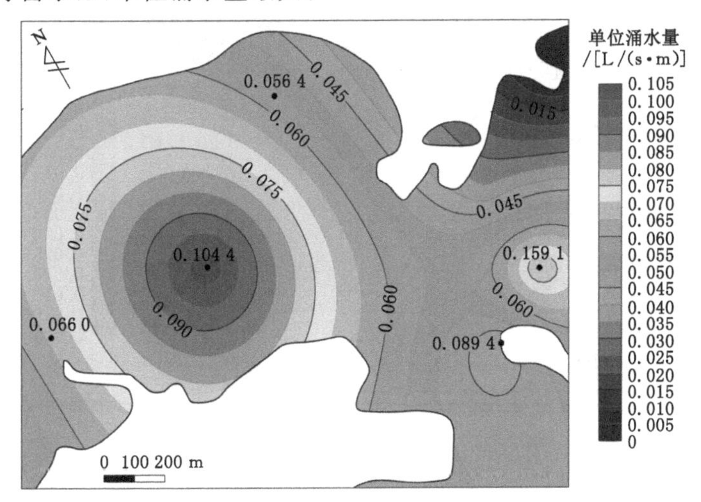

图 7-2 断层下盘构造裂隙含水层单位涌水量等值线图

取焦家金矿－630 m 巷道突水点水样(J2013-630)与断层上、下盘构造裂隙含水层水样的关联度分别为 0.877 和 0.921,将重新分配后的关联度占比作为单位涌水量指标的权重,计算公式如下:

$$\begin{cases} W_{\text{断层上盘}} = \dfrac{\lambda_{\text{断层上盘}}}{\lambda_{\text{断层上盘}} + \lambda_{\text{断层下盘}}} \\ W_{\text{断层下盘}} = \dfrac{\lambda_{\text{断层下盘}}}{\lambda_{\text{断层上盘}} + \lambda_{\text{断层下盘}}} \end{cases} \tag{7-1}$$

式中 $W_{\text{断层上盘}}$ ——断层上盘构造裂隙含水层在单位涌水量指标中的权重;

$W_{\text{断层下盘}}$ ——断层下盘构造裂隙含水层在单位涌水量指标中的权重;

$\lambda_{\text{断层上盘}}$ ——焦家金矿－630 m 巷道突水点水样与断层上盘构造裂隙含水层水样的关联度;

$\lambda_{\text{断层下盘}}$ ——焦家金矿－630 m 巷道突水点水样与断层下盘构造裂隙含水层水样的关联度。

由上式可得 $W_{\text{断层上盘}}$ 为 0.488,$W_{\text{断层下盘}}$ 为 0.512。

断层上、下盘构造裂隙含水层的单位涌水量赋权后信息融合的等值线图如图 7-3 所示,可得在研究区中西部的含水层富水性指数最大,东部的次之,其他地方的较小,考虑可能是由于处于断层倾向变化较大区域,岩体不稳,裂隙发育,有利于地下水赋存所致。

7.1.2 构造复杂程度指标

地质构造与突水有着密切的关系,焦家金矿主要受焦家断裂构造控制,区内断层发育,断层分维值[147]越大,断裂构造越发育,储水的空间越大,突水的危险性越大。

由图 7-4 可以看出,研究区断层主要分布在中西部主断裂产状变化较大的区域。研究区断层分维值范围在 0.38～0.92 之间,在中西部偏大,东部和西北部小,总体上呈自中西部向两边逐渐变小的趋势。

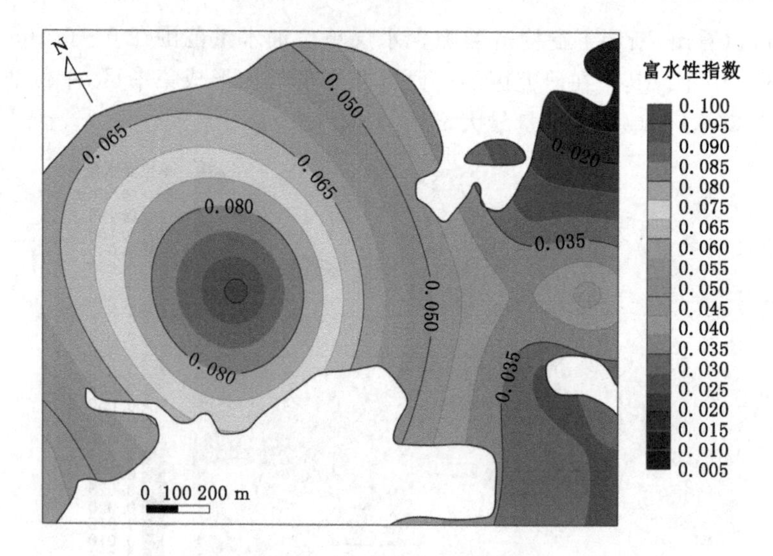

图 7-3 富水性指数等值线图

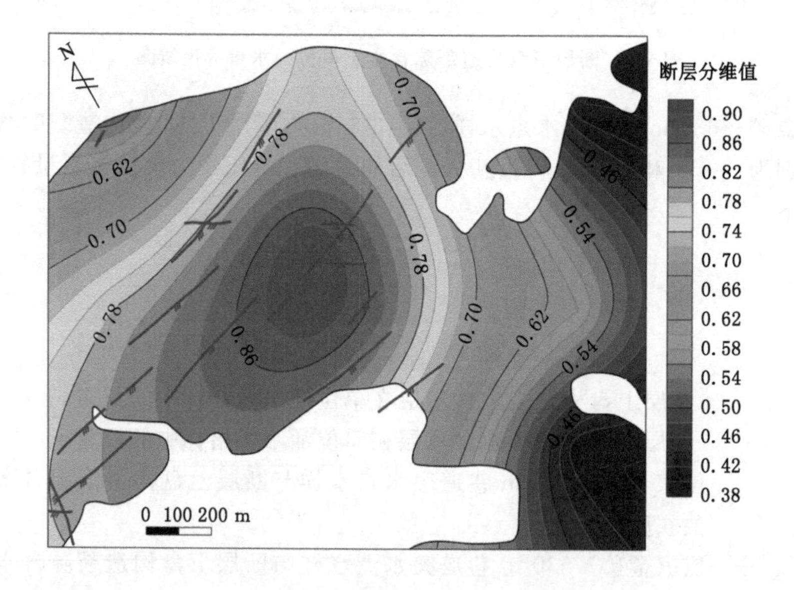

图 7-4 断层分维值等值线图

7.1.3 渗透性指标

渗透系数又称水力传导系数。在各向同性介质中，它被定义为单位水力梯度下的单位流量，表示流体通过孔隙骨架的难易程度，表达式为：

$$K = k\rho g/\eta \tag{7-2}$$

式中 K——渗透系数，m/d；

k——孔隙介质的渗透率，只与固体骨架的性质有关，mD；

η——动力黏滞性系数，$N \cdot s/m^2$；

ρ——流体密度，kg/m^3；

g——重力加速度，m/s^2。

在各向异性介质中,渗透系数以张量形式表示。渗透系数是定量刻画含水层渗透性的基本参数之一,渗透系数越大,岩石的渗透性越强,越有利于地下水的流动和富集,越容易引发突水事故。

由图7-5可以看出,研究区断层上盘构造裂隙含水层的渗透系数范围在0~0.100 m/d之间,总体上呈自东向西逐渐减小的趋势,在东部的渗透系数最大,在中西部出现小的集中区。

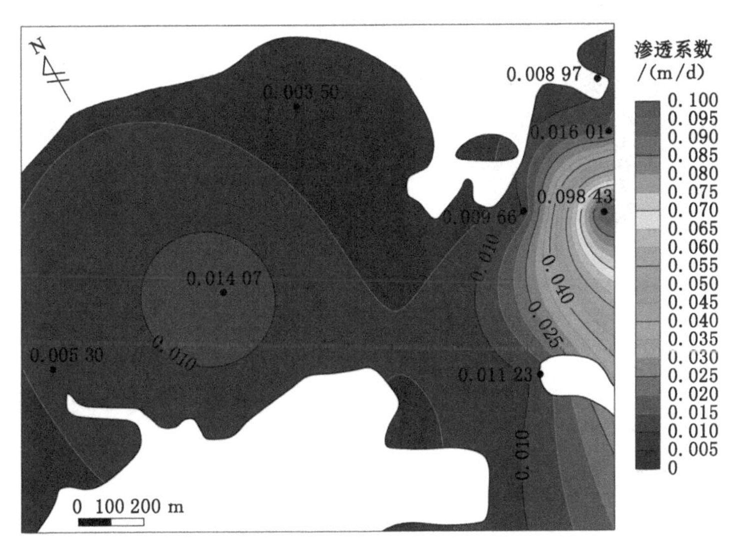

图7-5 断层上盘构造裂隙含水层渗透系数等值线图

由图7-6可以看出,研究区断层下盘构造裂隙含水层的渗透系数范围在0~0.750 m/d之间,总体上呈自北向南逐渐减少的趋势,在中东部的渗透系数最大。

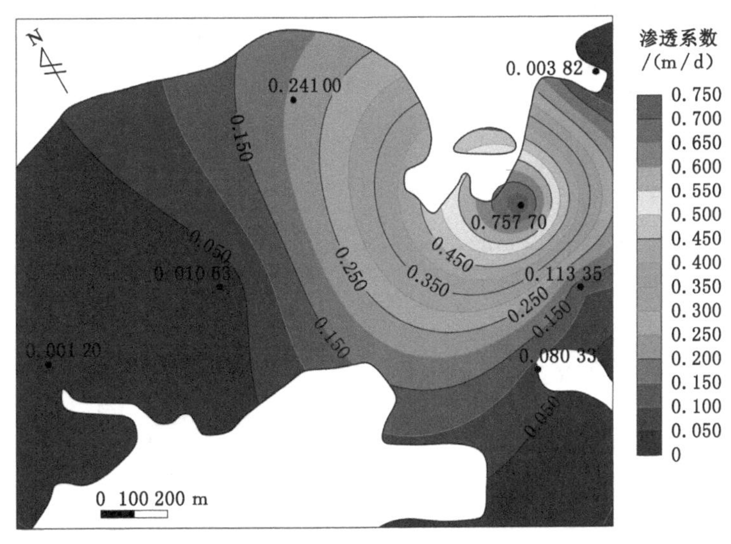

图7-6 断层下盘构造裂隙含水层渗透系数等值线图

利用式(7-1)所得权重值,由断层上、下盘构造裂隙含水层的渗透系数赋权后信息融合的等值线图(图 7-7)可以看出,渗透性指数最大值出现在中东部,向四周逐渐减小。

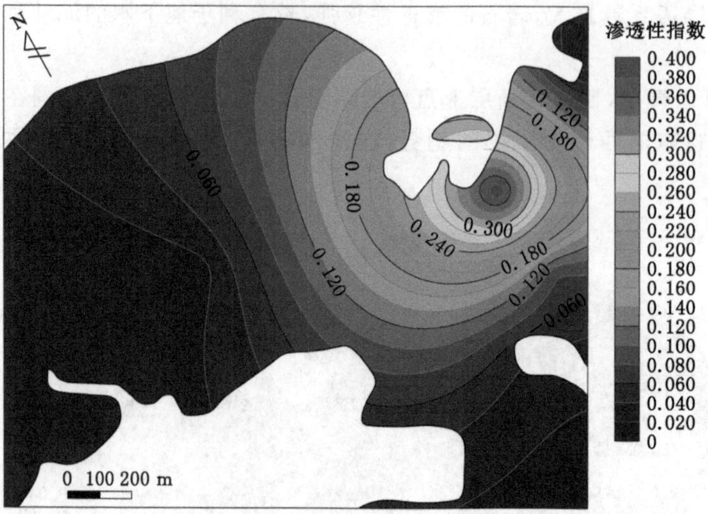

图 7-7 渗透性指数等值线图

7.1.4 水动力条件指标

$\gamma Ca^{2+}/\gamma Cl^-$ 为刻画水动力特征的比例系数,数值越大水动力条件越好,本次用 $\gamma Ca^{2+}/\gamma Cl^-$ 作为水动力条件系数。

由图 7-8 可以看出,断层上盘构造裂隙含水层的 $\gamma Ca^{2+}/\gamma Cl^-$ 范围在 0.30～1.65 之间,大部分地区大于 1.00,说明水动力条件总体较好,其中中西部偏大,西南和东南部较小,总体上呈自西向东逐渐变小的趋势。

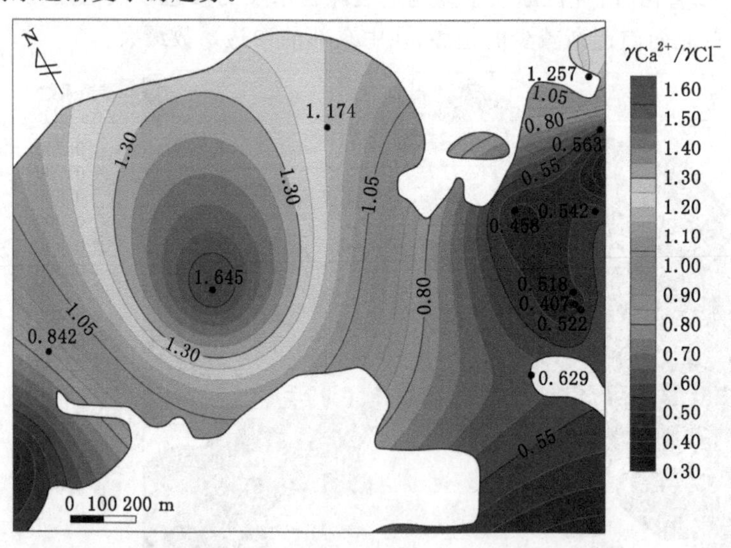

图 7-8 断层上盘构造裂隙含水层 $\gamma Ca^{2+}/\gamma Cl^-$ 等值线图

由图 7-9 可以看出,断层下盘构造裂隙含水层的 $\gamma Ca^{2+}/\gamma Cl^-$ 范围在 0.30～0.68 之间,大部分地区小于 1.00,说明水动力条件总体较差,其中中西部偏大,西南和东北部较小,总体上呈自中西向四周逐渐变小的趋势。

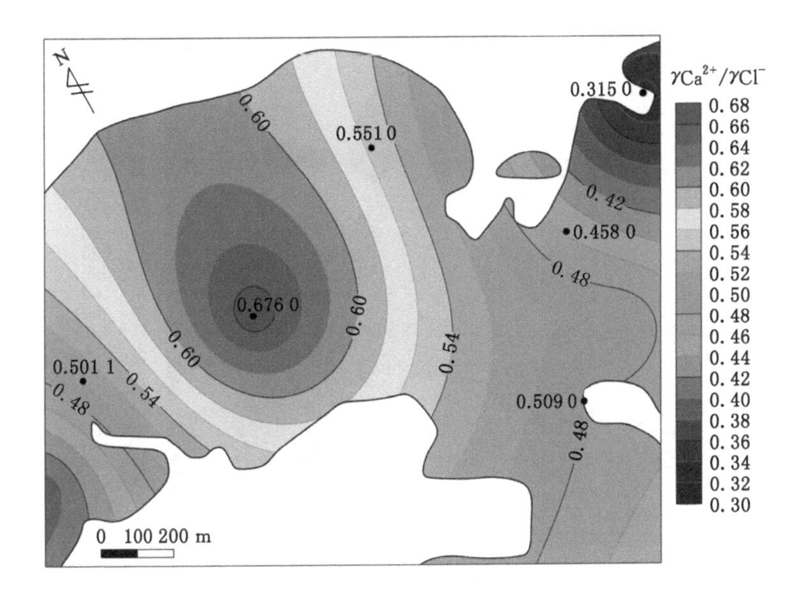

图 7-9 断层下盘构造裂隙含水层 $\gamma Ca^{2+}/\gamma Cl^-$ 等值线图

利用式(7-1)所得权重值，由断层上、下盘构造裂隙含水层的 $\gamma Ca^{2+}/\gamma Cl^-$ 赋权后信息融合的等值线图(图 7-10)可以看出，水动力条件指数范围在 0.35～1.15 之间，中西部偏大，西南和东北部较小，总体上呈自中西部向四周逐渐变小的趋势。

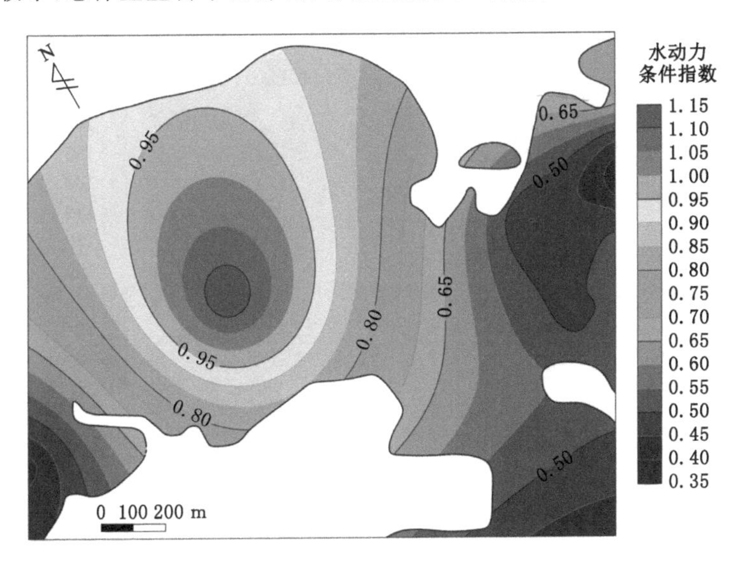

图 7-10 水动力条件指数等值线图

7.1.5 含水层厚度指标

在其他条件都相同的情况下，含水层的厚度越大，储水量相对较大，富水性相对越好。

由图 7-11 可以看出，断层上盘构造裂隙含水层厚度范围在 0～1 000 m 之间，总体上西部厚东部薄，呈自西向东逐渐变薄的趋势。总体上西部的含水层厚度变化比东部的大，但中部的变化最大。

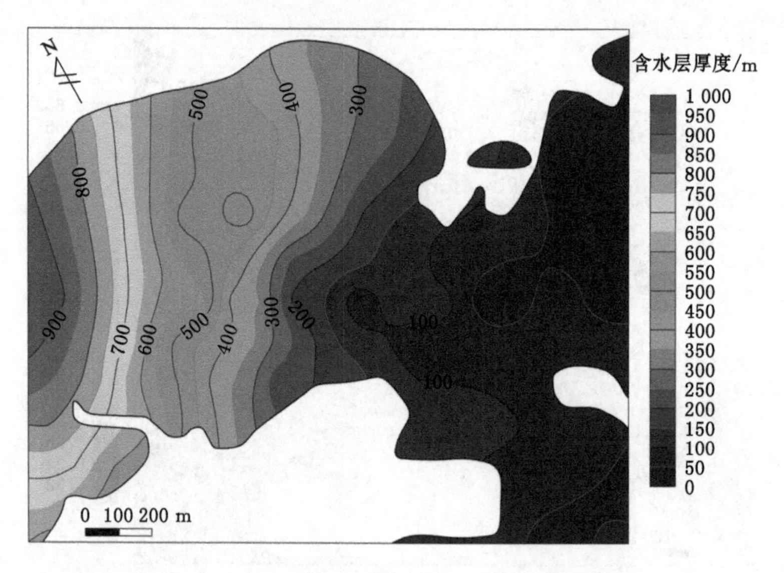

图 7-11 断层上盘构造裂隙含水层厚度等值线图

由图 7-12 可以看出,断层下盘构造裂隙含水层厚度范围在 20～290 m 之间,总体上西部和东部较厚,中部为过渡区,北部和南部较薄。

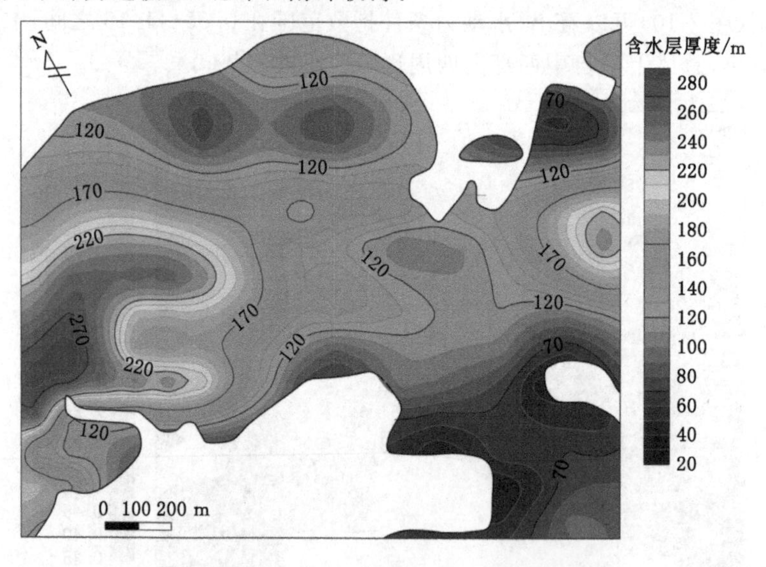

图 7-12 断层下盘构造裂隙含水层厚度等值线图

利用式(7-1)所得权重值,由断层上、下盘构造裂隙含水层的厚度赋权后信息融合的等值线图(图 7-13)可以看出,含水层厚度指数范围在 20～580 之间,总体上呈自西向东逐渐减小的趋势,中部为过渡区,东北部和东南部较小。

7.1.6 水压指标

因断层上盘构造裂隙含水层为潜水,无水压,下盘为承压水,含水层的水压越大,涌(突)水强度越大。勘探表明巷道施工刚揭露到断层下盘构造裂隙含水层裂隙时静水压力很大,所以用断层下盘构造裂隙含水层的水压值作为水压指数。

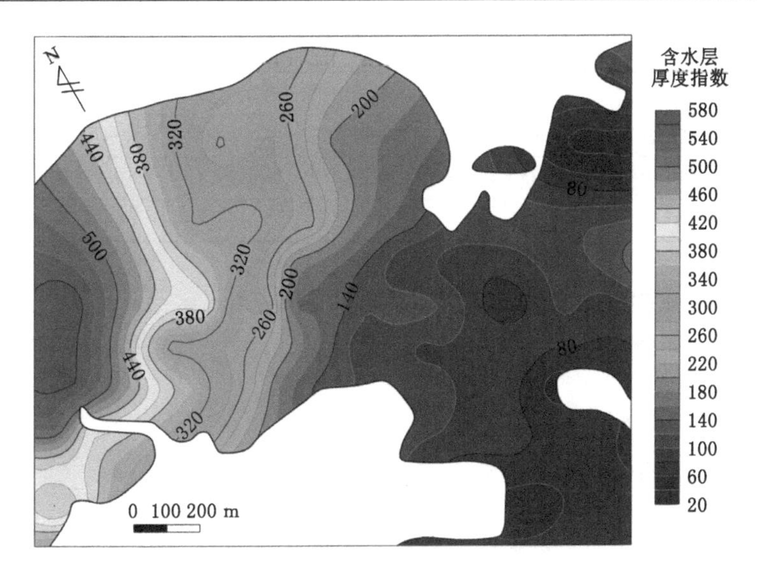

图 7-13 含水层厚度指数等值线图

由图 7-14 可以看出，水压指数自西向东逐渐减小，范围在 1.0～10.5 之间，由于断层下盘构造裂隙含水层深度变化大，所以其水压变化极大。

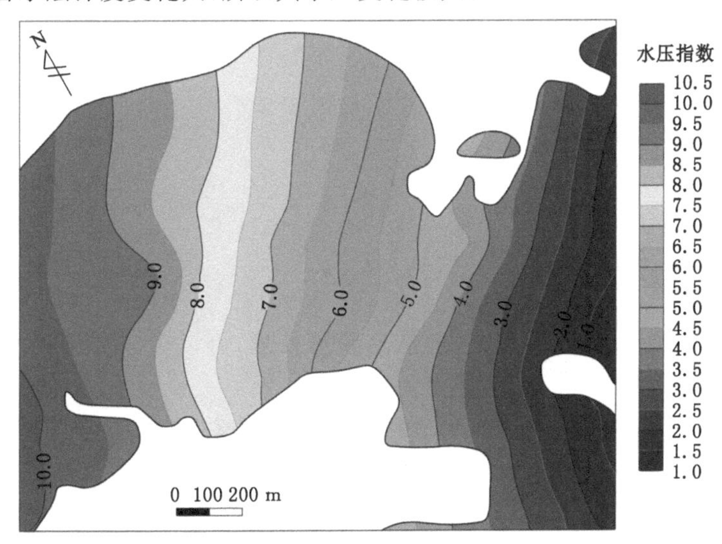

图 7-14 水压指数等值线图

7.2 涌(突)水强度分区评价

7.2.1 影响因子指标权重

由表 7-1 可以得出，富水性指标、构造复杂程度指标、渗透性指标、水动力条件指标、含水层厚度指标和水压指标的熵权分别为 0.185 4、0.159 6、0.163 5、0.166 3、0.151 9 和 0.173 3，其中富水性指标所占权重最大，水压指标所占权重次之，含水层厚度指标所占权重最小。

表 7-1　熵值和熵权

熵值/熵权	影响因子指标					
	富水性	构造复杂程度	渗透性	水动力条件	含水层厚度	水压
$H_i(i=1,2,\cdots,6)$	0.160 9	0.173 2	0.198 8	0.165 2	0.148 7	0.153 2
$W_i(i=1,2,\cdots,6)$	0.185 4	0.159 6	0.163 5	0.166 3	0.151 9	0.173 3

加权后的涌(突)水强度指数计算公式如下：

$$I = W_1Q(x,y) + W_2F(x,y) + W_3K(x,y) + W_4R(x,y) + W_5M(x,y) + W_6P(x,y) \tag{7-3}$$

式中　I——涌(突)水强度指数；

x,y——特征点的横坐标和纵坐标；

W_1——富水性指标权重；

Q——标准化后的富水性影响值；

W_2——构造复杂程度指标权重；

F——标准化后的构造复杂程度影响值；

W_3——渗透性指标权重；

K——标准化后的渗透性影响值；

W_4——水动力条件指标权重；

R——标准化后的水动力条件影响值；

W_5——含水层厚度指标权重；

M——标准化后的含水层厚度影响值；

W_6——水压指标权重；

P——标准化后的水压影响值。

7.2.2　多源信息融合

将上述6个专题图按照式(7-3)进行信息叠加处理，可以生成涌(突)水强度指数专题图。

由图7-15可以看出，样本的涌(突)水强度指数呈逐渐减小的趋势，利用几何平均法[107]确定分区阈值分别为0.60和0.25，分区阈值满足检验公式：

$$\max[I_{强涌(突)水}] \geqslant \min[I_{强涌(突)水}] \geqslant \max[I_{中等涌(突)水}] \geqslant \min[I_{中等涌(突)水}] \geqslant \max[I_{弱涌(突)水}] \geqslant \min[I_{弱涌(突)水}] \tag{7-4}$$

根据涌(突)水强度指数的分区阈值对研究区的涌(突)水强度区域进行划分，分为强涌(突)水区、中等涌(突)水区和弱涌(突)水区三个区域，如图7-16所示。

(1) 弱涌(突)水区：$I<0.25$，位于井田的浅部开采区域，主要分布于东北部和东南部区域，开采主要位于−50～−300 m水平，地应力小，水压小，主断裂产状稳定。

(2) 中等涌(突)水区：$0.25\leqslant I<0.60$，位于井田的浅中部和部分深部开采区域，是浅部向深部开采的过渡区域，开采主要位于−300～−600 m水平，主要分布在中东部区域，除深部开采区域外，地应力较小，水压较小，主断裂产状较稳定。

(3) 强涌(突)水区：$I\geqslant 0.60$，属于井田的中深部开采区域，主要分布于中西部区域，开采主要位于−600～−950 m水平，地应力大，水压大，主断裂产状不稳定。

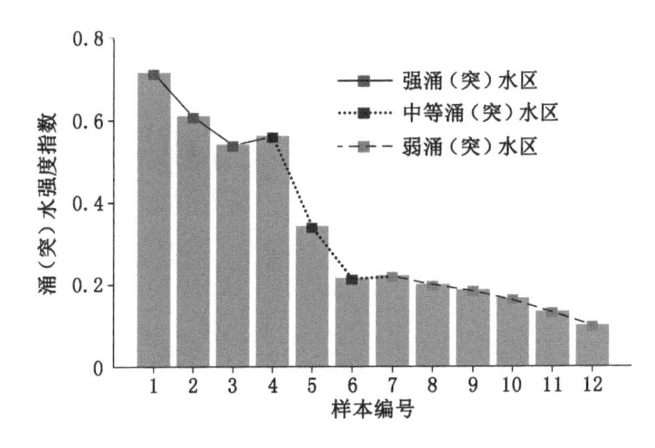

图 7-15　涌(突)水强度指数分区阈值

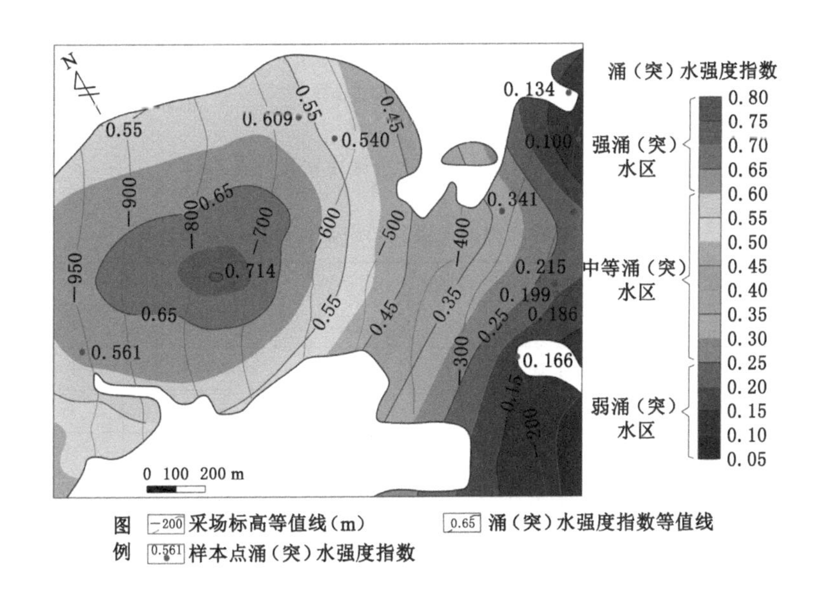

图 7-16　研究区涌(突)水强度分区图

综上所述,涌(突)水强度指数在研究区总体上呈自东向西逐渐增大的趋势,且中西部的最大,形成集中区。在开采－600～－950 m 水平时,采场大部分处于强涌(突)水区,应及时做好预测预防措施。

7.2.3　工程实践验证分析

为了对涌(突)水强度分区进行验证,共收集 27 个水文地质钻孔,其中有 11 个钻孔严重漏水,10 个钻孔轻微漏水,6 个钻孔不漏水,钻孔位置如图 7-17 所示。除去 ZK702 钻孔,其他所有严重漏水钻孔对应强涌(突)水区,轻微漏水钻孔对应中等涌(突)水区,不漏水钻孔对应弱涌(突)水区(表 7-2)。由于断层下盘构造裂隙含水层富水性极不均匀,在焦家断裂带产状不稳定区域伴生小断裂较多,发育的成矿后期小的张性结构面具有良好的导水性,导致在研究区中西部区域的水文地质钻孔严重漏水,且大多数位于强涌(突)水区内。综上所述,涌(突)水强度多源信息融合分析方法准确性较高,精度能够满足实际需求,可为矿井的安全生产提供依据。

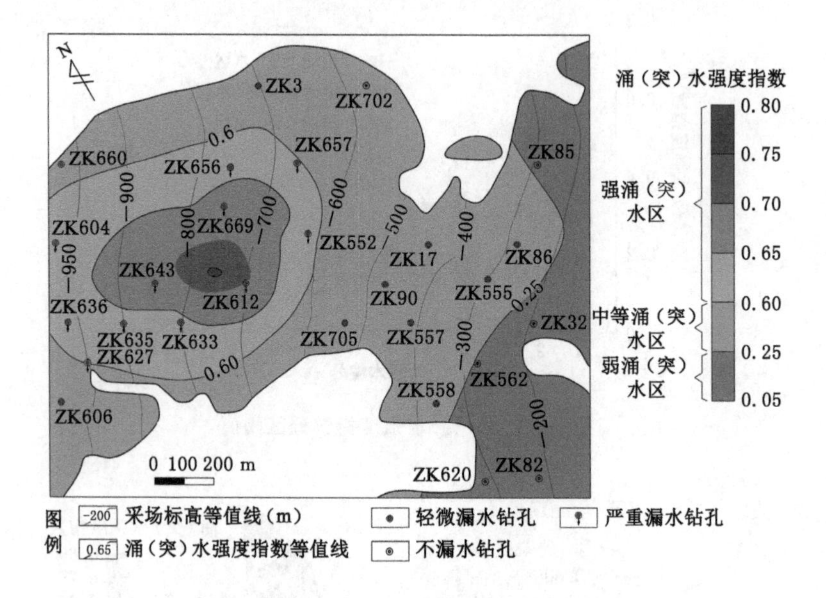

图 7-17 涌(突)水强度分区中钻孔位置图

表 7-2 钻孔的漏水程度与涌(突)水强度分区位置对比表

孔号	漏水程度	涌(突)水强度分区位置	孔号	漏水程度	涌(突)水强度分区位置
ZK604	严重漏水	强涌(突)水区	ZK90	轻微漏水	中等涌(突)水区
ZK636	严重漏水	强涌(突)水区	ZK557	轻微漏水	中等涌(突)水区
ZK633	严重漏水	强涌(突)水区	ZK17	轻微漏水	中等涌(突)水区
ZK612	严重漏水	强涌(突)水区	ZK555	轻微漏水	中等涌(突)水区
ZK657	严重漏水	强涌(突)水区	ZK558	轻微漏水	中等涌(突)水区
ZK635	严重漏水	强涌(突)水区	ZK3	轻微漏水	中等涌(突)水区
ZK643	严重漏水	强涌(突)水区	ZK86	轻微漏水	中等涌(突)水区
ZK669	严重漏水	强涌(突)水区	ZK620	不漏水	弱涌(突)水区
ZK656	严重漏水	强涌(突)水区	ZK562	不漏水	弱涌(突)水区
ZK627	严重漏水	强涌(突)水区	ZK32	不漏水	弱涌(突)水区
ZK552	严重漏水	强涌(突)水区	ZK702	不漏水	中等涌(突)水区
ZK660	轻微漏水	中等涌(突)水区	ZK82	不漏水	弱涌(突)水区
ZK606	轻微漏水	中等涌(突)水区	ZK85	不漏水	弱涌(突)水区
ZK705	轻微漏水	中等涌(突)水区	—	—	—

由表 7-3 可以得出：富水性指数较大的区域涌(突)水强度指数不一定大，但是富水性指数较小的区域涌(突)水强度指数一定不大；在富水性和渗透性指数较大的条件下，水压和水动力条件指数越大，涌(突)水强度指数越大；当断层分维值较小时，对应涌(突)水强度指数较小，断层分维值较大时，对应涌(突)水强度指数才有可能较大；含水层厚度指数大会增加涌(突)水强度指数变大的可能性。

表 7-3　严重漏水钻孔处各影响因子指数与涌(突)水强度指数对比

孔号	漏水程度	涌(突)水强度指数	水动力条件指数	渗透性指数	富水性指数	含水层厚度指数	水压指数	断层分维值
ZK604	严重漏水	0.620	0.785	0.013	0.063	549	9.70	0.701
ZK636	严重漏水	0.618	0.674	0.008	0.061	569	9.73	0.768
ZK627	严重漏水	0.601	0.621	0.002	0.059	533	9.74	0.791
ZK643	严重漏水	0.681	0.931	0.013	0.081	438	9.11	0.809
ZK635	严重漏水	0.641	0.789	0.009	0.071	489	9.22	0.804
ZK633	严重漏水	0.648	0.925	0.011	0.082	319	8.38	0.836
ZK656	严重漏水	0.628	1.002	0.063	0.074	298	7.81	0.792
ZK669	严重漏水	0.665	1.045	0.048	0.082	329	7.80	0.825
ZK612	严重漏水	0.697	1.117	0.023	0.094	282	7.47	0.878
ZK657	严重漏水	0.605	0.941	0.110	0.065	251	6.97	0.828
ZK552	严重漏水	0.617	0.957	0.103	0.073	189	6.51	0.883

7.3　本章小结

本章选取富水性指标、构造复杂程度指标、渗透性指标、水动力条件指标、含水层厚度指标和水压指标为主要影响因素，在采用熵权法赋权重的基础上，利用多源信息融合分析方法综合定量评价涌(突)水强度，最后采用钻探的方式进行工程实践验证，得出该方法准确性较高，精度能够满足实际需求。

8 结 论

本书以焦家金矿区浅部转深部开采为研究背景，基于同位素测试、关联度分析等方法建立了 PCA(主成分分析法)-EWM(熵权法)-HCA(聚类分析法)涌(突)水水源判别模型，基于 GMS 软件建立了三维地下水数值模型，基于 FLAC3D 软件建立了三维地质力学模型，并利用多源信息融合分析方法，融合富水性、构造复杂程度、渗透性、水动力条件、含水层厚度和水压 6 个影响因子，对研究区涌(突)水强度进行了定量评价。本书主要结论如下：

(1) 矿井深部开采直接充水水源来源于深部基岩构造裂隙水，其中断层下盘构造裂隙水与矿井水的关联度最高，其次是断层上盘构造裂隙水，基岩风化裂隙水和第四系孔隙水很难流入矿井，开采水平越深，深部基岩构造裂隙水的贡献率越高。

(2) 随着开采深度的增加，矿井水与断层上、下盘构造裂隙水的水力联系更加密切，水质向咸化方向发展，与海水有一定关联，阳离子交替吸附作用强度增加，地下水动力条件总体变差，其中焦家断裂带附近地下水动力条件偏好，断层上盘构造裂隙水动力条件整体比断层下盘构造裂隙水动力条件好。

(3) 焦家金矿区地下水系统主要接受侧向补给，矿区排水为地下水排泄的主要方式，区内地下水水位持续下降，被疏干的第四系孔隙含水层单元主要分布于东西两侧河流边界地势较高地带及南部山区地带。矿区地下水处于负均衡状态，均衡差为−209 381 m^3。在焦家、望儿山和寺庄金矿已出现明显的降落漏斗，其中焦家金矿降落漏斗范围最大，为 2 370～3 880 m^2。随着开采深度的增加，涌水量随之增加，同一水平随着开采的进行涌水量最终趋于稳定。

(4) 断层对地下水的流动有一定的阻隔作用，尤其是在焦家断裂带的南段，地下水流向紊乱，趋势不一致。在海岸线部分的北部和中部有海水入侵的现象，在北部海水通过焦家断裂带、望儿山断裂带等沿断裂及其两侧构造裂隙流入矿井，在中部海水经过北西向发育的断裂与裂隙流入矿井。

(5) 随着金矿的开采，在整个采场中间位置垂直方向位移大而两边垂直方向位移小，呈抛物线形，采场断层上盘垂直方向位移明显大于断层下盘垂直方向位移，断层发生滑动。一般在开采一个新水平的初期断层剪切方向的位移最大，最后趋于稳定。

(6) 随着金矿的开采，在采场的前、后方形成应力集中区，其中靠近断层一端的压应力小于远离断层一端的压应力。除−700 m 水平外，其他水平在最初开采时形成 4 个应力集中区，彼此有一定联系又相互独立，左侧部分呈抛物线形，右侧部分呈向右倾斜的抛物线形，随着开采的进行，中间两个应力集中区合并后消失。总体压应力自开采分层向上逐渐增大，开采水平越深，中间两个应力集中区合并所用的时间越长。

(7) 塑性破坏区沿断层下盘呈条带状分布，在采场的右端形成突变区。塑性破坏区延续到断层面破坏了断层的隔水性能，裂隙水可能沿断层破碎带进入矿井而发生突水。

(8) 含水层富水性在研究区中西部最强，东部次之，其他地方较弱；渗透性在研究区中东部最好，向四周逐渐变差；水动力条件在研究区中西部最好，西南和东北部较差，自中西部向四周逐渐变差；含水层厚度在研究区东北和东南部较薄，自西向东逐渐变薄，中部为过渡区；断层下盘构造裂隙含水层水压在研究区自西向东逐渐减小。

(9) 富水性指标、构造复杂程度指标、渗透性指标、水动力条件指标、含水层厚度指标和水压指标在涌(突)水强度综合评价中的权重分别为 0.185 4、0.159 6、0.163 5、0.166 3、0.151 9 和 0.173 3。根据分区阈值将研究区划分为强涌(突)水区、中等涌(突)水区和弱涌(突)水区三个区域，阈值分别为 0.25 和 0.60。涌(突)水强度指数在研究区总体上呈自东向西逐渐增大的趋势，且中西部的最大，形成集中区。在开采 −600～−950 m 水平时，采场大部分处于强涌(突)水区，应及时做好预测预防措施。

参 考 文 献

[1] 张浩法,彭森,马小丽.缓倾斜复杂矿体开采方法探讨和安全保障措施综述[J].世界有色金属,2019(14):35,37.

[2] 王斌,李景朝,王成锡,等.中国金矿资源特征及勘查方向概述[J].高校地质学报,2020,26(2):121-131.

[3] 邱君,吴满路,范桃园,等.郯庐断裂带苏鲁界地应力积累特征及地震危险性研究[J].地质学报,2019,93(12):3249-3258.

[4] 虞未江.莱州湾东北岸地区海水入侵动态变化规律研究[D].济南:山东大学,2018.

[5] QIU M,HAN J,ZHOU Y,et al. Prediction reliability of water inrush through the coal mine floor[J]. Mine water and the environment,2017,36(2):217-225.

[6] 金珠鹏.沙坪矿近距离煤层开采覆岩运动规律及围岩变形机理研究[D].北京:中国矿业大学(北京),2018.

[7] 冯飞胜.基于采动应力与渗流耦合的工作面顶板涌水机理研究[D].北京:中国矿业大学(北京),2019.

[8] 田茂霖.深厚工作面软弱顶板与煤壁偏压失稳机理研究[D].徐州:中国矿业大学,2020.

[9] 刘世康,陈锐铮.半无限平面上等截面弹性基础梁的新计算方法[J].水利学报,1964(5):56-60.

[10] 史元伟,韩凤鸣.谈顶板运动和分类:兼谈对“位态方程”的看法[J].煤炭科学技术,1979(3):11-16.

[11] 钱鸣高,朱德仁,王作棠.老顶岩层断裂型式及对工作面来压的影响[J].中国矿业学院学报,1986(2):9-18.

[12] 贾喜荣.关于原岩应力场力学模型的讨论[J].中国矿业学院学报,1984(4):49-54.

[13] 钱鸣高,缪协兴,许家林.岩层控制中的关键层理论研究[J].煤炭学报,1996,21(3):225-230.

[14] 吴静.金属矿山三带分布数值模拟研究[D].南宁:广西大学,2012.

[15] 王志强,赵景礼,李泽荃.错层位内错式采场“三带”高度的确定方法[J].采矿与安全工程学报,2013,30(2):231-236.

[16] 郭延辉.高应力区陡倾矿体崩落开采岩移规律、变形机理与预测研究[D].昆明:昆明理工大学,2015.

[17] 李永政.近距离煤层三带判别及上行开采可行性分析[J].山西煤炭管理干部学院学报,2016,29(4):59-61.

[18] 孙欢.采动煤岩应力-裂隙-渗流耦合机理研究及应用[D].西安:西安科技大学,2017.
[19] 张建民,李全生,张勇,等.煤炭深部开采界定及采动响应分析[J].煤炭学报,2019,44(5):1314-1325.
[20] 刘一扬,宋选民,朱德福,等.大块度关键块动态结构力学行为及响应特征研究[J].岩土力学,2020,41(3):1019-1028.
[21] 王猛,宋子枫,勾攀峰,等.综采面覆岩结构稳定控制的推采速度效应[J].中国矿业大学学报,2020,49(3):463-470.
[22] 孙鸿銮.煤矿床裂隙喀斯特水突水通道特征[J].煤炭学报,1965(4):51-57.
[23] 洪新建.矿井涌水的判断[J].煤矿安全,1978(6):18.
[24] 季叔康,张新建.用判别分析法区分矿井涌水水源[J].水文地质工程地质,1988(1):56-58,40.
[25] 胡友彪,郑世书.矿井水源判别的灰色关联度方法[J].工程勘察,1997(1):33-35,28.
[26] 胡伏生,葛晓光,万力,等.因子分析法在矿井涌水来源判别中的应用[J].煤田地质与勘探,2007,35(5):54-57,68.
[27] 徐斌,张艳,姜凌.矿井涌水水源判别的 GRA-SDA 耦合模型[J].岩土力学,2012,33(10):3122-3128.
[28] CHEN M,WU Y,GAO D D,et al. Identification of coal mine water-bursting source using multivariate statistical analysis and tracing test [J]. Arabian journal of geosciences,2017,10(2):28.
[29] 刘国伟,马凤山,郭捷,等.多元统计分析在滨海矿区水源识别中的应用:以三山岛金矿为例[J].黄金科学技术,2019,27(2):207-215.
[30] 颜丙乾,任奋华,蔡美峰,等.基于 PCA 和 MCMC 的贝叶斯方法的海下矿山水害源识别分析[J].工程科学学报,2019,41(11):1412-1421.
[31] 季叔康,张新建.用数学分析法判别矿井涌水水源[J].煤矿安全,1986(9):31-34,29.
[32] 李燕,孙亚军,徐智敏,等.影响矿井安全的多含水层矿井涌水构成分析[J].采矿与安全工程学报,2010,27(3):433-437.
[33] CHIDAMBARAM S,ANANDHAN P,PRASANNA M V,et al. Major ion chemistry and identification of hydrogeochemical processes controlling groundwater in and around Neyveli lignite mines, Tamil Nadu, south India [J]. Arabian journal of geosciences,2013,6(9):3451-3467.
[34] HUANG P H,WANG X Y. Groundwater-mixing mechanism in a multiaquifer system based on isotopic tracing theory: a case study in a coal mine district, China [J]. Geofluids,2018,2018:9549141.
[35] HUANG P H, WANG X Y. Piper-PCA-fisher recognition model of water inrush source:a case study of the Jiaozuo mining area[J]. Geofluids,2018,2018:9205025.
[36] QIAN J Z,TONG Y,MA L,et al. Hydrochemical characteristics and groundwater source identification of a multiple aquifer system in a coal mine[J]. Mine water and the environment,2018,37(3):528-540.
[37] 刘文明,桂和荣,孙雪芳,等.潘谢矿区矿井突水水源的 QLT 法判别[J].中国煤炭,

2001,27(5):31-34.
[38] WANG D D, SHI L Q. Source identification of mine water inrush: a discussion on the application of hydrochemical method[J]. Arabian journal of geosciences, 2019, 12(2): 58.
[39] 刘猛. 邢台矿区水化学特征及综合水源判别模型研究[D]. 邯郸:河北工程大学,2015.
[40] 潘婧. 基于 MATLAB 的潘三矿地下水水化学场分析及突水水源判别模型[D]. 合肥:合肥工业大学,2010.
[41] 王欣,葛恒清,张凯婷,等. 基于遗传 BP 神经网络的矿井突水水源识别[J]. 淮阴师范学院学报(自然科学版),2017,16(4):307-311.
[42] 陈文飞,刘启蒙,刘瑜,等. 矿井涌水水源的主成分分析和 BP 神经网络判别[J]. 黑龙江科技大学学报,2014,24(6):642-646.
[43] 魏永强,梁化强,任印国,等. 神经网络在判别煤矿突水水源中的应用[J]. 江苏地质,2004,28(1):36-38.
[44] 钱家忠,吕纯,赵卫东,等. Elman 与 BP 神经网络在矿井水源判别中的应用[J]. 系统工程理论与实践,2010,30(1):145-150.
[45] 顾鸿宇,马凤山,王东辉,等. 基于水化学数据的矿山涌水水源识别:主成分分析与残差分析[J]. 地球科学与环境学报,2020,42(1):132-142.
[46] WANG Y, SHI L Q, WANG M, et al. Hydrochemical analysis and discrimination of mine water source of the Jiaojia gold mine area, China[J]. Environmental earth sciences, 2020, 79(6): 123.
[47] 黄平华,陈建生. 焦作矿区地下水水化学特征及涌水水源判别的 FDA 模型[J]. 煤田地质与勘探,2011,39(2):42-46,51.
[48] 李双利. 莱州市望儿山金矿床涌水特征与来源分析[D]. 桂林:桂林工学院,2006.
[49] 张瑞钢. 基于 GIS 的潘一矿地下水环境特征分析及突水水源判别模型[D]. 合肥:合肥工业大学,2008.
[50] 闫鹏程. 基于激光诱导荧光技术的煤矿突水水源识别模型研究[D]. 淮南:安徽理工大学,2016.
[51] WU Q, MU W P, XING Y, et al. Source discrimination of mine water inrush using multiple methods: a case study from the Beiyangzhuang mine, northern China[J]. Bulletin of engineering geology and the environment, 2019, 78(1): 469-482.
[52] ZHAO Y W, WU Q, CHEN T, et al. Location and flux discrimination of water inrush using its spreading process in underground coal mine[J]. Safety science, 2020, 124: 104566.
[53] 张寿全,黄巍. 三山岛金矿 F_3 断裂带的水文地质工程地质特征及灾害防治[J]. 工程地质学报,1994,2(1):62-72.
[54] 刘志君,王善飞. 滨海地下开采矿山地下水的危害与防治方法探讨[J]. 采矿技术,2004,4(2):81-83.
[55] 刘健. 广西金牙金矿地质灾害问题的预测与防治[J]. 地质找矿论丛,2005,20(增刊):156-158,161.
[56] 黄炳仁. 望儿山金矿南风井突水淹井治理新技术[J]. 矿业研究与开发,2006(增刊):

154-157.
[57] 周彦章.山东夏甸金矿床矿井涌水机理构造控制模式研究[D].长春:吉林大学,2007.
[58] 丁德民,马凤山,王成,等.海底矿体开挖下的断裂带突水效应研究[J].中国地质灾害与防治学报,2010,21(1):75-80.
[59] 李文光,冀东,赵旭.基于微震监测技术的断层突水预警预测研究[J].黄金,2013,34(10):46-49.
[60] 冯小波,徐世光,唐琼,等.贵州水银洞金矿矿区充水因素及矿区涌水量预测[J].河南科学,2014,32(5):855-859.
[61] 李鹏飞.水银洞金矿高承压水条件下巷道底板稳定性研究[D].昆明:昆明理工大学,2014.
[62] 董山,徐帮树,许宏凯.焦家金矿望儿山矿区井巷系统突水蔓延数值模拟分析[J].黄金,2017,38(10):72-76.
[63] 李晓军,翟玉凯,龙长城,等.宁强县铜厂湾金矿探矿平硐突水原因分析[J].陕西地质,2017,35(1):14-18.
[64] 冯超臣.山东省平邑县归来庄金矿床充水因素分析及水害治理方向[J].山东国土资源,2019,35(8):26-32.
[65] 王梦玉.冀鲁豫石炭二叠纪煤田的煤层底板突水机理及预测方法[J].煤田地质与勘探,1977(5):21-32.
[66] 徐卫国,赵桂荣.岩溶矿床突水原因及预防的探讨(下)[J].化工矿山技术,1980(1):23-27,67.
[67] BOGARDI I,DUCKSTEIN L,SCHMIEDER A,et al. Stochastic forecasting of mine water inrushes[J]. Advances in water resources,1980,3(1):3-8.
[68] 王树元.矿井突水事件的模糊数学预测法[J].山东矿业学院学报,1989,8(3):48-51.
[69] 刘正林.井陉煤田底板突水强度和突水频率趋势预测的研究[J].中国矿业大学学报,1993,22(2):93-99.
[70] 杨善安.采场底板断层突水及其防治方法[J].煤炭学报,1994,19(6):620-625.
[71] 张文泉,肖洪天,刘伟韬.矿井底板突水路径的搜索方法[J].岩石力学与工程学报,1998,17(1):46-50.
[72] 施龙青,韩进,宋扬,等.用突水概率指数法预测采场底板突水[J].中国矿业大学学报,1999,28(5):442-444,460.
[73] 谭志祥.断层突水的力学机制浅析[J].矿业安全与环保,1999(3):21-23.
[74] 施龙青,宋振骐.肥城煤田深部开采突水评价[J].煤炭学报,2000,25(3):273-277.
[75] 王连国,宋扬,缪协兴.基于尖点突变模型的煤层底板突水预测研究[J].岩石力学与工程学报,2003,22(4):573-577.
[76] 王希良,彭苏萍,郑世书.深部煤层开采高承压水突水预报及控制[J].辽宁工程技术大学学报,2004,23(6):758-760.
[77] 姜谙男,梁冰.基于最小二乘支持向量机的煤层底板突水量预测[J].煤炭学报,2005,30(5):613-617.
[78] 赵苏启,武强,尹尚先.广东大兴煤矿特大突水事故机理分析[J].煤炭学报,2006,

31(5):618-622.

[79] ZENG Y F,WU Q,LIU S Q,et al. Evaluation of a coal seam roof water inrush:case study in the Wangjialing coal mine,China[J]. Mine water and the environment,2018,37(1):174-184.

[80] 周耀东,曹志国,李翠平. 基于改进 Dijkstra 算法的矿山突水可视化仿真[J]. 金属矿山,2010(10):123-125,138.

[81] 李波,张文泉,马兰. 厚松散层薄基岩条件下矿井顶板涌水致灾因素分析及预测研究[J]. 山东科技大学学报(自然科学版),2017,36(6):39-46.

[82] ZHAO Z P,LI P,XU X Z. Forecasting model of coal mine water inrush based on extreme learning machine[J]. Applied mathematics & information sciences,2013,7(3):1243-1250.

[83] LI L P,ZHOU Z Q,LI S C,et al. An attribute synthetic evaluation system for risk assessment of floor water inrush in coal mines[J]. Mine water and the environment,2015,34(3):288-294.

[84] 施龙青,谭希鹏,王娟,等. 基于 PCA_Fuzzy_PSO_SVC 的底板突水危险性评价[J]. 煤炭学报,2015,40(1):167-171.

[85] ZHANG W Q,LI B,YU H L. The correlation analysis of mine roof water inrush grade and influence factors based on fuzzy matter-element[J]. Journal of intelligent & fuzzy systems,2016,31(6):3163-3170.

[86] 孙明贵,李天珍,黄先伍,等. 基于层状岩体渗流失稳条件的煤矿突水机理[J]. 中国矿业大学学报,2005,34(3):284-288,293.

[87] LI H,JING G X,CAI Z L,et al. Xinhe mine water inrush risk assessment based on quantification theoretical models[J]. Journal of coal science and engineering(China),2010,16(4):386-388.

[88] WU Q,LIU Y Z,ZHOU W F,et al. Evaluation of water inrush vulnerability from aquifers overlying coal seams in the Menkeqing coal mine,China[J]. Mine water and the environment,2015,34(3):258-269.

[89] ZHAO D K,WU Q,CUI F P,et al. Using random forest for the risk assessment of coal-floor water inrush in Panjiayao coal mine, northern China[J]. Hydrogeology journal,2018,26(7):2327-2340.

[90] RUAN Z E,LI C P,WU A X,et al. A new risk assessment model for underground mine water inrush based on AHP and D-S evidence theory[J]. Mine water and the environment,2019,38(3):488-496.

[91] SUN J,WANG L G,HU Y. Mechanical criteria and sensitivity analysis of water inrush through a mining fault above confined aquifers[J]. Arabian journal of geosciences,2019,12(1):4.

[92] FAN K F,LI W P,WANG Q Q,et al. Formation mechanism and prediction method of water inrush from separated layers within coal seam mining:a case study in the Shilawusu mining area,China[J]. Engineering failure analysis,2019,103:158-172.

[93] 孟磊，丁恩杰，吴立新．基于矿山物联网的矿井突水感知关键技术研究[J]．煤炭学报，2013，38(8)：1397-1403．

[94] SUN W B，XUE Y C，LI T T，et al. Multi-field coupling of water inrush channel formation in a deep mine with a buried fault[J]. Mine water and the environment，2019，38(3)：528-535．

[95] YIN L M，MA K，CHEN J T，et al. Mechanical model on water inrush assessment related to deep mining above multiple aquifers[J]. Mine water and the environment，2019，38(4)：827-836．

[96] MU W P，WU X，DENG R C，et al. Mechanism of water inrush through fault zones using a coupled fluid-solid numerical model：a case study in the Beiyangzhuang coal mine，northern China[J]. Mine water and the environment，2020，39(2)：380-396．

[97] BIAN K，ZHOU M R，HU F，et al. CEEMD：a new method to identify mine water inrush based on the signal processing and laser-induced fluorescence[J]. IEEE access，2020，8：107076-107086．

[98] YAN Z G，HAN J Z，YU J Q，et al. Water inrush sources monitoring and identification based on mine IoT [J]. Concurrency and computation：practice and experience，2019，31(10)：4843．

[99] 韩玉杰，陶月赞，周蜜，等．基于数值法和解析法的矿坑涌水量预测对比分析[J]．水利科技与经济，2014，20(10)：7-9．

[100] HOU Y J. Calculation of mine water inflow and cite influencing radius of Hetaoyu coal with “virtual large diameter well” method[J]. Advanced materials research，2012，610/611/612/613：2709-2712．

[101] CHEN S L，XU K，YU S B，et al. Comparsion study on two methods of water inflow prediction of coal mining [J]. Advanced materials research，2015，1092/1093：1379-1382．

[102] 陈光灿．矿区水文地质工作要为开发矿业服务：云南冶金第三矿三家厂矿床涌水量预测方法介绍[J]．地质与勘探，1973(3)：42-48．

[103] 曾正伟．甘肃礼县金山金矿区水文地质特征及矿区涌水量预测[J]．世界有色金属，2019(11)：145-147．

[104] 段俭君，徐会军，王子河．相关分析法在矿井涌水量预测中的应用[J]．煤炭科学技术，2013，41(6)：114-116．

[105] 代敬．安徽白象山铁矿充水因素分析及矿坑涌水量预测[D]．石家庄：石家庄经济学院，2009．

[106] 李天宇，李维康，王敏．基于灰色理论模型对焦家金矿带新城矿区矿井涌水量预测研究[J]．地下水，2017，39(4)：9-12．

[107] 李彬．新疆清河县顿巴斯套金矿矿井涌水量预测及突水危险性评价[D]．成都：西南交通大学，2014．

[108] QIU M，SHI L Q，TENG C，et al. Assessment of water inrush risk using the fuzzy Delphi analytic hierarchy process and grey relational analysis in the Liangzhuang

coal mine,China[J]. Mine water and the environment,2017,36(1):39-50.
[109] 张福祥.山东焦家金矿田成矿控矿构造研究[D].石家庄:石家庄经济学院,2012.
[110] 陈阳阳.山东焦家金矿床地球化学特征及矿床成因探讨[D].西安:长安大学,2017.
[111] 于洪军.胶东蚕庄金矿上庄矿区成因矿物学研究与深部远景评价[D].北京:中国地质大学(北京),2011.
[112] 刘汝学.纱岭金矿涌水量分析与预测[D].泰安:山东农业大学,2016.
[113] 王永庆,彭锐,王珊珊.龙口市姚家金矿区地质特征[J].吉林地质,2016,35(1):36-40,57.
[114] 刘晓通.招贤金矿床地球化学特征及矿床成因探讨[D].青岛:山东科技大学,2018.
[115] 梁学明.三山岛断裂带南段地质特征及找矿方向探讨[J].吉林地质,2020,39(1):32-37,48.
[116] 高书剑,魏绪峰,孙瑞刚,等.莱州马塘金矿地质特征与深部找矿远景[J].山东国土资源,2010,26(6):7-12,17.
[117] 张晓飞,孙爱群,牛树银,等.胶东焦家金矿田成矿构造及控矿作用分析[J].黄金科学技术,2012,20(3):18-22.
[118] 郭广军,刘明君,徐咏彬,等.山东焦家金矿床工程岩体稳定性分类研究[J].黄金科学技术,2012,20(4):71-75.
[119] 鲍中义,钮涛,高书剑,等.焦家金矿床深部矿体地质特征及深部成矿预测[J].山东国土资源,2010,26(1):6-10.
[120] 孙瑞刚,解英芳,杨志杰.焦家断裂带深部水文地质特征探讨[J].科技传播,2010(13):32-33.
[121] 刘乐军,颜景生.焦家断裂带深部抽水试验成井止水方法探索[J].山东国土资源,2013,29(9):88-90,98.
[122] 张清华,赵玉峰,唐家良,等.京津冀西北典型流域地下水化学特征及补给源分析[J].自然资源学报,2020,35(6):1314-1325.
[123] 刘乐军,解英芳,曲洪飞.同位素在判断地下水来源方向中的应用研究[J].地下水,2020,42(3):23-25,65.
[124] 汪少勇,何晓波,丁永建,等.长江源多年冻土区地下水氢氧稳定同位素特征及其影响因素[J].环境科学,2020,41(1):166-172.
[125] 谢金艳,孙芳强,邹丽蓉,等.厚层包气带土壤水氢氧同位素特征及其补给来源判别[J].地球与环境,2020,48(6):728-735.
[126] 廉法宪,储成想,姜春露.新集矿区不同水体氢氧同位素特征及其指示意义[J].山东煤炭科技,2020(1):160-162,169.
[127] 刘重芃,张宏鑫,何军,等.浅层地下水水化学和同位素地球化学特征研究:以江汉平原西部为例[J].资源环境与工程,2020,34(2):251-255.
[128] 周秋石,王瑞.氯同位素地球化学研究进展[J].地学前缘,2020,27(3):42-67.
[129] 刘茜,王奕菁,魏海珍.稳定氯同位素地球化学研究进展[J].地学前缘,2020,27(3):29-41.
[130] 张胜军,丁亚恒,姜春露,等.基于水化学和氯同位素的煤矿矿井水来源识别与解析

[J]. 煤炭工程,2022,54(6):123-127.
[131] 王心义,赵伟,刘小满,等. 基于熵权-模糊可变集理论的煤矿井突水水源识别[J]. 煤炭学报,2017,42(9):2433-2439.
[132] 王述红,朱宝强,王鹏宇. 模拟退火聚类算法在结构面产状分组中的应用[J]. 东北大学学报(自然科学版),2020,41(9):1328-1333.
[133] 周东,杨忠山,杨建青,等. 地下水模拟与预测一体化平台构建[J]. 水文,2009,29(6):40-45.
[134] 段青梅. 西辽河平原三维地质建模及地下水数值模拟研究[D]. 北京:中国地质大学(北京),2006.
[135] 高锐,张耀坤,陈振源,等. 基于 MODFLOW 模型的 MATLAB/SIMULINK 地下水位控制仿真系统:以骆驼城为例[J]. 干旱区资源与环境,2020,34(4):107-115.
[136] 朱锋. 北京西山奥陶系岩溶水数值模拟及地下水开采环境效应分析[D]. 北京:首都师范大学,2014.
[137] 贺国平. 黄河影响带地下水及合理开发利用研究[D]. 北京:中国地质大学(北京),2003.
[138] 陈孟利,秦勇光,刘文连,等. 氟在浅层地下水系统中迁移的有限元法模拟[J]. 中国农村水利水电,2011(9):51-54.
[139] 孙讷正. 地下水水质的教学模拟(二):水动力弥散方程与水动力弥散系数[J]. 水文地质工程地质,1982(2):58-62.
[140] 韩斌. 径向水动力弥散问题的一种数值解法[J]. 勘察科学技术,1992(2):19-22.
[141] 张明泉,曾正中,高洪宣,等. 室内二维弥散试验研究[J]. 兰州大学学报,1993,29(4):274-278.
[142] 郭建青,李云峰,王洪胜. 分析拟稳定流径向弥散试验数据的反函数法[J]. 煤田地质与勘探,2000,28(6):36-39.
[143] 侯江萍,崔先伟,史文兵,等. 岩溶含水层弥散实验和参数计算分析:以独山工业园热电联产项目为例[J]. 西部探矿工程,2017,29(2):157-160.
[144] 皮锴鸿,康卫东,罗奇斌,等. 青海贵德地区潜水含水层弥散系数研究[J]. 安徽农业科学,2014,42(33):11819-11821.
[145] 黄琪嵩. 顶板垮落动载诱发深部采场底板突水机理研究[D]. 北京:中国矿业大学(北京),2018.
[146] 杨涛. 神府矿区隔水土层采动失稳突水机理研究[D]. 西安:西安科技大学,2019.
[147] 王颖,韩进,高卫富. 基于主成分分析法的奥灰富水性评价[J]. 中国科技论文,2017,12(9):1011-1014.